国外油气勘探开发新进展丛书（七）

天然气测量手册

［美］詹姆斯 E. 加拉格尔　著
冷鹏华　胡　冰　张健伟　等译

石油工业出版社

内 容 提 要

本书介绍了天然气的基本性质及常用测量方法，常用天然气测量流量计的基本原理和应用，二级和三级设备，电动气体测量，流量测量不确定度，测量系统的设计要求，几种常用流量计的设计，以及测试、检验、检定与认证的相关内容。

本书适合天然气测量的管理人员、技术人员与研究人员参考。

图书在版编目（CIP）数据

天然气测量手册/[美]加拉格尔著；冷鹏华等译.
北京：石油工业出版社，2010.2
（国外油气勘探开发新进展丛书：7）
原文书名：Natural Gas Measurement Handbook
ISBN 978-7-5021-7533-7

Ⅰ. 天…
Ⅱ. 加…
Ⅲ. 天然气—测量—手册
Ⅳ. TE64-62

中国版本图书馆 CIP 数据核字（2009）第 220177 号

All rights reserved. No part of this publication may be reproduced or transmitted in any form or by any means, electronic or mechanical, including photocopy, recording, or any information storage and retrieval system, without the prior written permission of the publisher.

本书经 Editions Technip 授权翻译出版，中文版权归石油工业出版社所有，侵权必究。
著作权合同登记号图字：01-2008-2830

出版发行：石油工业出版社
　　　　　（北京安定门外安华里2区1号　100011）
　　　　　网　址：www.petropub.com.cn
　　　　　编辑部：（010）64523562　发行部：（010）64523620
经　　销：全国新华书店
印　　刷：北京晨旭印刷厂

2010年2月第1版　2010年2月第1次印刷
787×1092毫米　开本：1/16　印张：17.25
字数：410千字

定价：65.00元
（如出现印装质量问题，我社发行部负责调换）
版权所有，翻印必究

《国外油气勘探开发新进展丛书（七）》
编 委 会

主　　　任：赵政璋

副 主 任：杜金虎　张卫国

编　　　委（按姓氏笔画排序）：

　　　　　　马　纪　　王俊亮　　邓金根

　　　　　　刘德来　　吴因业　　冷鹏华

　　　　　　周家尧　　徐利军　　章卫兵

序

为了及时学习国外油气勘探开发新理论、新技术和新工艺，推动中国石油上游业务技术进步，本着先进、实用、有效的原则，中国石油勘探与生产分公司和石油工业出版社组织多方力量，对国外著名出版社和知名学者最新出版的、代表最先进理论和技术水平的著作进行了引进，并翻译和出版。

从2001年开始，在跟踪国外油气勘探、开发新理论新技术和最新出版动态的基础上，从生产需求出发，通过优中选优已经翻译出版了6辑34本专著。在这套系列丛书中，有些代表了某一专业的最先进理论和技术水平，有些非常具有实用性，也是生产中所亟需。这些译著发行后，受到了企业和科研院校广大生产管理、科技生产实践人员的欢迎，在实用中发挥了重要作用，达到了促进生产、更新知识、提高业务水平的目的。该套系列丛书也获得了我国出版界的认可。2002年丛书第2辑整体获得了中国出版工作者协会颁发的"引进版科技类优秀图书奖"，2006年丛书第4辑的《井喷与井控手册》再次获得了中国出版工作者协会的"引进版科技类优秀图书奖"，产生了很好的社会效益。

2009年在前6辑出版的基础上，经过多次调研、筛选，又推选出了国外最新出版的6本专著，即《天然气测量手册》、《地面工程合同》、《盆地分析与模拟》、《油井生产实用手册》、《层序地层学原理》、《石油工程岩石力学》，以飨读者。

在本套丛书的引进、翻译和出版过程中，中国石油勘探与生产分公司和石油工业出版社组织了一批专家、教授和有丰富实践经验的工程技术人员担任翻译和审校人员，使得该套丛书能以较高的质量和效率翻译出版，与广大读者见面。

希望该套丛书在相关企业、科研单位、院校的生产和科研中发挥应有的作用。

中国石油天然气股份有限公司副总裁

译者前言

天然气作为一种优质能源和化工原料越来越受到人们的关注，随着市场经济的发展，人们越来越重视天然气测量，特别是贸易计量。天然气测量实际上是天然气流量的测量，测量的准确度取决于整套测量系统的合理设计、建设、操作和维护等全过程的质量。为了保证天然气测量的准确度，保证测量系统按统一的技术要求进行全面质量管理，制定科学合理的天然气测量标准是非常必要的。我国目前在天然气测量中虽然采用了一些测量标准，但这些标准尚未覆盖天然气计量的各个方面，特别是在天然气贸易计量中缺乏统一的、系统的技术标准。希望詹姆斯 E. 加拉格尔（James E. Gallagher）编写的这本《天然气测量手册》，能对天然气测量标准的制定以及生产、贸易中天然气测量的设计操作提供一些基本的指导。

本书涉及的内容主要包括两大部分，第一部分着重介绍天然气的物性、相关的工艺条件以及天然气测量过程中涉及的一些基本概念，并对测量系统中天然气的质量要求及部分的二级、三级设备等进行了简单的介绍；第二部分着重介绍几种流量计的原理、组成、使用条件、设计要求及相关计算，并简要介绍了天然气测量相关设备的检验、测试、校准等操作及要求。为便于读者参阅，最后还编有一个包括机械标准和刊物、电子标准和刊物、测量标准和刊物以及美国政府规定的附录。

本书的翻译工作是在全体翻译人员的共同努力之下完成的。冷鹏华负责前言、第7章～第9章和全书的统稿；胡冰负责第4章、第11章、第12章、第13章、第17章，附录A、附录C；张健伟负责附录B、第3章、第10章、第14章、第15章、第16章、第18章；刘胜英负责第5章和第6章；刘继伟负责第1章和第2章。

在本书的翻译和出版过程中，得到了石油工业出版社、大庆石油学院董群教授、吉林大学曹成润教授、大庆油田研究设计院和大庆油田勘探开发研究院有关领导和专家的大力支持与帮助，在此表示诚挚的谢意！

由于水平的限制，译文之中难免有不当之处，敬请读者批评指正。

译　者
2009 年 11 月

感谢我的妻子 Patricia,
感谢我的儿子 Ryan 和 Dzniel,
感谢我的父母。

詹姆斯 E. 加拉格尔

前　　言

测量是生产商、矿区特许权所有者、运输者、工厂、市场销售者、国家、联邦政府权威机构以及公众之间进行贸易的基础。实际上，烃类流体及物料的精确计量显著影响着进出口国家的国民生产总值、全球公司财务业绩资产基础以及操作设备的认知效率。因此，精确的测量其必要性也就显而易见了。

如果给出天然气费用目前或将来的标准，那么就可以迅速测量出未加说明的物料值及经济值的大小，其系统不确定度为±0.01%，该系统的不确定度虽未被人们意识到但包含在计量系统中。

计量误差能对利润产生短期的以及长期的影响。不精确的计量会导致顾客的减少、负面的广告宣传、处罚以及法律债务。简而言之，合理、精确的计量对商业界极为重要，它影响到财政及运营报告的可行性和公司的声誉。（现金流动、收益和损失、资金平衡表、矿区使用费以及其他税额）。

基于以上原因，物料量的计量必须是精确的并且基础误差也要最小。不仅如此，在监管转移中必须建立追踪链，并对其进行维护，该追踪链使计量符合国内和国际标准。通过该方式，在买者与卖者持有一定的信心的情况下，就可以实现公平合理的财政费用转移。

财政费用转移中所用到的基本资源和操作资源（基建费用，作业费用）必须与总的计量费用相符。这里总的计量费用指：技术的资本成本、技术的经营成本、工业实践及标准费用、调整遵从规范的费用、总的财政支出和财政风险费用（商品价值乘以产量）、商业策略指导费用以及竞争策略费用。不确定度的大小受资源的投资所控制（基建费用和作业费用），该资源投资与计量方法（初级，二级及三级设备）以及财政支出和财政风险的固有不确定度相关联。

计量是对技术的要求，也是技术的组合，其对商业盈利有着重要的影响。现场计量需要一种包含有关定义缩写词以及符号的高级技术语言，这些语言必须为管理者、被管理者、监督者、工程师、技师以及操作人员所理解和接受。

每一种流量计技术的不确定度来源、不确定度估测（U^{95}）以及统计加权方法具有以下作用：

（1）确定误差的类型及大小，针对的设备为初级、二级以及三级设备。
（2）确定设备的完善区域（升级或更换）。
（3）以所投资的资源为基础（基建费用），提出可接受的损失情况。
（4）确定每种流量计技术的作业费用要求。
（5）为每个位置处的作业费用资源分配提出侧重点。
（6）提出损失调查过程中的重点。

本手册中的内容包括计量规则、计量规则的技术现状及其在现实世界中的应用，作者希望对广大技术人员有所帮助。

目　　录

1 绪言 ……………………………………………………………………… (1)
　1.1 传输系统 ………………………………………………………………… (1)
　1.2 测量 ……………………………………………………………………… (5)
　1.3 流体的商业分类 ………………………………………………………… (7)
　1.4 材料品质 ………………………………………………………………… (8)
　1.5 风险管理 ………………………………………………………………… (9)
2 组成与质量 ……………………………………………………………… (11)
　2.1 检定 ……………………………………………………………………… (11)
　2.2 质量参数与容差 ………………………………………………………… (12)
　2.3 气体质量的潜在影响 …………………………………………………… (14)
　2.4 典型物流 ………………………………………………………………… (16)
3 物性与工艺条件 ………………………………………………………… (23)
　3.1 天然气 …………………………………………………………………… (23)
　3.2 流体分类：工艺技术 …………………………………………………… (24)
　3.3 相界面 …………………………………………………………………… (25)
　3.4 流体性质 ………………………………………………………………… (27)
　3.5 工艺（或操作）条件 …………………………………………………… (32)
　3.6 典型天然气物性 ………………………………………………………… (37)
4 测量方法 ………………………………………………………………… (48)
　4.1 适用流体 ………………………………………………………………… (48)
　4.2 基准条件 ………………………………………………………………… (48)
　4.3 流量计（或初级设备） ………………………………………………… (49)
　4.4 流量计校准（定义） …………………………………………………… (49)
　4.5 相似定律 ………………………………………………………………… (53)
　4.6 管内单相流体流动 ……………………………………………………… (55)
　4.7 管内多相流体流动 ……………………………………………………… (60)
　4.8 二级设备 ………………………………………………………………… (62)
　4.9 三级设备 ………………………………………………………………… (63)
　4.10 不确定度 ……………………………………………………………… (63)
　4.11 测量总费用 …………………………………………………………… (64)
5 孔板流量计 ……………………………………………………………… (65)
　5.1 基本原理 ………………………………………………………………… (65)

5.2　质量流速方程 …………………………………………………… (67)
　　5.3　人工校准 ……………………………………………………… (73)
　　5.4　不确定度来源 …………………………………………………… (74)
　　5.5　误差来源 ………………………………………………………… (76)
　　5.6　风险管理 ………………………………………………………… (77)
6　超声波流量计 …………………………………………………………… (80)
　　6.1　基本原理 ………………………………………………………… (80)
　　6.2　质量流速方程 …………………………………………………… (82)
　　6.3　关键设备校准 …………………………………………………… (83)
　　6.4　现场校准 ………………………………………………………… (84)
　　6.5　不确定度来源 …………………………………………………… (84)
　　6.6　误差来源 ………………………………………………………… (86)
　　6.7　风险管理 ………………………………………………………… (93)
7　涡轮流量计 ……………………………………………………………… (96)
　　7.1　基本原理 ………………………………………………………… (96)
　　7.2　质量流速方程 …………………………………………………… (97)
　　7.3　关键设备校准 …………………………………………………… (97)
　　7.4　现场校准 ………………………………………………………… (98)
　　7.5　不确定度来源 …………………………………………………… (98)
　　7.6　误差来源 ………………………………………………………… (100)
　　7.7　风险管理 ………………………………………………………… (102)
8　旋转位移流量计 ………………………………………………………… (103)
　　8.1　基本原理 ………………………………………………………… (103)
　　8.2　质量流速方程 …………………………………………………… (104)
　　8.3　关键设备校准 …………………………………………………… (104)
　　8.4　现场校准 ………………………………………………………… (105)
　　8.5　不确定度来源 …………………………………………………… (105)
　　8.6　误差来源 ………………………………………………………… (108)
　　8.7　风险管理 ………………………………………………………… (109)
9　计算 ……………………………………………………………………… (110)
　　9.1　基准条件 ………………………………………………………… (110)
　　9.2　物理性质 ………………………………………………………… (110)
　　9.3　天然气密度 ……………………………………………………… (116)
　　9.4　GPA 2172 标准与 A.G.A.8 …………………………………… (119)
　　9.5　管内质量流速 …………………………………………………… (124)
　　9.6　孔板流量计的质量流速 ………………………………………… (125)

9.7　超声波流量计的质量流速 …………………………………………………（128）
9.8　涡轮流量计的质量流速 ……………………………………………………（131）
9.9　旋转位移流量计质量流速 …………………………………………………（134）
9.10　基准条件下的体积流量 …………………………………………………（136）
9.11　基准条件下的能量流速 …………………………………………………（136）
9.12　数值计算 …………………………………………………………………（136）

10　二级和三级设备
10.1　概述 ………………………………………………………………………（138）
10.2　差压（dp） ………………………………………………………………（145）
10.3　静压 ………………………………………………………………………（146）
10.4　温度 ………………………………………………………………………（147）
10.5　多元变送器 ………………………………………………………………（148）
10.6　在线密度计 ………………………………………………………………（149）
10.7　湿度分析器 ………………………………………………………………（150）
10.8　在线气相色谱仪 …………………………………………………………（152）
10.9　其他分析器 ………………………………………………………………（154）
10.10　流量计算器 ………………………………………………………………（155）
10.11　气体取样系统 ……………………………………………………………（155）

11　气体的电子测量
11.1　气体的电子测量系统说明 ………………………………………………（160）
11.2　系统准确度 ………………………………………………………………（160）
11.3　概念 ………………………………………………………………………（160）
11.4　流体取样参数 ……………………………………………………………（161）
11.5　低流量检测 ………………………………………………………………（161）
11.6　平均技术 …………………………………………………………………（161）
11.7　可压缩性、密度与热值 …………………………………………………（161）
11.8　定时定量计算 ……………………………………………………………（161）
11.9　数据可用性 ………………………………………………………………（161）
11.10　审计与报告要求 …………………………………………………………（163）
11.11　仪器的检定、校准与认证 ………………………………………………（167）
11.12　安全 ………………………………………………………………………（168）

12　不确定度
12.1　有关不确定度的基本概念 ………………………………………………（170）
12.2　测量的不确定度 …………………………………………………………（171）
12.3　流量计不确定度实例 ……………………………………………………（173）
12.4　统计加权 …………………………………………………………………（176）

13 测量系统设计 ……（180）
13.1 目标不确定度 ……（180）
13.2 流体物理性质 ……（180）
13.3 运行设计数据 ……（180）
13.4 其他操作条件 ……（181）
13.5 基本设备冗余 ……（181）
13.6 场地要求 ……（182）
13.7 结构 ……（183）
13.8 管线要求 ……（183）
13.9 压力调节与控制 ……（184）
13.10 火炬与放空设备 ……（185）
13.11 超压保护 ……（185）
13.12 过热安全阀 ……（185）
13.13 集管 ……（185）
13.14 粗滤器 ……（186）
13.15 双阻双排阀 ……（186）
13.16 单向阀 ……（187）
13.17 脉动控制 ……（187）
13.18 初级设备 ……（187）
13.19 二级设备 ……（187）
13.20 三级设备（流量计算机） ……（192）
13.21 控制阀 ……（192）
13.22 接线与接地 ……（193）
13.23 计量控制面板 ……（193）
13.24 电源 ……（194）
13.25 卫星辅助控制面板 ……（194）
13.26 管理控制与检漏 ……（194）
13.27 安全 ……（195）
13.28 工厂验收试验 ……（195）
13.29 脱水、清洁与干燥 ……（195）
13.30 试车 ……（196）

14 孔板流量计的设计 ……（197）
14.1 概述 ……（197）
14.2 流速与管道保温 ……（197）
14.3 过滤器 ……（198）
14.4 流量计装置 ……（198）

14.5	流量计的机械性质	(198)
14.6	绕线管的机械性质	(200)
14.7	二级和三级设备	(200)

15 超声波流量计的设计 (201)

15.1	概述	(201)
15.2	流速与管道保温	(201)
15.3	滤声器	(202)
15.4	流量计装置	(202)
15.5	流量计的机械性质	(202)
15.6	绕线管的机械性质	(204)
15.7	流量计：信号处理单元（SPU），电子元件及软件	(204)
15.8	二级和三级设备	(205)

16 涡轮流量计的设计 (206)

16.1	概述	(206)
16.2	流速与管道保温	(206)
16.3	过滤器与润滑	(207)
16.4	流量计装置	(207)
16.5	流量计的机械性质	(207)
16.6	绕线管的机械性质	(207)
16.7	流量计：SPU，电子元件及软件	(209)
16.8	二级和三级设备	(209)

17 旋转位移流量计设计 (211)

17.1	概述	(211)
17.2	流速与管道保温	(211)
17.3	过滤器与润滑	(211)
17.4	流量计装置	(211)
17.5	流量计的机械性质	(212)
17.6	连接管的机械性质	(212)
17.7	流量计：SPU，电子元件及软件	(212)
17.8	二级和三级设备	(213)

18 检验、测试、检定、校准和认证 (214)

18.1	检验	(215)
18.2	测试	(215)
18.3	检定	(215)
18.4	校准	(216)
18.5	认证	(216)

  18.6 仪器 …………………………………………………………………………………… (217)
  18.7 仪器信息 ………………………………………………………………………… (218)
  18.8 记录 …………………………………………………………………………………… (224)
附录 …………………………………………………………………………………………… (225)
A 标准、出版物及条例 ……………………………………………………………… (225)
  A.1 机械标准与出版物 …………………………………………………………… (225)
  A.2 电气标准与出版物 …………………………………………………………… (226)
  A.3 计量标准与出版物 …………………………………………………………… (226)
  A.4 美国政府条例 ………………………………………………………………… (230)
B 符号意义和单位换算 ……………………………………………………………… (232)
  B.1 符号意义 ………………………………………………………………………… (232)
  B.2 测量单位 ………………………………………………………………………… (235)
  B.3 下标 ……………………………………………………………………………… (236)
  B.4 国际单位制词头表 …………………………………………………………… (236)
  B.5 单位换算 ………………………………………………………………………… (237)
C 术语 …………………………………………………………………………………… (239)

1 绪 言

测量是生产者进行商业活动的基础,这些生产者包括矿区特许权所有者、运输者、加工工厂、市场、国家和联邦政府当局以及一般公众。

事实上,油气测量对国家进出口的国民生产总值、全球公司的财政实绩和资产基础以及操作设施的效率都有着重要意义。给出这些关键的资源材料现在和未来水平的费用,能迅速地量化出未予说明的材料和经济的价值。在测量系统中可能存在与它们有关的 ±0.01% 的不确定度。

计量误差对利润的获取既有直接的又有长期的影响。不精确的计量可能导致客户损失、负面宣传、处罚和法律责任。总之,合理和精确的计量对商业界是非常必要的。它影响到经济和运营的可行性报告以及公司的声誉。

基于这些原因,精确且只有最低偏差的定量测量才是十分重要的。并且,它也是监管和维护国内和国际计量标准的依据。通过这种方式,用于原材料的资金往来可以公平地完成,并值得各方信赖。

应用于资本和运营资源(资本支出和运营资本)的财政费用转移必须与测量资金、技术的资本成本,技术的经营成本、工业实践及标准的费用、法规的遵守产生费用以及总风险资金的总成本相符合(商品价值乘以生产量)。

1.1 传输系统

天然气的传输系统(见图 1.1)包括集气系统、气体加工工厂、气体传输系统、气体分配系统以及各个终端用户。

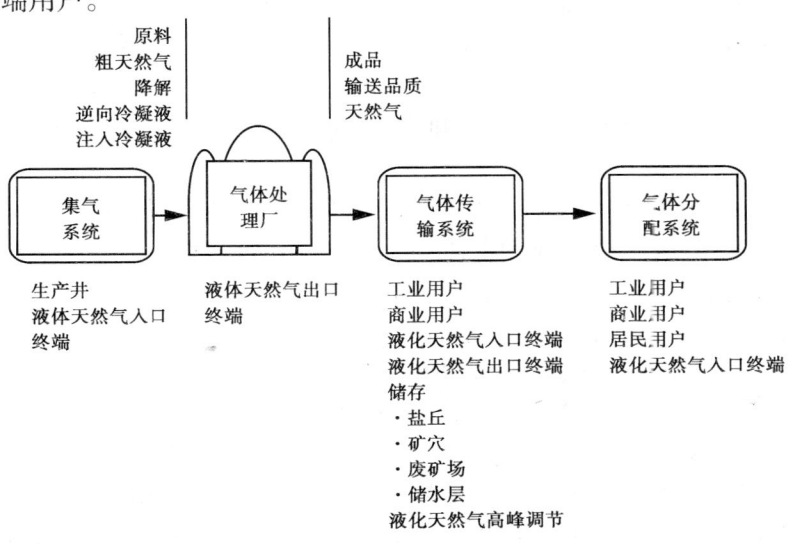

图 1.1 传输系统

1.1.1 集气系统

天然气输送系统是根据天然气的物性参数设计的。遍布于气田的天然气管网把各采气装置和采气站的原始天然气聚集到一起。通过管道将天然气输送到气体加工工厂之前要通过压气站。集气系统最后连接到气体加工工厂。简化的集气系统见图1.2。

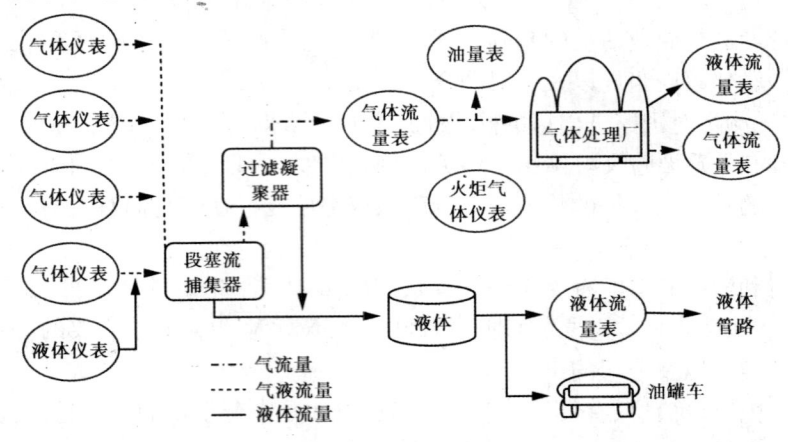

图1.2 简化的集气系统

在产品计量设备中，流体是单相气体。集气系统包含液体管道冷凝液（逆向的和注入的冷凝液）。当气体通过传输系统的前5miles，系统和海底（或地面）的温度相当。当集气系统的压力和温度低于烃露点曲线之下，产生逆行冷凝液，形成双相流体。

逆行冷凝液的形成是由于气体温度和压力下降到低于海底（或地面）的温度和管道液压，流体不能悬浮起气相中相同数量的烃，造成液态烃的逆行凝结。

注入冷凝液的一个来源是原油生产商处理的原油，其中的真实蒸气极限包含在联邦环境章程。另一个来源是气体生产特性，有一定数量的油田凝析油。

注入到收集系统中冷凝液的计量使用的是液体计量技术（静态或动态），并与适当的业界标准相符合。

由于液体管道中的冷凝液、流动的水和液体甲醇（预防含水物）的存在，集气系统呈现出多相的流动性。

对于集气系统，清管频率表明了捕集器和聚结分离器加入的管道冷凝液的量。一个严格的清管程序保证液体量不超出系统的设计产量。

管道冷凝液可能被天然气处理厂处理或作为其他工业客户（精炼厂和化工厂）的中间产品（油田凝析油）。

在对气体处理厂的入口，实践中最好的方法是在段塞流捕集器和聚结分离器联合体之后，安装一个单相气体计量装置。这个装置确保单相气体的存在。

在集气系统终端，管道冷凝液（逆行和注入的冷凝液）应用了液体计量技术（静态或动态），并符合适当的业界标准。对于少量的管道冷凝液，使用槽罐车将原材料运输到其他消费场所和处理厂。对于大量的管道冷凝液，液体管道把原材料运输到其他消费场所和处理厂。

复杂的集气系统（见图1.3）包括与集气系统上游联结的管道。

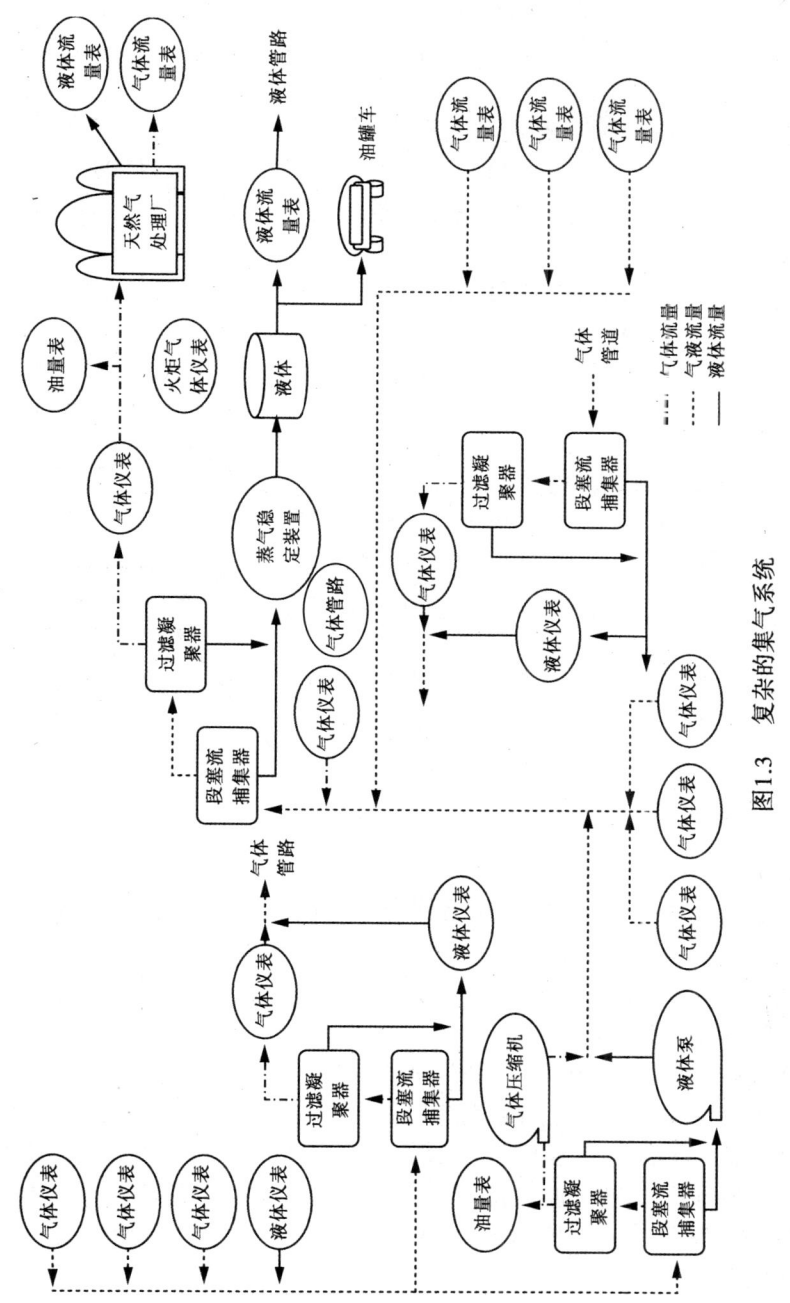

图1.3 复杂的集气系统

1.1.1.1 与不注入管道冷凝液的管道联结

对于不允许注入管道冷凝液的复杂的集气系统,实践中最好的方法是在段塞流捕集器和气—液分离器联合体之后,安装一个单相气体测量装置。这个装置确保单相气体的存在。

管道冷凝液(段塞流捕集器和气—液分离器流出的液体)返回至初始的集气系统。

1.1.1.2 与注入管道冷凝液的管道联结

对于允许注入管道冷凝液复杂的集气系统,实践中最好的方法是在捕集器和气—液分离器联合体之后,安装一个单相气体测量装置。这个装置确保单相气体的存在。

管道冷凝液(段塞流捕集器和气—液分离器流出的液体)使用液体动态技术计量。

1.1.2 气体加工工厂

气体加工厂(参见图1.4)使用原材料(天然气、管道冷凝液、水、硫化氢和硫磺)生产中间产品(粗加工原料、工厂冷凝液、天然汽油和乙烷—丙烷流)和成品(传输品质天然气、丁烷和丙烷)。

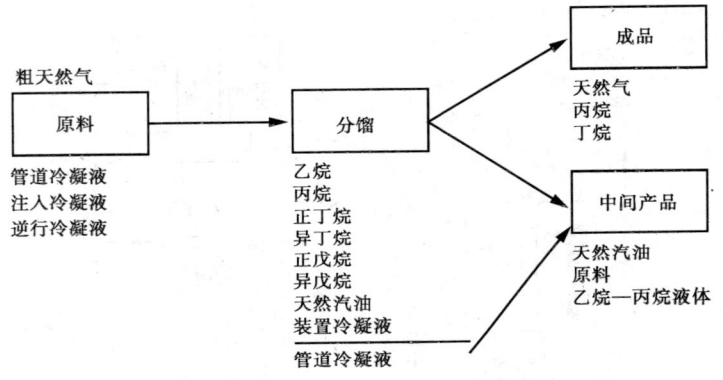

图1.4 气体加工厂

气体加工工厂采用分级分段的程序把原材料(集气系统)转化为中间产品和成品。

中间产品通过处理厂和工业消费者之间的专业管道被运输到其他处理厂(精炼厂和化工厂)。

气体处理厂的经济状况是根据中间产品和成品的价值来估算的。因此,中间产品和成品依据市场驱动的商品价值变化。

两个最终液体产品(丙烷和丁烷)通过精炼产品专用管道输送到市场。

始端气体工厂位于输送管道的起端,其处理集气系统传送品质天然气注入到输送管道。管道气体处理厂坐落于输送管道上(未在其起点),其处理集气系统传送品质天然气注入到输送管道。液化天然气厂(LNG)加工原材料(集气系统),然后利用船只将其出口到其他国家或地区。根据工厂的效率和气体质量参数,LNG使用低温程序。在LNG的出口,经处理的天然气被储存和在低温下被运输。

1.1.3 气体传输系统

在天然气处理厂的出口,传输质量的天然气(成品)进入一个国家网络的天然气传输管道(见图1.5)。这个国家网络与天然气存储设施、液化天然气的进口与出口终端、大型工业消费者(电厂、钢厂、精炼厂、化工厂等)以及燃气输配系统连接。

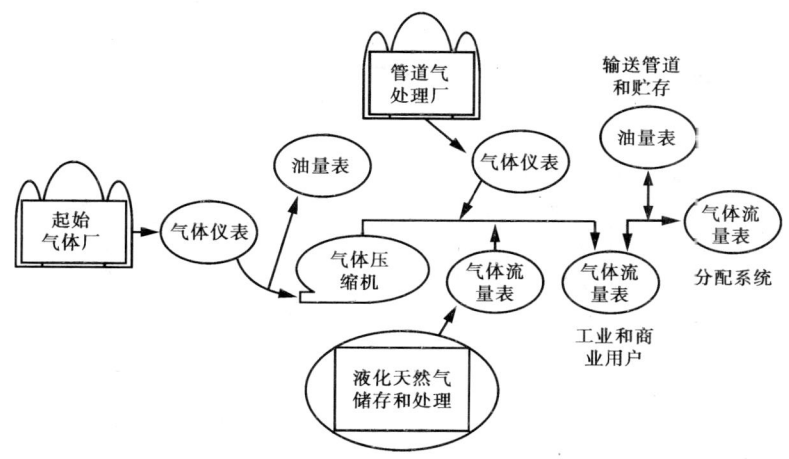

图1.5 管线传输系统

压气站分布在所有的网络上,把成品输送到终端客户。这些相互连接的管道、储存设施以及终端机的规模和数量给予行业极大的灵活性,使系统能够在几小时或几天内回应意外需求。

由于天然气的物理性质(压缩性),管道网络可以作为短期储存设施。这个被称为管线充填量。

液化天然气储存在地上低温储存终端(油罐、卧式圆形储罐或球形罐)及船只上。液化气加热并转换其液体形式,以气体的形式注入传送或分配系统。大量的天然气被存储在盐丘(或洞穴)、矿穴、枯竭储层和地下含水层。

操作者从存储库中注入和回收气体的次数被称为循环。盐丘或矿穴一年可以循环12次或更多。枯竭储层或含水层每年只可以循环一次。对于盐丘和矿穴,注入和回收率很高。对于盐丘和枯竭储层或含水层,注入和回收率受到限制,以防止损害到存储库。

1.1.4 气体分配系统

如图1.6所示,传输管道传送天然气到分配系统(交接站)。分配系统在低于传输系统的压力下操作。因此,它可以用塑料或塑料和钢的合成材料制成。

分配系统传输天然气(成品)到工业、商业、住宅和最终用户。基于商业考虑,大多数的大容量分配系统有多个传输系统。

1.2 测量

静态测量的设施有限,包括LNG地上储罐、海上LNG运输船及城市煤气储罐。动态测量的设施位于每个输送系统的入口和出口:储层,与其他收集系统的互连,天然气加工厂,储存设施,与其他互连输送管道,大型工业消费者以及燃气输配系统。

根据质量守恒的原则,财政计量是在质量基础上实施的,但由于历史的商业做法,是以体积(或能量)单位作为基础条件。

质量是科学表达的一定数量的物质。质量独立于空气浮力或重力,因此,它在世界各地都是一个基本的计量单位。任何物质的质量在路易斯安娜州、墨西哥、喀麦隆以及苏格兰都是一样的。

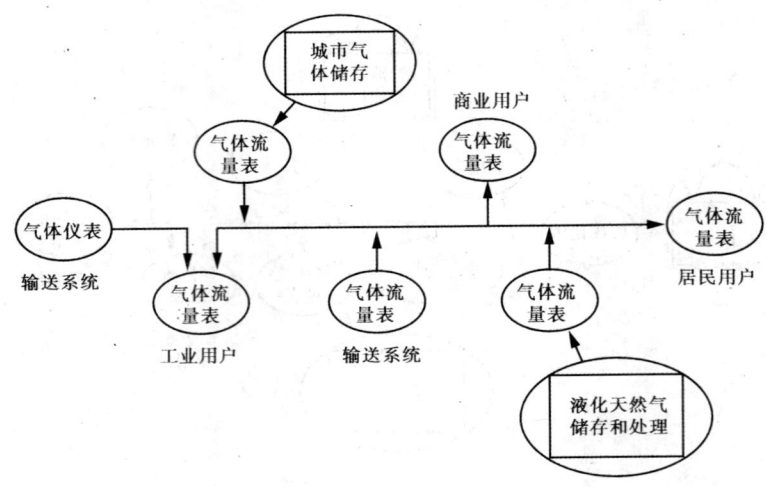

图 1.6 分配系统

在国际单位制中,质量的基本单位是千克,国际原型千克的基准物是一个铂铱金属(存放在巴黎)。在美国常用单位制(USC)中,质量的基本单位是英镑质量,这可直接追溯至国际原型千克。完全复制品保留在美国马里兰州盖瑟斯堡的国家标准和技术工厂。

在美国常用单位制中,天然气的基准(或标准)体积是立方英尺。它来源于美国常用单位制的长度单位:英尺。对于天然气,标准的立方英尺相当于在标准温度和压力条件下,占有一立方英尺体积的气体量。体积单位是千标准立方英尺(MSCF)和百万标准立方英尺(MMSCF),为了财政目的,它普遍使用在北美天然气工业。在国际单位制中,天然气体积的基准(或标准)单位是立方米。它来源国际单位制的长度单位。米的定义是指特殊原子辐射波长的数量。对于天然气,标准的立方米(Nm^3)相当于在标准温度和压力条件下,占有一立方米体积的气体量。

在美国常用单位制和国际单位制中,对于天然气的标准温度和压力条件是有区别的。

(1)在美国常用单位制中,天然气的标准温度和压力条件是:

压强 14.73psia(101.560kPa)

温度 60.0°F(15.56℃)

(2)在国际单位制中,天然气的标准温度和压力条件是:

压力 101.325kPa(14.696psia)

温度 15.00℃(59.0°F)

根据政府法规,从一个地区(国家,州或省)到其他一个地区(国家,州或省),基准条件可能会改变。因此,基准条件应由所有有关各方确定并指明标准的体积流量计量是非常必要的。

商业传输天然气应以基准体积和能量条件为基础。

天然气工业标准化委员会(GISB)商业惯例标准规定:"以 ft^3 为标准的天然气体积的标准条件规定为14.73psia,60.0°F及干燥条件。以 m^3 为标准的天然气体积的标准条件规定为101.325kPa,15℃及干燥条件。"

根据组成分析来计算密度(ρ_b,ρ_{tp})和能量(HHV_b),始终认为水在多种组分气体中的摩尔百分含量(或分数)为"零"。基准体积和能量始终是在"干"基上,因为水蒸气基本上为零

($7lb_m$/MM SCF)。

围绕能量、能含量、能量单位之间的转换相当混乱。能含量或数量可用英制热量单位(Btu),焦耳(J),卡(cal)以及千瓦小时(kW·h)。

英制热量单位(Btu)的定义受到全球天然气工业变化的影响。变化是由于1磅质量水的温度升高1℉,轻微取决于水的初始温度。

GISB和美国天然气协会采用的是国际英制热量单位(Btu_{IT}),Btu_{IT}是一个能量单位,定义为在大气条件60℉和14.73psia下,升高1磅质量水1℉所用的热能。因此,Btu_{IT}相当于lb_m℉。$1Btu_{IT}$相当于1055.056J。

在美国,能含量常采用的是英制热量单位和国际英制热量单位(Btu_{IT})。在加拿大和墨西哥,能含量常采用的是焦耳(J)、千焦耳(kJ)和兆焦耳(MJ)。在全球经济交易中,能含量采用的是卡(cal)。与电能相比较,能含量的单位也可采用千瓦小时(kW·h)。焦耳定义为10^3牛顿米(Newtonmeter)。12cal定义为在大气温度为15℃和压力为101.325kPa.时,1g水温度升高1℃所需的能量。因此,1cal等于$1gm_m$℃。1cal等于4.1868J或$0.0039683Btu_{IT}$。

低热值(LHV)或净热值(NHV)定义为,燃烧一标准立方英尺天然气所释放的热量。释放的热量采用英制热量单位计量。低热值(LHV)和净热值(NHV)不包括水冷凝释放的热量。这是因为在计算低热值(LHV)和净热值(NHV)时,水是以蒸汽态存在。低热值(LHV)或净热值(NHV)在工程应用方面很有用。

高热值(HHV)也被认为是总热值(Gross HV),定义为,燃烧一标准立方英尺天然气所释放的热量值。释放的热量值采用英制热量单位测量。热量值包括水冷凝释放的热量。

通过GPA2172给出的求和因子法,利用在14.696psia与60℉条件下的干基上基准体积总热值(HHV_{id})来计算HHV_b。GISB与A.G.A.组织所采用的14.73psia与60℉条件下干基上基准体积高热值(HHV_b)仅在美国的商业贸易中使用。

作为集气系统(原材料),由于定价是基于流体的组成(或质量)以及各个生产来源的管道冷凝液的分配,可能会有商业交易的复杂性。

1.3 流体的商业分类

与石油,天然气和化学工业相关联的流体分成三个商业类:原材料、中间产品和成品。当它们从原材料转变为成品,这些流体的价值会升高。

1.3.1 原材料

原材料产生于天然储层,经过运输,运送到工厂或设施,使原材料转换成中间产品或成品。在集气系统中,天然气是原材料。

原材料是在"宽松"的质量指标的基础上出售的。"宽松"使得质量参数在很宽的一个范围内。

在气体处理厂的入口,原材料通常是两相流体(气体和液体),包括管道冷凝液(注入和逆行冷凝液)、游离水、硫氢化物、硫、颗粒物、管锈和其他组成部分。

在集气系统,天然气被输送到气体处理厂,并且是基于"宽松"的标准。

1.3.2 中间产品

中间产品不完全是为工业和商业应用加工的流体。中间产品被卖到其他处理厂、精炼厂或化工厂,并且是基于"宽松"的标准。

在气体处理厂的入口,管道冷凝液是具有宽松标准的中间产品。气体处理厂的出口,原材料,天然气,汽油,丙烷—丁烷都是中间产品。中间产品比原材料的价值要高。

1.3.3 成品

成品完全是为工业和商业应用加工的流体。在气体输送系统,天然气是成品。

在气体处理厂的出口,天然气是具有严格标准(传输品质)的成品。传输品质天然气被输送到大量的工业消费者(电厂,钢厂,精炼厂,化工厂等)和天然气分配系统(其他工业消费者,地方公用事业和一般公众),并且是基于严格标准。成品比中间产品的价值要高。

1.4 材料品质

材料品质的标准和财务风险随着财政交易中流体或材料的不同所变化。由于计量人员参与品质的测量,因此,通常这些人被指派职责,以确保遵守符合最低质量标准和适用的政府规范。

天然气既作原材料又作为成品被输送。集气系统在气体输送系统的入口终止。原材料包括几种物质:游离水,管道冷凝液(注入和逆行),微粒,管锈和其他组成部分。

天然气加工厂处理原材料(天然气,管道冷凝液,水,硫化氢,硫)和产生中间产品(原材料,工厂冷凝液,汽油,乙烷和丙烷的混液)和成品(传输品质天然气,丁烷和丙烷)。

气体加工厂的经济状况取决于中间产品和成品的价格。因此,工厂输出的组成根据中间产品和成品商品的价值而变化。生产销售的气体和天然气处理厂出口的气体是有显著差异的(图1.7)。

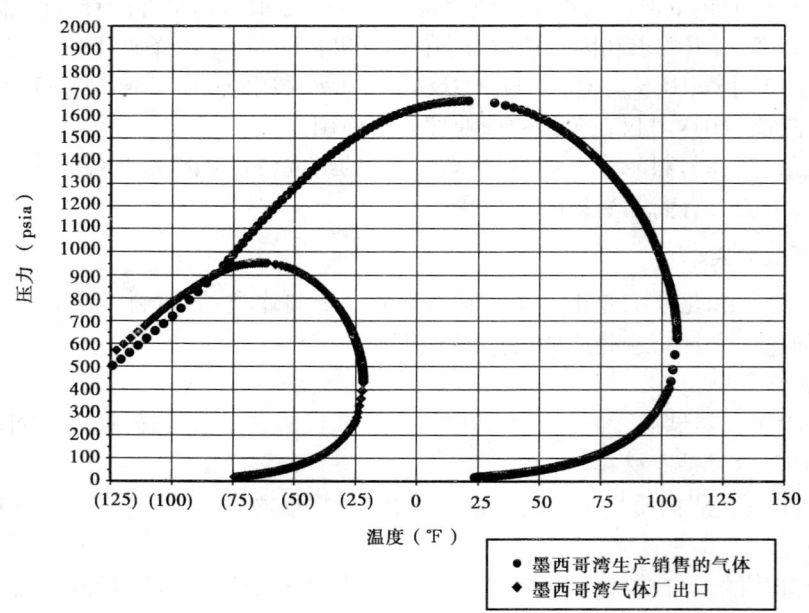

图1.7 相界面:原材料与成品

气体输送系统始于气体处理厂的出口。必须执行严格的气体输送标准(成品),从而保障输出的天然气符合成品质量参数(烃露点,水,能含量等)。

品质的标准通常是管道使用费的一部分;因此,管道是有义务满足所有非同寻常的条件。

流过管道的气体性质发生变化和在规定水平的异常,如果它不影响设计、成本、业务和违反规程,可作为案例。

对于特殊的质量参数,用户应该参照适用的公用承运收费表,合同协议,或买/卖协议。

1.5 风险管理

相对于财政测算,风险管理比较简单,并由资深的管理者管理。

对于承受高经济风险的设备,较高的资本及营运资源的分配管理风险在一个可接受的水平。例如,对于大容积的天然气设备,投资需要包括一个在线的气相色谱仪(GC)和一个流量计。所有人和相关人管理这个设备。设备的检定和校准次数至少是一周一次或更多。设备的设计和维护应不超过行业标准,以减少风险。

对于承受低经济风险的设备,较低的资本及营运资源的分配管理风险在一个可接受的水平。对于这些设备,不安装流量计。这些设备损坏就不再使用。设备的检定和校准次数至多是一个月一次或更少。设备的设计和维护应按照最低的行业标准执行。

作为一个公司,高级管理人员通过了一系列的政策、程序和文件,确定了可接受水平的风险。作为一般概要,建立下列项目来管理与输送原材料相关的资源与风险:

(1)测量手册。
(2)关系要求。
(3)关系协议。
(4)出售、购买、交换协议。
(5)使用费。
(6)工程设计标准及规范(EDSS)。
(7)经营者及技术员资格手册。
(8)培训学校。

对于上边这些项,前3个文件包括工程设计,设备选择,操作和输送监测设备的维修。两个文件是监测输送设备的法定文件:关系协议和出售、购买、交换协议。对于一般的运营者,关系要求和使用费文件是法定文件,因为必须公平对待所有参与方。

下面详细列出了现行的风险管理规定:

(1)测量书籍(计量手册,关系要求)。
(2)法律准则(关系协议,使用费,出售、购买、交换协议)。
(3)授权手册(用于调整)。
(4)EDSS 文件。
(5)把各种测量标准结合到前面的项目中作为资源分配和风险管理。
(6)技术人员和经营者的资格手册。
(7)培训学校(国内和国际)。

总之,管理者确定风险管理。在这些文件的细节上和要求中,大多数大公司的风险管理是不同的。并且,高级管理者对此要承担责任。

1.5.1 测量手册

测量手册是一个记载设备的计量规程以及操作和维修程序的文件,这本手册建立高级管理人员认为适用于企业决策的风险级别。

1.5.2 关系要求

关系要求是一个列举关系协议的文件。这个文件详细列出了测量设计、法规、操作以及设备校准和维修。在这个文件里还列出了操作者记录的测量手册,以保证与测量、校准及维修吻合。

1.5.3 关系协议

关系协议是两个运营实体之间的一个法律合约(管道和终端,管道和精炼厂,管道和化工厂,管道和天然气电厂,工厂与工厂之间)。本文件涵盖了经济测量设备、设计和设备选择的批准权(关系要求)、适用的标准,土地租赁安排,环境责任,公用事业(电力,蒸汽,空气,燃料,天然气火炬)、出口和入口的权利、经营者的纪录、证人的权利、票务纪录、证明报告纪录、争端的决议(有约束力的仲裁,诉讼)等的所有权。

1.5.4 出售、购买或交换协议

出售、购买或交换的协议是两个运营实体之间交换流体的一个法律合同。这个文件涉及商品定价和争端的决议(约束力仲裁,诉讼)。

1.5.5 使用费

在公共领域,托运公司和承运公司之间的运输价格表是具有法律效力的合同。使用费通常包括计量方法、成本,运输损失的分配、损失费用额,天灾损失和解决争端费用(约束力仲裁,诉讼)。承运公司不拥有传输系统的流体,托运公司才是流体的所有者。

1.5.6 工程设计标准及规范

大多数大型运营公司已建立工程设计标准和规范,来管理可接受的技术、规范及安装使管理风险保持在高级管理人员可以接受的水平。

1.5.7 经营者及技术员资格手册

大多数大型运营公司建立了经营及技术员资格手册,来确定操作人员计量工作所需的最低技能,以确保管理风险在高级管理人员可以接受的水平。

1.5.8 培训学校

大多数大型运营公司建立了内部学校(或程序),或利用外部培训,以确保其工程和操作人员的管理风险在高级管理人员可以接受的水平。

2 组成与质量

天然气是一种包含烃和非烃组成的多组成的流体。

天然气既作为一种原材料又作为成品产品被运送。天然气处理厂的气体进口端是原材料物质(集气系统)。天然气处理厂的气体出口端是成品(气体传输系统)。

降解和污染是影响天然气质量的两个方面。

降解过程存在于天然气气体传输系统的传输过程中。它的发生是由于不相容气体(无硫天然气和含硫天然气)的混合。天然气降解既发生在正常的也发生在非正常的流动状态。这一潜在的问题存在于气体的进口端,而不存在于气体的出口端。

污染是一个增加了天然气以外组成的过程,发生在天然气进入传输系统之前或之后。例如,故意或意外倾倒用过的润滑油、洗涤剂、副产物都属于污染的例子。污染对管道、电厂、气厂、经销商、公众的安全及环境都会产生危害。潜在的危害是非常大的。污染能损害集气系统、气体传输系统、传输管道、贮存系统、分配系统、工业用户、商业用户及居民。

2.1 检定

由于天然气是一个多组分的流体,分析流体而预测物理性质对于测量是非常必要的。

一个新的测量系统设计以前或使用之后,操作者都必须提供一个权威实验室出具的天然气气体的完全分析报告。分析应该包括:

(1)实验室名称。
(2)实验室地点。
(3)取样的时间。
(4)样品测试的时间。
(5)每个测试的方法。

一个典型的分析应该遵循表2.1的要求。

表2.1 典型检定

名称	分子式	测试	标准
烃			
甲烷	C_2H_4	摩尔百分含量或分数	政府采购协定标准2261和2286
乙烷	C_2H_6	摩尔百分含量或分数	政府采购协定标准2261和2286
丙烷	C_3H_8	摩尔百分含量或分数	政府采购协定标准2261和2286
异丁烷	iC_4H_{10}	摩尔百分含量或分数	政府采购协定标准2261和2286
正丁烷	C_4H_{10}	摩尔百分含量或分数	政府采购协定标准2261和2286
异戊烷	iC_5H_{12}	摩尔百分含量或分数	政府采购协定标准2261和2286

续表

名 称	分子式	测 试	标 准
正戊烷	C_5H_{12}	摩尔百分含量或分数	政府采购协定标准 2261 和 2286
正己烷	C_6H_{14}	摩尔百分含量或分数	政府采购协定标准 2261 和 2286
正庚烷	C_7H_{16}	摩尔百分含量或分数	政府采购协定标准 2261 和 2286
正辛烷	C_8H_{18}	摩尔百分含量或分数	政府采购协定标准 2261 和 2286
正壬烷	C_9H_{20}	摩尔百分含量或分数	政府采购协定标准 2261 和 2286
正癸烷	$C_{10}H_{22}$	摩尔百分含量或分数	政府采购协定标准 2261 和 2286
非烃			
氢气	H_2	摩尔百分含量或分数	政府采购协定标准 2261 和 2286
一氧化碳	CO	摩尔百分含量或分数	政府采购协定标准 2261 和 2286
氮气	N_2	摩尔百分含量或分数	政府采购协定标准 2261 和 2286
氧气	O_2	摩尔百分含量或分数	政府采购协定标准 2261 和 2286
硫化氢	H_2S	摩尔百分含量或分数	政府采购协定标准 2261 和 2286
二氧化碳	CO_2	摩尔百分含量或分数	政府采购协定标准 2261 和 2286

使用分析结果或额外的测试,信息(表2.2)应提交完全的分析。

表2.2 补充信息

名 称	单 位	标 准
相对分子质量(MW_{gas})	—	政府采购协定标准 2172 和 2145
理想相对密度(RD_{id})	—	政府采购协定标准 2172 和 2145
真实相对密度(RD)	—	政府采购协定标准 2172 和 2145
能含量(HHV_b)	Btu_{IT}/ft^3	政府采购协定标准 2172 和 2145
相界面		共同可接受的软件
H_2S 含量(H_2S)	$Grains/100ft^3$	ASTM D 2725
S 含量(S)	$Grains/100ft^3$	ASTM D 3031

  含水量仅仅能在流动的状态下测量。由于是假定测量设施符合水汽含量的限制,因此,含水量不是分析的一部分。含水量分析用于一个运转的测量系统,是用正确的单位和引用的标准:含水量 lb/MM SCF ASTM D 1142。

2.2 质量参数与容差

  一般来说,输送的天然气气体需要满足以下的参数。一些规范具有不同的参数是为了区别原材料(集气系统)和成品(传输管道)。利益各方应为指定的参数和局限性参考交付传输系统的使用费。

  质量参数的变化是基于:

(1)原材料,天然气收集系统(气体处理厂的上游)可能包含游离水和管道冷凝液。

(2)气体处理工厂,由于硫化氢,硫和其他参数设计的局限。

(3)成品,传输高品质天然气。
(4)液化天然气厂,受二氧化碳和其他参数的设计局限。
管道冷凝液包括逆行和注入冷凝液。
表2.3 的设计原则是区分销售的天然气(原材料和成品)。

表2.3 质量参数与容差

规　格	原材料	成品
销售的天然气	无说明	无粉尘,树胶,胶状物质,铁的氧化物,盐,砂,和任何其他有害液体或固体
含水量(H_2O)	$3\sim7\text{lb}_m/10^6\text{ft}^3$	$7\text{lb}_m/10^6\text{ft}^3$
操作温度	$32\sim120°F$	$32\sim120°F$
烃露点	单相:在测量点无任何液体(管道冷凝液)	500psig 条件下为15°F
冷凝液、油、游离水	单相:在测量点无任何液体(管道冷凝液)	单相:在测量点无任何液体(管道冷凝液)
能含量(HHV_b)	最大值 $1300\text{Btu}_{IT}/\text{ft}^3$	$967\sim110\text{Btu}_{IT}/\text{ft}^3$
硫(S)	无说明	最大值 10.0grains(格令)$/100\text{ft}^3$
硫化氢(H_2S)	无说明	最大值 $0.25\text{grain}/100\text{ft}^3$
二氧化碳(CO_2)和氮气(N_2)	最大摩尔百分含量3%	最大摩尔百分含量3%
二氧化碳(CO_2)	无说明	最大摩尔百分含量2%
氧(O)	无说明	最大摩尔百分含量0.2%
氢气(H_2)	无说明	最大摩尔百分含量0.1%
微量组成水平	检测不到的多氯联苯、砷、汞、铅、氮氧化物不超过联邦规则(CFR)限制	

2.2.1 销售的天然气

对于一个传输系统(成品),天然气气体应不含有粉尘、树胶、胶状物质、铁的氧化物、盐、砂和任何其他有害液体或固体,即管道运营商的主张可能会影响气体的输送、应用或适销性。

2.2.2 含水量

游离水不允许进入任何来源的天然气系统。

集气系统(原材料)的深水操作,连接部件应传输天然气的最高水汽含量为$3\text{lb}/10^6\text{ft}^3$(磅每百万标准立方英尺)。

集气系统(原材料)的浅水操作,连接部件应传输天然气的最高水汽含量为$7\text{lb}/10^6\text{ft}^3$。

对于气体输送管道(精炼产品),连接部件应传输天然气的最高水汽含量为$7\text{lb}/10^6\text{ft}^3$。

2.2.3 操作温度

进入管道的天然气的最低和最高温度分别是$32°F$和$120°F$。温度的限制是由于最大允许操作压力要求(MAOP)与美国运输部(DOT)规范的流体温度一致。

2.2.4 烃露点

对于集气系统(原材料),所有天然气在计量时应当是单相的。对于气体输送管道(成品),传输天然气的连接部件的烃露点的最大值在 500psia 条件下是 15°F。

2.2.5 流体:冷凝液、油、游离水

在测量时,所有的天然气(原材料和成品)都必须是单相的。对于集气系统(原材料),可以注入正常量的冷凝液,即管道运营商的意见,这些冷凝液不会损害管道运营。

2.2.6 能值

对于集气系统(原材料),连接部件传输的天然气应具有高热量的最大值(干基上 14.73psia 和 60°F 条件下的 HHV_b)为 1300Btu_{IT}/ft^3。对于气体输送管道(成品),连接部件传输的天然气应具有高热量的最大和最小值分别为 1100Btu_{IT}/ft^3 和 967Btu_{IT}/ft^3。

2.2.7 硫含量

对于气体输送管道(成品),连接部件传输的天然气应具有的总硫量为 10grains/100SCF。

2.2.8 硫化氢含量

对于气体输送管道(成品),连接部件传输的天然气应具有的最大硫化氢量为 0.25grain/100SCF。

2.2.9 二氧化碳(CO_2)和氮气(N_2)

对于所有的天然气(原材料和成品),连接部件传输的天然气应具有的二氧化碳和氮气摩尔百分含量总量最大值为 3%。对于所有的天然气(原材料和成品),传输天然气的连接部件的二氧化碳摩尔百分含量最大值为 2%。

2.2.10 氧气

对于气体输送管道(成品),连接部件传输的天然气应具有的氧气量摩尔百分含量最大值为 0.2%。

2.2.11 氢气

对于气体输送管道(成品),连接部件传输的天然气应具有的氢气量摩尔百分含量最大值为 0.1%。

2.2.12 微量组成水平

对于所有的天然气(原材料和成品),连接部件传输的天然气应具有的不能检测到的多氯联苯(PCBs)。其他微量组成,砷、汞、铅、氮氧化物不超过联邦法律代码(CFR)第 29 条,第 1910 部分,职业安全与健康标准。

2.3 气体质量的潜在影响

天然气是一种多组分的流体,包含石蜡烃,芳香烃及非烃组分。

天然气的组分可能会危害输送、分配、贮存和消费等各个方面。

许多建议提出在液化天然气终端对天然气的质量必须加以监测,以确保传输质量天然气的互换性(成品)。

对于成品(传输质量天然气),质量的商业容差应低于天然气工业标准局(GISB)和美国天然气协会(A.G.A.)的规定。

传输系统的烃露点(逆行冷凝液)应根据操作压力、控制阀、焦耳—汤普森影响、天然气厂处理加压等方面提出问题。

关于输送系统和分配系统中存在逆行冷凝液的问题促使操作者依据沃泊指数定义了可销售天然气。对于输送系统,天然气的沃泊指数为 1200~1400。

沃泊指数,W_s,是显示传输质量天然气(成品)的互换性指标。它根据以下公式计算:

$$W_s = (HHV_b)/[(RD_{id})]^{0.5}$$

2.3.1 集气系统、天然气加工厂和输送系统

含硫化合物和二氧化碳结合多余的水蒸气可加速钢制容器的内部腐蚀(管道,分离器等)。液态烃作为细菌滋生地,导致加速了钢制容器内部的腐蚀。注入杀虫剂和杀菌剂可抑制和控制细菌。

游离水与烃结合可能形成水合物。如果发生这种情况,气体流量可能会减少或完全停止,并给生产者、天然气加工厂和成品的管道(天然气输送)等相关系统造成负面影响。

对于集气系统,过多的管道冷凝液的产生可能会超过段塞流捕集器或分离处理设施的设计容量。

2.3.2 储存

天然气贮存设施包括地下和地上设施。地下储气库,包括盐丘,矿穴,枯竭的储层,含水层。为确保满足天然气的质量参数,大多数在地下储存设施安装脱水设施(水蒸气含量)。

硫化物和二氧化碳与过剩水汽结合可以加速钢制容器的内部腐蚀(套管,井口阀门和设备等)。

如果微量组成污染地下含水层和迁移到贮存以外的范围,可能就会发生环境问题。

地上的贮存设施与相关的液化天然气终端及低温操作有关。

2.3.3 分配系统

硫化物和二氧化碳与多余的水蒸气结合可加速钢制容器的内部腐蚀(管道,阀门,配件等)。

根据美国联邦条例,为广大市民安全,分配系统须注入增臭剂(检测泄露)。高含量的丙烷和丁烷可干扰注入的增臭剂。由胺脱硫醇过程中产生的氮氧化物对注入增臭剂和环氧树脂为基础的弹性体有严重的影响。

一些塑料管材的组分对碱性和液态烃很敏感。

硫和其他微量化合物对一些塑胶制品及与分配系统设备相关的有色金属材料有着有害的影响。

2.3.4 液化天然气厂

二氧化碳是必须除去的主要污染物。二氧化碳超过1%会限制液化比率或液化天然气厂的容量。

其他异常参数显示出用于消除 CO_2 的"分子筛"已经中毒,从而增加了液化天然气厂操作费用和周转时间。

2.3.5 工业终端用户

工业终端用户包括但不局限于以下这些:

(1)天然气电厂。
(2)热处理。

(3)涂料。
(4)玻璃制造业。
(5)食品加工。
天然气质量的灵敏度和影响根据终端用户采用的不同工艺过程而不同。

2.3.6 商业终端用户

商业终端用户包括但不局限于以下这些：
(1)餐厅。
(2)医疗保健设施(医院,疗养院)。
(3)住宿设施(酒店,汽车旅馆)。
(4)商业物业管理(办公大楼)。
(5)杂货店零售商。
(6)教育机构(学校,学院,大学)。
天然气质量的灵敏度和影响根据终端用户采用的不同而不同。

2.3.7 居民终端用户

气体装置包括煤气灶,气体干燥器,燃气热水器和燃气式中央供暖系统。天然气质量的灵敏度和影响关系到气体装置的运行安全。

2.4 典型物流

这里将介绍天然气组成的4部分,使读者能够了解天然气流体组分的变化性。
(1)墨西哥湾(GOM)生产的销售的气体(表2.4)
(2)墨西哥湾(GOM)气体加工厂的入口(表2.5)
(3)墨西哥湾(GOM)气体加工厂的出口(表2.6)
(4)液化天然气厂的出口(表2.7)

本节目的在于让读者了解天然气流体从原材料到成品的过程中组成和物理性质的变化。墨西哥湾的气体组成对于美国运营者来说是很典型的。

由于逆行凝析物在加工厂气体计量设施之前下降,墨西哥湾(GOM)气体加工厂入口的天然气不同于墨西哥湾(GOM)生产的销售的天然气。这在 HHV_b 值上明显地显示出来。

液化天然气组分对于外国运营者来说是很典型的。与气体加工厂出口的气体组成相比,液化天然气组分具有较低的 HHV_b 值。

应该预期,在众多的生产性能、集气系统、气体处理厂运行、传输管道系统、液化天然气厂中出现气体组成的明显变化。

表2.4 GOM生产的销售气体组成

	摩尔百分含量(%)	分数 X_j	符号	RD_{id}	总 HV_{id}(Btu/ft³)
烃					
甲烷	88.0230	0.880230	CH_4	0.5539	1010.0
乙烷	5.8240	0.058240	C_2H_6	1.0382	1769.7

续表

	摩尔百分含量(%)	分数 X_j	符号	RD_{id}	总 HV_{id} (Btu/ft³)
丙烷	3.2920	0.032920	C_3H_8	1.5226	2516.2
异丁烷	0.9360	0.009360	iC_4H_{10}	2.0068	3251.9
正丁烷	0.5370	0.005370	C_4H_{10}	2.0068	3262.4
异戊烷	0.2490	0.002490	iC_5H_{12}	2.4912	4000.9
正戊烷	0.2360	0.002360	C_5H_{12}	2.4912	4008.7
正己烷	0.1490	0.001490	C_6H_{14}	2.9755	4756.0
正庚烷	0.1890	0.001890	C_7H_{16}	3.4598	5502.6
正辛烷	0.0980	0.000980	C_8H_{18}	3.9441	6248.8
正壬烷	0.0360	0.000360	C_9H_{20}	4.4284	6996.2
正癸烷	—	—	$C_{10}H_{22}$	4.9127	7742.9
非烃					
氢气	—	—	H_2	0.0696	324.2
水	—	—	H_2O	0.0696	50.3
一氧化碳	—	—	CO	0.0696	320.5
氮气	0.2620	0.002620	N_2	0.9672	0.0
氧气	—	—	O_2		0.0
硫化氢	—	—	H_2S	1.5196	637.1
二氧化碳	0.1690	0.001690	CO_2	1.5196	0.0
总计	100.000	1.000000			

GPA 2172

MW_{air}	28.9625	$lb_m/[lb_m \times mol]$
MW_{gas}	19.1542	$lb_m/[lb_m \times mol]$
P_b	14.73	psia
T_b	60.00	°F
R	10.73164	$[psia \times ft^3]/[lb_m \times mol \times °R]$
$Z_{b\ of\ air}$	0.999632	@ 14.696 psia 和 T_b
$Z_{b\ of\ gas}$	0.997028	@ 14.696 psia 和 T_b
$Z_{b\ of\ gas}$	0.997022	@ P_b 和 T_b
RD_{id}(干气)	0.6613	理想相对密度
RD(干气)	0.6630	真实相对密度 @ P_b 和 T_b
ρ_b	0.050625	lb_m/ft^3 @ 14.696 psia 和 T_b
ρ_b	0.050742	lb_m/ft^3 @ P_b 和 T_b
总 HV_{id}	1168.4	干基上 Btu/ft³ @ 14.696 psia 和 60°F
HHV_b	1171.1	干基上 Btu_{IT}/ft^3 @ P_b 和 T_b
P_b	101.560	kPa
T_b	288071	°K
R	8.31451	$[kPa \times m^3]/[kg_m \times mol \times °K]$

续表

	摩尔百分含量(%)	分数 X_j	符号	RD_{id}	总 HV_{id} (Btu/ft³)
$Z_{b\ of\ air}$	0.999632	@101.325kPa 和 T_b			
$Z_{b\ of\ gas}$	0.997028	@101.325kPa 和 T_b			
$Z_{b\ of\ gas}$	0.997022	@P_b 和 T_b			
RD_{id}(干气)	0.6613	理想相对密度			
RD(干气)	0.6630	真实相对密度@P_b 和 T_b			
ρ_b	0.810926	kg_m/m^3 @101.325 kPa 和 T_b			
ρ_b	0.812811	kg_m/m^3 @P_b 和 T_b			
HHV_b	1.2356	干基上 MJ@P_b 和 T_b			

表 2.5 GOM 气体厂进口物料的组成

	摩尔百分含量(%)	分数 X_j	符号	RD_{id}	总 HV_{id} (Btu/ft³)
烃					
甲烷	90.0000	0.900000	CH_4	0.5539	1010.0
乙烷	4.6500	0.046500	C_2H_6	1.0382	1769.7
丙烷	2.5000	0.025000	C_3H_8	1.5226	2516.2
异丁烷	0.5000	0.005000	iC_4H_{10}	2.0068	3251.9
正丁烷	0.7500	0.007500	C_4H_{10}	2.0068	3262.4
异戊烷	0.2000	0.002000	iC_5H_{12}	2.4912	4000.9
正戊烷	0.4000	0.004000	C_5H_{12}	2.4912	4008.7
正己烷	0.2000	0.002000	C_6H_{14}	2.9755	4756.0
正庚烷	0.1000	0.001000	C_7H_{16}	3.4598	5502.6
正辛烷	0.0500	0.000500	C_8H_{18}	3.9441	6248.8
正壬烷	—	—	C_9H_{20}	4.4284	6996.2
正癸烷	—	—	$C_{10}H_{22}$	4.9127	7742.9
非烃					
氢气	—	—	H_2	0.0696	324.2
水	—	—	H_2O	0.0696	50.3
一氧化碳	—	—	CO	0.0696	320.5
氮气	0.4000	0.004000	N_2	0.9672	0.0
氧气	—	—	O_2		0.0
硫化氢	—	—	H_2S	1.5196	637.1
二氧化碳	0.2500	0.002500	CO_2	1.5196	0.0
总计	100.0000	1.000000			

GPA 2172

MW_{air}	28.9625	$lb_m/[lb_m \times mol]$
MW_{gas}	18.6506	$lb_m/[lb_m \times mol]$
P_b	14.73	psia
T_b	60.00	°F
R	10.73164	$[psia \times ft^3]/[lb_m \times mol \times °R]$

续表

	摩尔百分含量(%)	分数 X_j	符号	RD_{id}	总 HV_{id}(Btu/ft³)
$Z_{b\ of\ air}$	0.999632	@ 14.696 psia 和 T_b			
$Z_{b\ of\ gas}$	0.997222	@ 14.696 psia 和 T_b			
$Z_{b\ of\ gas}$	0.997215	@ P_b 和 T_b			
RD_{id}(干气)	0.6440	理想相对密度			
RD(干气)	0.6456	真实相对密度@ P_b 和 T_b			
ρ_b	0.049284	lb_m/ft^3 @ 14.696 psia 和 T_b			
ρ_b	0.049398	lb_m/ft^3 @ P_b 和 T_b			
总 HV_{id}	1137.1	干基上 Btu/ft³@ 14.696 psia 和 60℉			
HHV_b	1139.7	干基上 Btu_{IT}/ft^3 @ P_b 和 T_b			
P_b	101.560	kPa			
T_b	288.71	°K			
R	8.31458	$[kPa \times m^3]/[kg_m \times mol \times °K]$			
$Z_{b\ of\ air}$	0.999632	@ 101.325 kPa 和 T_b			
$Z_{b\ of\ gas}$	0.997222	@ 101.325 kPa 和 T_b			
$Z_{b\ of\ gas}$	0.997215	@ P_b 和 T_b			
RD_{id}(干气)	0.6440	理想相对密度			
RD(干气)	0.6456	真实相对密度@ P_b 和 T_b			
ρ_b	0.789452	kg_m/m^3 @ 101.325kPa 和 T_b			
ρ_b	0.791287	kg_m/m^3 @ P_b 和 T_b			
HHV_b	1.2024	干基上 MJ@ P_b 和 T_b			

表 2.6 GOM 气体厂出口物料的组成

	摩尔百分含量(%)	分数 X_j	符号	RD_{id}	总 HV_{id}(Btu/ft³)
烃					
甲烷	96.5210	0.965210	CH_4	0.5539	1010.0
乙烷	1.8190	0.018190	C_2H_6	1.0382	1769.7
丙烷	0.4600	0.004600	C_3H_8	1.5226	2516.2
异丁烷	0.0980	0.000980	iC_4H_{10}	2.0068	3251.9
正丁烷	0.1010	0.001010	C_4H_{10}	2.0068	3262.4
异戊烷	0.0470	0.000470	iC_5H_{12}	2.4912	4000.9
正戊烷	0.0320	0.000320	C_5H_{12}	2.4912	4008.7
正己烷	0.0660	0.000660	C_6H_{14}	2.9755	4756.0
正庚烷	—	—	C_7H_{16}	3.4598	5502.6
正辛烷	—	—	C_8H_{18}	3.9441	6248.8

续表

	摩尔百分含量(%)	分数 X_j	符号	RD_{id}	总 HV_{id}(Btu/ft³)
正壬烷	—	—	C_9H_{20}	4.4284	6996.2
正癸烷	—	—	$C_{10}H_{22}$	4.9127	7742.9
非烃					
氢气	—	—	H_2	0.0696	324.2
水	—	—	H_2O	0.0696	50.3
一氧化碳	—	—	CO	0.0696	320.5
氮气	0.2600	0.002600	N_2	0.9672	0.0
氧气	—	—	O_2		0.0
硫化氢	—	—	H_2S	1.5196	637.1
二氧化碳	0.5960	0.005960	CO_2	1.5196	0.0
总计	100.0000	1.000000			

GPA 2172

MW_{air}	28.9625	$lb_m/[lb_m \times mol]$
MW_{gas}	16.7994	$lb_m/[lb_m \times mol]$
P_b	14.73	psia
T_b	60.00	°F
R	10.73164	$[psia \times ft^3]/[lb_m \times mol \times °R]$
$Z_{b\ of\ air}$	0.999632	@14.696 psia 和 T_b
$Z_{b\ of\ gas}$	0.997845	@14.696 psia 和 T_b
$Z_{b\ of\ gas}$	0.997840	@P_b 和 T_b
RD_{id}(干气)	0.5800	理想相对密度
RD(干气)	0.5810	真实相对密度@P_b 和 T_b
ρ_b	0.044365	lb_m/ft^3 @14.696 psia 和 T_b
ρ_b	0.044467	lb_m/ft^3 @P_b 和 T_b
总 HV_{id}	1031.4	干基上 Btu/ft³@14.696 psia 和 60°F
HHV_b	1033.8	干基上 But_{IT}/ft^3@P_b 和 T_b
P_b	101.560	kPa
T_b	288.71	°K
R	8.31451	$[kPa \times m^3]/[kg_m \times mol \times °K]$
$Z_{b\ of\ air}$	0.999632	@101.325 kPa 和 T_b
$Z_{b\ of\ gas}$	0.997845	@101.325 kPa 和 T_b
$Z_{b\ of\ gas}$	0.997840	@P_b 和 T_b
RD_{id}(干气)	0.5800	理想相对度密
RD(干气)	0.5810	真实相对密度@P_b 和 T_b
ρ_b	0.710650	kg_m/m^3@101.325 kPa 和 T_b
ρ_b	0.712300	kg_m/m^3@P_b 和 T_b
HHV_b	1.0907	干基上 MJ@P_b 和 T_b

表 2.7 液态天然气厂出口物料的组成

	摩尔百分含量(%)	分数 X_j	符号	RD_{id}	总 HV_{id} (Btu/ft³)
烃					
甲烷	98.0000	0.980000	CH_4	0.5539	1010.0
乙烷	0.0750	0.000750	C_2H_6	1.0382	1769.7
丙烷	0.0250	0.000250	C_3H_8	1.5226	2516.2
异丁烷	—	—	iC_4H_{10}	2.0068	3251.9
正丁烷	—	—	C_4H_{10}	2.0068	3262.4
异戊烷	—	—	iC_5H_{12}	2.4912	4000.9
正戊烷	—	—	C_5H_{12}	2.4912	4008.7
正己烷	—	—	C_6H_{14}	2.9755	4756.0
正庚烷	—	—	C_7H_{16}	3.4598	5502.6
正辛烷	—	—	C_8H_{18}	3.9441	6248.8
正壬烷	—	—	C_9H_{20}	4.4284	6996.2
正癸烷	—	—	$C_{10}H_{22}$	4.9127	7742.9
非烃					
氢气	—	—	H_2	0.0696	324.2
水	—	—	H_2O	0.0696	50.3
一氧化碳	—	—	CO	0.0696	320.5
氮气	0.9500	0.009500	N_2	0.9672	0.0
氧气	—	—	O_2		0.0
硫化氢	—	—	H_2S	1.5196	637.1
二氧化碳	0.9500	0.009500	CO_2	1.5196	0.0
总计	100.0000	1.000000			

GPA 2172

MW_{air}	28.9625	$lb_m/[lb_m \times mol]$
MW_{gas}	16.4399	$lb_m/[lb_m \times mol]$
P_b	14.73	psia
T_b	60.00	°F
R	10.73164	$[psia \times ft^3]/[lb_m \times mol \times °R]$
$Z_{b\ of\ air}$	0.999632	@ 14.696 psia 和 T_b
$Z_{b\ of\ gas}$	0.998016	@ 14.696 psia 和 T_b
$Z_{b\ of\ gas}$	0.998011	@ P_b 和 T_b
RD_{id}(干气)	0.5676	理想相对密度
RD(干气)	0.5685	真实相对密度 @ P_b 和 T_b
ρ_b	0.043408	lb_m/ft^3 @ 14.696 psia 和 T_b

续表

	摩尔百分含量(%)	分数 X_j	符号	RD_{id}	总 HV_{id} (Btu/ft³)
ρ_b	0.043508	$lb_m/ft^3 @ P_b$ 和 T_b			
总 $H_{id}V_{id}$	991.7	干基上 Btu/ft³ @ 14.696psia 和 60°F			
HV_b	994.0	干基上 $Btu_{IT}/ft^3 @ P_b$ 和 T_b			
P_b	101.560	kPa			
T_b	288.71	°K			
R	8.31451	$[kPa \times m^3]/[kg_m \times mol \times °K]$			
$Z_{b\ of\ air}$	0.999632	@ 101.325 kPa 和 T_b			
$Z_{b\ of\ gas}$	0.998016	@ 101.325 kPa 和 T_b			
$Z_{b\ of\ gas}$	0.998011	@ P_b 和 T_b			
RD_{id}(干气)	0.5676	理想相对密度			
RD(干气)	0.5685	真实相对密度 @ P_b 和 T_b			
ρ_b	0.695323	kg_m/m^3 @ 101.325 kPa 和 T_b			
ρ_b	0.696937	kg_m/m^3 @ P_b 和 T_b			
HHV_b	1.0487	干基上 MJ @ P_b 和 T_b			

3 物性与工艺条件

在测量设备的设计和操作过程中,充分理解流体的物性及其工艺条件是极其重要的。

3.1 天然气

天然气是一种多组分流体,它由烷烃、芳烃以及非烃类组分构成。

3.1.1 原材料与产品

天然气可同时作为原材料和产品被运输。气体加工厂上游的天然气就是原材料,而气体加工厂出口处的天然气则作为产品。

由于管线冷凝液(注入及反凝析)、游离水、大量的乙醚或甲醇(防止水合物形成),根据物性,集气系统中流体的流动呈现出多相流动。由于集气系统呈现出多相流,在气体加工厂的入口与收集系统的交汇处应安装组合包括油水分离器(液—气分离器)的节涌接收器。这种大型的集中设备确保了流量计装置上游的气体是以近单相气体存在的。

气体加工厂接受原材料(天然气物流,包括冷凝液、水、H_2S 以及 S)和加工生产出中间产品(原材料、冷凝液及乙烷—丙烷物流)以及成品(传输优质天然气、丁烷和丙烷)。

气体组成随着产品物性的不同而发生变化,考虑到物性及相界面,炼气厂的进料口与出料口是非常重要的。

炼气厂的经济效益基于中间产品及成品的价格。因此,中间产品及成品的组成决定了它们市场上的商品价值的多少。

在气体加工厂的出料口处,传输优质天然气(成品)进入一个与气体管线相连接的国家管网。这里,天然气产品必须满足严格的质量规定,从而使其符合成品的规格要求(这些规格包括水含量、相对密度、烃类露点、Btu 等)。

3.1.2 组成

既然天然气是一个多组分流,那么有必要对其进行组分分析,进而来估测计量过程所必须的大量的物性值。对于天然气来说,原材料与成品的组分分析是不一样的。

下面所提到的流动密度(ρ_{tp}),基准密度(ρ_b)以及能含量(HHV_b)它们都是财政转移所需要用到的物性参数。这些物性参数以及其他物性值必须与质量规定、商业价估参数、以及调节符合性相符。

C_{6+} 组分(正己烷以及更重组分)对质量密度(ρ_b,ρ_{tp})、质量流速(q_m)以及基准条件下的体积流速(q_{vb})的影响较小,而其对能含量(HHV_b)及声速(SOS_{tp})的影响则比较显著。

对于高财政风险设备。可安装一个在线气相色谱仪(GC)来测量 $C_1 \sim C_{10}$ 之间的组分。应定期对 GC 进行检验及标定,从而保证其测量结果的精确性及可靠性。对于中度财政风险设备,可定期对加权流动组分试样进行大量的分类。对于低财政风险设备,可定期对人工试样进行大量分析,进而确定 $C_6 \sim C_{10}$ 组分中 C_{6+}(正己烷及更重组分)的比例分数。

3.1.3 原材料

对于加工厂上游的天然气来说,原材料的组成通常包括:

(1)烷烃的($C_1 \sim C_{10}$)的摩尔百分比。

(2)石蜡及芳烃的摩尔百分比。
(3)H_2 的摩尔百分比。
(4)CO 的摩尔百分比。
(5)N_2 的摩尔百分比。
(6)O_2 的摩尔百分比。
(7)CO_2 的摩尔百分比。
(8)H_2S 的摩尔百分比。
(9)S 的摩尔百分比。
(10)H_2O 的摩尔百分比。

3.1.4 成品

对于天然气加工厂下游的天然气来说,成品的组成通常包括:
(1)烷烃($C_1 \sim C_{10}$)的摩尔百分比。
(2)H_2 的摩尔百分比。
(3)CO 的摩尔百分比。
(4)N_2 的摩尔百分比。
(5)O_2 的摩尔百分比。
(6)CO_2 的摩尔百分比。
(7)H_2S 的摩尔百分比。
(8)S 的摩尔百分比。
(9)H_2O 的摩尔百分比。

3.2 流体分类:工艺技术

从工艺的角度讲,流体分为4个相区:
(1)液相区。
(2)气体或蒸气区。
(3)密相或超临界区。
(4)两相区。

泡点曲线是将液相区从两相区分离出来的曲线。泡点曲线代表着液体的真实蒸气压(TVP)。平衡蒸气压(P_e)是泡点曲线上指定温度下的 TVP。露点曲线是针对某种液体,将其密相和气相区从两相区分离出来的曲线。这两条曲线(泡点曲线和露点曲线)交叉于液体的临界点。这些曲线确定了液体的两相区。

液相区的流体有确定的体积,但没有确定的形状。此处液体处于假设形状的容器中,但并非充满整个容器。液相区的流体展现出低流体压缩性和高质量密度值。

气相或蒸汽相区的流体没有固定的体积及形状,并且充满整个所处的容器。气相区的流体展现出高流体压缩性和低质量密度值。如果组成固定,气体的质量密度要低于液体的质量密度。

密相区或超临界相区的流体没有确定的体积及形状,并且可充满所处的整个容器。密相区的流体处于单独的相内,并且表现出高流体压缩性和高质量密度值。密相区定义为压力超出其临界值(P_c)的区域。

两相区的流体没有确定的体积及形状,并且能完全充满所处的容器。两相区包含的流体同时处于气体和液体状态。对于一个单组分流,如果两相区内只剩液体,由于能量守恒,该区域将最终移动到露点曲线。对于多组分流,如果两相区内只剩液体,该区域将最终向与环境温度相平衡的温度点移动。

3.3 相界面

相界面定义了两相和单相液体之间的区域。相图可以描绘成压力和温度或压力和焓的函数。当相图描绘成压力和温度的函数时,某种纯液体的相图(单组分流)是一条线。对于纯液体,临界压力和临界温度分别是临界凝结压力和临界凝结热。对于多组分流,如天然气,其两相图是压力、温度及组成的函数。该种相图比较少见。

下面给出了与两相界面相关的重要术语(图3.1):

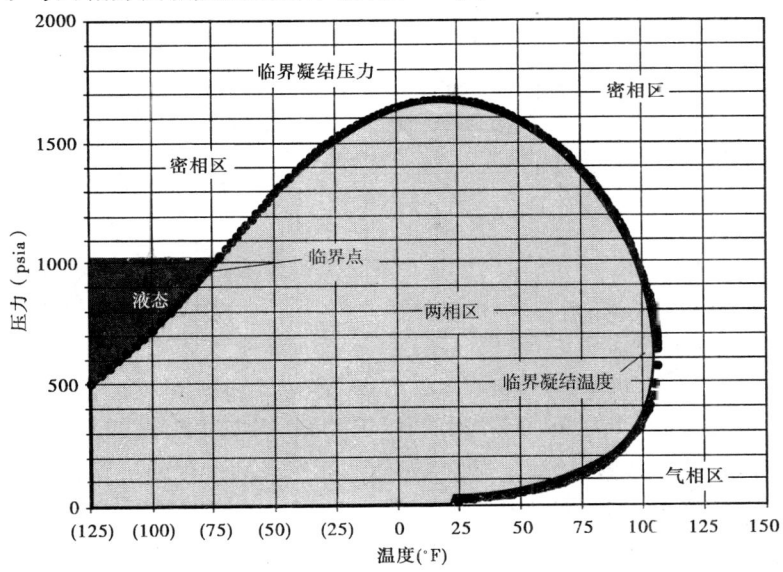

图3.1 多组分气体流,PR EOS 相界面

(1)临界点:泡点曲线与露点曲线相交处的压力(P_c)与温度(T_c)(图3.2中的点C)。

(2)临界凝结压力:相界面的最大压力(N)。对于单组分或纯液体,临界凝结压力和压力是相同的。

(3)临界凝结热:相界面的最高温度(M)。

(4)逆向区:降低压力或升高温度可导致液体凝结。此处所对应的相界面以内的面积就是逆向区。

(5)泡点曲线:该曲线将液相区从两相区分离开来,对于多组分混合物来说,该曲线代表其真实蒸气压。

(6)露点曲线:该曲线将密相和气相区从两相区分离开来。

(7)质量线:该曲线具有恒定的气体质量(0,20%,40%,60%,80%,100%)。所有的质量线都相交于临界点(P_c,T_c)。泡点曲线就是0气体质量的质量线,露点线就是100%气体质量的质量线。质量线通常用来预测逆向冷凝液的数量,从而也就得出了气相流的数量(为简化起见,我们没有给出质量线)。

线 ABDE 表示一典型的等温(恒定温度)逆冷凝过程。点 A 代表相界面外的单相密集流体。随着压力的降低,A 点向 B 点移动,此处(B 点)冷凝过程开始进行。随着压力进一步降低,由于质量线斜率的变化,将会形成额外的液体。逆向区面积受质量线拐点的控制。随着压力继续越过逆向区,形成的液体越来越少直到达到露点(点 E)处。在比 E 点低的情况下,流体物流中将不会存在液体。

工业上的有效软件包括两个状态方程,Peng-Robinson(PR)方程和 Soave-Redlich-Kwong(SRK)方程。这两个方程用来预测相界面和逆向区的形成。

对于一个多组分流,有两种物理现象与相界面相关(图 3.2):

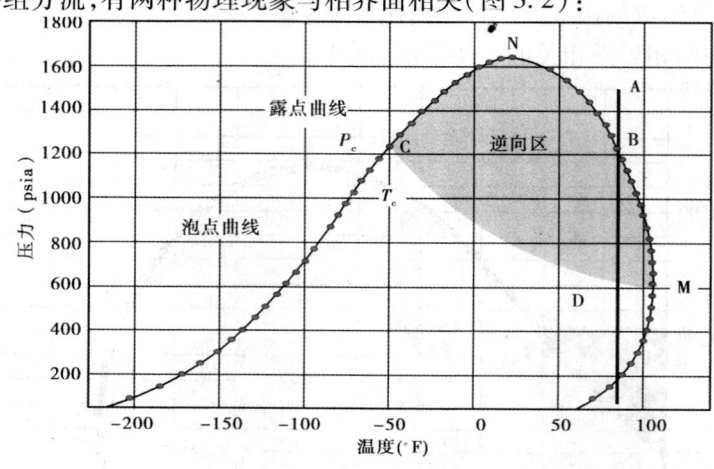

图 3.2 典型的墨西哥湾海岸气体(进入炼气厂)的相界面(PR EOS)

(1)单相流体通过等温膨胀(恒定温度)而使液体形成的过程就是反向凝结。另一种方法是,流体的压力下降而导致液体的产生。

(2)单相流体通过等温压缩(恒定温度)而使液体形成的过程称逆向汽化。或者说是流体压力的增加而导致了液体的产生。

在图 3.2 中,有一个点,该处反应产物的量达到最大值:该曲线的连接点 C 和 M。随着流体压力的继续下降,一些液体就蒸发了(重新变成气体)。

在图 3.3 中对于 GOM 生产销售的气体,描绘成压力和温度和函数,从而有助于读者理解这种现象。

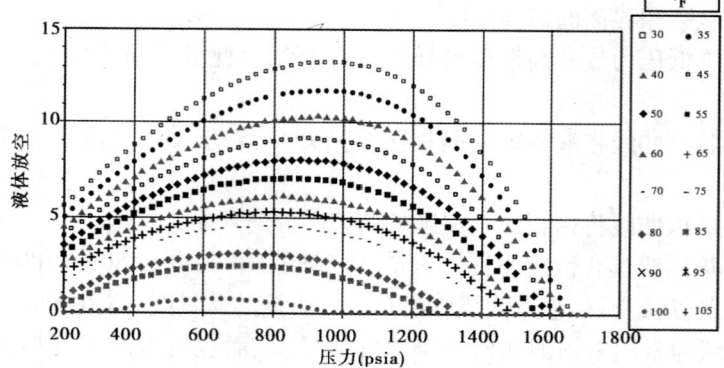

图 3.3 GOM 生产的销售气体形成逆向区的预测相图(Peng–Robinson)

图 3.4 给出了对于 5 种气体组成的相界面随压力、温度及组成的函数变化规律。

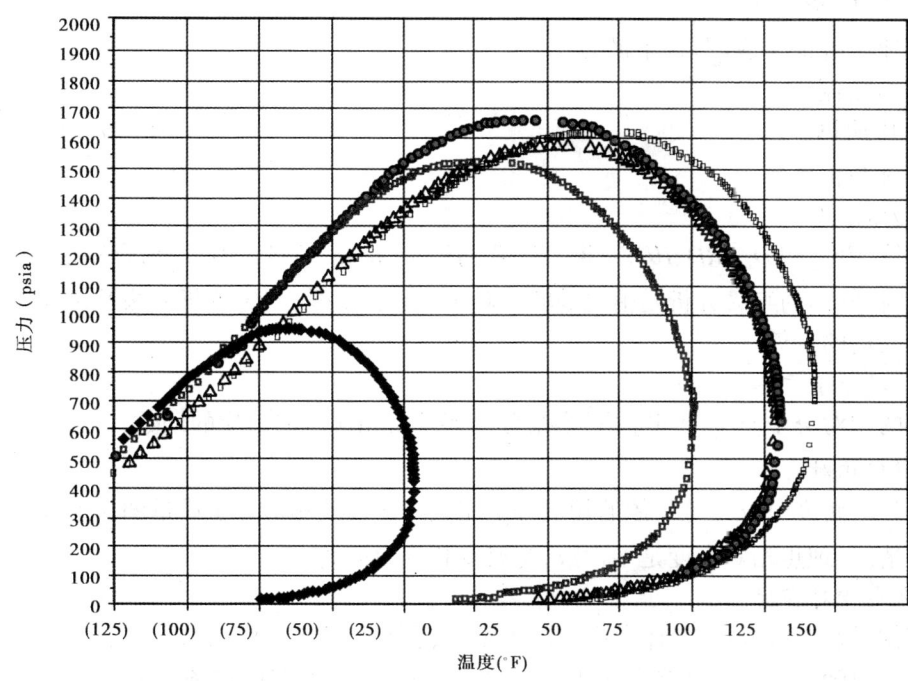

- ● GOM生产销售气体—88%甲烷；
- △ 生产销售气体—81%甲烷；
- ■ 生产销售气体—75%甲烷；
- □ GOM炼气厂进口—90%甲烷；
- ◆ GOM炼气厂出口—96%甲烷

图 3.4 相界面预测图(Peng – Robinson)

3.4 流体性质

动态测量应用于流体的静态质量流动情况下,并基于实际目的。在设备的操作条件下,该流体应是净化后的、单相的、均匀的并且是牛顿型流体。

流体的性质是很重要的,并且在进行任何重要计量设计及分析前必须是明确的。

对于天然气计量来说,其流体性质如下:

(1) 气体组成(C_1—C_{10},H_2,N_2,O_2,CO 和 CO_2,摩尔百分含量)。
(2) 相对分子质量(MW_{gas})。
(3) 理想相对密度(RD_{id})。
(4) 真实相对密度(RD)。
(5) 能含量(HHV_b)。
(6) 基础密度(ρ_b)。
(7) 流动密度(ρ_{tp})。
(8) 绝对黏度(μ)。

(9) 等熵指数(κ_{id}, κ_r)。
(10) 声速(SOS_{tp})。
(11) 水合物的生成(气厂上游)。
(12) 自动制冷。
(13) 压缩热。
(14) 相界面。

3.4.1 气体组成

在计算 MW_{gas}、RD_{id}、RD、HHV_b、W_s、Z_b、Z_{tp}、ρ_b、ρ_{tp}、μ、κ_r、SOS_b、SOS_{tp}、水合物形成、相界面及反向估算时,气体的组成分析是很关键的。对于代表性试样,确定分析方法及保证结果的精确性是所有人员的责任。

3.4.2 相对分子质量

气体的相对分子质量(MW_{gas})是多组分气体及密相流体的组成的函数。

3.4.3 理想相对密度

理想相对密度(RD_{id})是气体的相对分子质量与空气的相对分子质量的比值。对于给定气体组成的情况,理想相对密度是一常数,与温度和压力无关。

3.4.4 真实相对密度

真实相对密度(RD)是气体密度与同等压力、温度条件下空气的密度的比值。对于非理想天然气该比值随压力和温度略有变化。因此,在基准的压力和稳定条件下必须给出气体的真实相对密度。在本书中"真实相对密度"缩写为"相对密度"。

3.4.5 能值

能值(HHV_b)就是在基准的压力和温度下,给定体积的气体在同等压力和温度的过量气体中完全燃烧所释放的热量值。

国际英制热量单位(Btu_{IT})是一能量单位,该单位已被天然气工业标准委员会(GISB)及美国天然气协会(A.G.A.)所采用。该单位定义为:在环境温度为60°F压力为14.73psia的条件下,将1磅的水升高1°F所需要的热能数值。

在美国,能值通常采用国际英制热量单位(Btu_{IT})。在加拿大和墨西哥,能值通常采用焦耳(J)、千焦(kJ)及兆焦(MJ)为单位。在全球一些财政会报上能能值则选用卡(cal)为单位。能量单位也可表述为 kW·h,从而易于与电能进行对比。

在基本的体积单元中,以干气为基础 14.696psia,60°F 条件下采用 GPA2172 的加合因子方法,可以将总热值(HHV_{id})用于计算 HHV_b。以干气为基础 14.73psia,60°F 条件下,如同 GISB 及 A.G.A. 所采用的一样,基本体积单元中所提到的高热值(HHV_b)在美国专门用以商业会报中。

能值(HHV_b)通常通过与组分分析相结合的加合因子法(GPA2172)以及热量计分析来确定。

大部分的财政申请采用与组分分析相结合的 GPA2172(在线气相色谱法,流动称重试样或手动代表性试样)。热量计是一种高级操控设备,它不提供组分分析的功能,因此要求计算基准密度及流动密度(ρ_b, ρ_{tp})。

3.4.6 可压缩因子

可压缩因子(Z)用于校正与理想气体定律的偏差。通常采用状态方程计算可压缩因子。工业上对可压缩因子的计算则采用下列的关系式：

$$Z \sim f(组成, P, T)$$

式中　Z——在P, T下给定组成的可压缩因子；
　　　P——绝对压力；
　　　T——温度。

可压缩因子(Z)用于计算气体的质量密度(ρ)，或采用下列方程来计算密相流体：

$$\rho = [P \times MW_{gas}]/[R \times Z \times T]$$

式中　ρ——流体质量密度；
　　　MW_{gas}——气体流的相对分子质量；
　　　R——通用气体常数；
　　　P——绝对压力；
　　　T——温度。

并且：

$$\rho_b = [P_b \times MW_{gas}]/[R \times Z_b \times T_b]$$

$$\rho_{tp} = [P_f \times MW_{gas}]/[R \times Z_{tp} \times T_f]$$

在 USC 单位制中，通用气体常数(R)以(psia×ft³)/(lb_m×mol×°R)为单位，数值大小为 10.73164。压力及温度的单位必须是 psia 和°R 以便与通用气体常数(R)的单位相一致，流体质量密度(ρ)单位为 lb_m/ft³。

在 SI 国际单位制中，气体常数(R)的单位为(kPa×m³)/(kg×mol×°K)，数值大小为 8.314510。压力及温度的单位必须是 kPa 和°K，以便与通用气体常数(R)的单位相一致，流体质量密度(ρ)的单位为 kg/m³。

3.4.7 基准密度

在给定组成、基准压力(P_b)及温度(T)下，基准密度就是流体的质量密度。该基准密度可由下列方法中的任意一种来确定：

(1)多组分流体的状态预测方程(AGA8 的复杂组分法)，采用组分分析T_b、P_b的方法。

(2)工业关联(AGA8 的粗略法 1)，使用总热值、理想相对密度、CO_2的摩尔分率、T_b和P_b。

(3)工业关联(AGA8 的粗略法 2)，使用理想相对密度、N_2的摩尔分率、CO_2的摩尔分率、T_b和P_b。

(4)工业关联(GPA2172)，使用组分分析、T_b和P_b。

GPA2172 采用加合因子方法来计算相对分子质量(MW_{gas})、理想相对密度(RD_{id})、基础可压缩因子(Z_b)、理想相对密度(RD)、基准密度(ρ_b)、总的干热值(总的干 HV)。

3.4.8 流动密度

流动密度就是在给定组成、流动压力为P_f和温度为T_f的条件下流体的质量密度。该流动密度可由下列方法中的任意一种来确定：

(1) 多组分流体的状态预测方程(AGA8 的复杂组分方法)，使用组分分析、T_f 和 P_f。

(2) 工业关联(AGA8 的粗略法 1)，使用总热值、理想相对密度、CO_2 的摩尔分率，T_f 和 P_f。

(3) 工业关联(AGA8 的粗略法 2)，使用理想相对密度、N_2 的摩尔分率、CO_2 的摩尔分率、T_f 和 P_f。

(4) 在线光密度计。

通常来讲，在线光密度计只适合于测量气体流不适合状态方程或工业关联的限制情况下的流动密度。使用光密度计时，设计者必须通过组分分析来选取一种确定基准密度(ρ_b)的方法。

3.4.9 绝对黏度

绝对黏度(μ)是流体内部或内部分子对剪切应力的阻抗量度。或者说绝对黏度表明了流体润滑性的大小。

对于天然气应用来说，在孔板流量计处绝对黏度(μ)通常固定在 0.0103cP。对于更精确的天然气应用来说，对给定组成的情况下，在流动压力和温度(P_f, T_f)下，可以应用一个合适的状态方程(EOS)来预测绝对黏度。

3.4.10 等熵指数

等熵指数(κ)是一个热力学性质，它建立了流体在流经差压流量计(孔板，文丘里流量计等)时膨胀流体的压力与密度之间的关系。在测量中通常应用两类等熵指数，理想等熵指数(κ_{id})和真实等熵指数(κ_r)。

在天然气中对于孔板型流量计来说，通常采用 Buckingham 膨胀因子(Y)。理想等熵指数(κ_{id})在第 14 章第 3 节每 API MPMS 中得以使用，对于天然气使用 Buckingham 膨胀因子，在应用孔板流量计时其理想等熵指数(κ_{id})为 1.30。

对于其他流量计，使用真实等熵系数(κ_r)来计算膨胀因子(Y)。对于给定组成，真实等熵指数(κ_r)是流动压力及温度(P_f, T_f)的函数，真实的等熵指数可以由某个恰当的状态方程来计算得到。

3.4.11 声速

声速(SOS)是声波穿过介质中的速度，对于超声波流量计来说，SOS 就是超声波信号穿过流体时的速度。

对于给定组成，SOS_{tp} 是压力和温度(P_f, T_f)的函数。可由某个状态方程来计算 SOS。将 SOS 的测量值与由状态方程计算出来的预测值进行对比，就可以估测一下超声波流量计的总体情况。

3.4.12 水合物的生成

水合物是气态烃与水结合的过程中形成的晶体混合物。水合物是半固体与固体烃—水的混合物，它很像雪，半融雪或者冰。根据温度和压力，在调节器、流量计或管线中温度高于水的凝固点时，水合物就会妨碍或完全阻碍流体的流动。

当流体呈非均相或混合相流动时，水合物的存在会引起很大的测量误差。此外，当半固体和固体烃—水的混合物存在时,流量计及取样系统常表现出逆效应。

对于一个典型的天然气流,水的含量为 $3lb_m/10^6ft^3$ 和 $7lb_m/10^6ft^3$(接近 60～140mg/L)的水合物分解曲线,当操作条件控制在曲线的右侧时,可以忽略水合物的生成(图 3.5)。

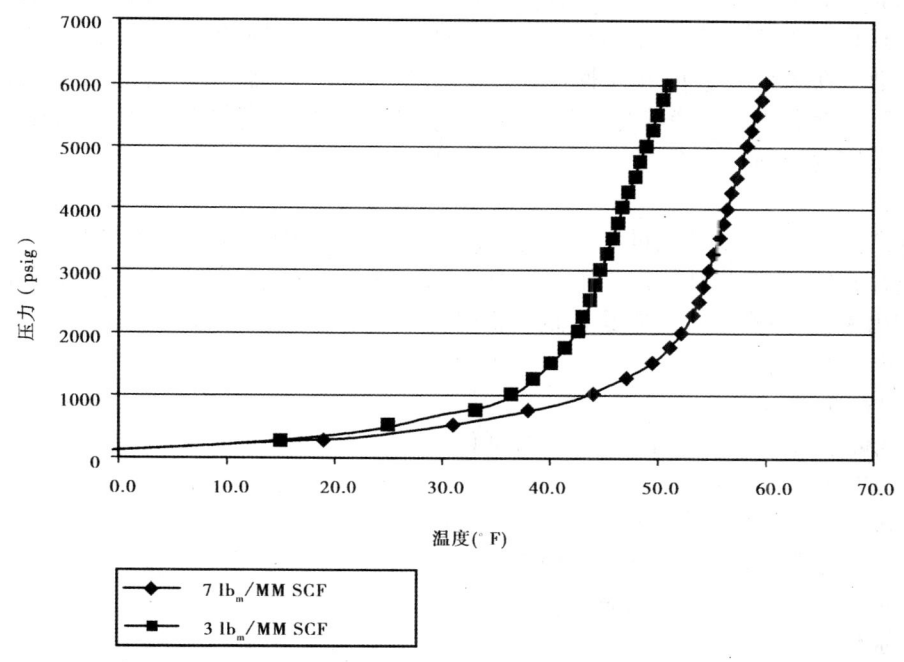

图 3.5　天然气水合物的分解曲线

当超过水的界限时,可以注入液体甲醇。其原因是管线可以使生产设备减小水合物生成的危险。

3.4.13　自动制冷

自动制冷通常涉及到焦耳—汤姆逊效应,该现象发生在管道及容器排空时的密相区及气态管线部分。排空过程中通过降压可以得到较冷的温度。这通常导致在排空阀和管道的外面生成"冰球"。在放空的操作中,常压下水温达到超低温后会形成冰球。

在排空过程中,如果不控制气体的速度,就会损坏内部元件(孔板,取样探针,温度计插孔,阀座等)。因此,放空和燃烧的操作必须在可控的条件下进行从而防止对设备、操作人员及环境的损害。

3.4.14　压缩热

压缩热发生在管道和容器填充过程中的密相区及气体管线处。根据操作条件,可以通过升压或压缩流体来产生热。

如果不加以控制,那么压缩热就会对容器(管道及容器)产生破坏,引起其破裂。在填充操作时,如果不控制气体速度,则内部元件会遭到破坏(孔板,取样探针,温度计插孔,阀座等)。

对于填充步骤,必须确定所有氧气都排出管道。在管道进行重新的正常操作之前,至少进行反复三次的填充——排空操作。因此,恰当的填充操作应该在可控的条件下进行,从而防止其对设备、操作者及环境的伤害。

3.5 工艺(或操作)条件

动态测量应用在流体处于静态质量流动的条件下。基于所有的实际情况,在操作条件下,该流体必须是净化后的、单相、均匀并且是牛顿型流体。在应用的过程中,工艺条件就是主要的设计参数。在某些情况下,由于操作条件及物理性质动力学性质,必须重新设置测量设备。测量设备可能会需要一些特殊的弹性材料、操作步骤或短的检定频率,从而去控制工艺条件对测量不确定度的影响。

3.5.1 设计参数

在固定的压力、温度及质量流速的情况下,测量设备不能对固定组成的天然气进行操作。为了使设计合理,使流量计操作应用更精确,气体及密度相测量设备的物理特性及工艺条件应该提前列出来(并且在开工后检验),这些物理特性及工艺条件包含以下项目:

(1) 基本压力(P_b)。

(2) 基准温度(T_b)。

(3) 气体组成——最大值,最小值,标准值。

(4) 相界面——最大值,最小值,标准值。

(5) 标准组成下的气体相对分子质量(MW_{gas})。

(6) 标准组成下的理想相对密度(RD_{id})。

(7) 标准组成下的真实相对密度(RD)。

(8) 标准组成下的能含量(HHV_b)。

(9) 标准组成下的基准密度(ρ_b)。

(10) 质量流速——最大值,最小值,标准值。

(11) 基准条件下的体积流速——最大值,最小值,标准值。

(12) 流动压力(P_f)——最大值,最小值,标准值。

(13) 流动温度(T_f)——最大值,最小值,标准值。

(14) 所有组成、P_f、T_f下的流动密度(ρ_{tp})。

(15) 所有组成、P_f、T_f下的绝对黏度(μ)。

(16) Buckingham膨胀因子的理想等熵指数(κ_{id})。

(17) 所有组成、P_f、T_f下的真实等熵指数。

(18) 所有组成、P_f、T_f下的声速(SOS)。

(19) 间接式流量计的未充分发展的流动。

(20) 流量计装置及总速度——最大值,最小值,标准速度。

(21) 取样系统——最大值,最小值,标准速度。

3.5.2 其他工艺参数

在合理的设计及操作中还需考虑的其他工艺或操作参数有:

(1) 混合相流动的存在。

(2) 脉动的存在。

(3) 可听见噪音的产生。

(4)超声波噪音的产生。
(5)物流的净化清洁。
(6)清管频率。
(7)标准组成 P_f, T_f 下的水合物的生成。
(8)自动制冷及压缩热。
(9)NACE 影响(水,二氧化碳,硫及硫化物)。
(10)杀菌剂,杀虫剂,氧气清除剂,内部防腐蚀剂(细菌及铁锈的控制)。
(11)弹性体相容性。

下面给出设计参数及其他工艺参数的主要讨论,这些将有助于读者的学习。

3.5.2.1 基本压力及温度

设备的所有者应向设计者说明基本压力及温度(P_b, T_b),从而将质量转换成基本体积容量(Q_{vb})及基本能量值(Q_{Hb})。各种正规的文件(管道使用费,购买合同,销售合同,交换合同及政府法规)里都指明了基准温度及压力。

3.5.2.2 气体组成

测量设备的设计者应该列出应用过程中气体组成的最大值、最小值及标准值。对于代表性试样,确定分析方法及保证结果的精确性是所有人员的责任。

3.5.2.3 相界面

在测量应用中测量设备的设计者应通过气体组成的最大值、最小值及标准值设计出一系列相界面。该界面系列应保证测量设备在单相区内进行操作。

3.5.2.4 WM_{gas}, RD_{id}, RD, HHV_b 及 ρ_b

测量设备的设计者应采通过标准气体组成,利用 GPA2172 计算出相对分子质量(MW_{gas}),理想相对密度(RD_{id}),真实相对密度(RD),基准密度(ρ_b)及高热值(HHV_b)。

3.5.2.5 质量流速

测量设备的所有者应向设计者说明质量流速的最大值,最小值及标准值。

3.5.2.6 基准条件下的体积流速

测量设备的设计者应该规定标准条件(q_{vb})下的体积流速的最大值、最小值及标准值,此处的标准条件是基于质量流速范围(q_m)及标准组成下的基准密度(ρ_s)。

3.5.2.7 流动压力及温度

测量设备的设计者应指出流动压力及温度(P_f, T_f)的最大值、最小值及标准值。

3.5.2.8 流动密度

测量设备的设计者应该通过一定范围内气体的组成、流动温度(T_f)及流动压力(P_f)计算出一系列流动密度值(ρ_{tp})。

3.5.2.9 绝对黏度

设计者应通过一定范围内气体的组成、流动温度(T_f)及流动压力(P_f)计算出一系列的绝对黏度值(μ)。

3.5.2.10 等熵指数

根据 API MPMS 14.3 节(A.G.A. 第 3 号报告),对于孔板的应用,所有 Buckingham 膨胀

因子(Y的计算来说)理想的等熵指数(κ_{id})应该是1.30。在应用过程中需要的是真实等熵指数(κ_r),而设计者可根据一定范围内气体的组成、流动温度(T_f)及流动压力(P_f)算出一系列真实等熵指数。

API MPMS 14.3 节(A. G. A. 第 3 号报告)中给出了膨胀因子方程,并且 ISO 5167 给出了不同的结果。在 API、A. G. A.、GPA 及 ISO 中对于孔板流量计膨胀因子方程表现出工艺上的不同。

根据深入研究,应减少这些不同之处,而这些标准应该尽量达成一致。

对于其他流量计(文丘里,亚音速喷口流量计)来说,膨胀因子方程(Y)需要用到真实等熵指数(κ_r)。

3.5.2.11 声速

在使用超声波流量计时,设计者应该利用一定范围内气体的组成、流动温度(T_f)及流动压力(P_f)计算出一系列声速值(SOS_{tp})。

3.5.2.12 未充分发展流

测量设备的设计者应该建立一个高性能的流动监测器(HPFC),从而确保在流向间接式流量计(孔板,超声波及涡轮式流量计)的进口处存在未充分发展流。

3.5.2.13 流量计装置速度

测量设备的所有者应指明测量设备的永久压力损失($PD\ ROP$)的可接受水平状态及可听见噪音的产生、加速腐蚀、脉动的产生及设备疲劳故障存在危险的可接受水平状态。气速最大极限值定义了 $PD\ ROP$ 的可接受水平状态及决定了前面提到的危险的可接受水平状态。测量设备的所有者应向设计者说明流量计装置的最大、最小及标准速度值以及集管速度值(V_{avg})。

对于大部分操作者来说,最大气速的标准如下:

(1)主管道系统,50ft/s。
(2)初级管道系统(如集管),50ft/s。
(3)二级管道系统,50ft/s。
(4)调整/标准管道系统,200ft/s。

对于气体系统,测量设备应配以过滤器从而减少物流中的颗粒物质(这些颗粒物质可以加速腐蚀及影响气体质量)。

对于大部分操作者来说,流量计装置的最大气速标准如下:

(1)孔板流量计,50ft/s。
(2)超声波流量计,65ft/s。
(3)涡轮流量计,50ft/s。

气速超过50ft/s可能会导致:

(1)集管及死区内的再循环区产生脉冲流动。
(2)突垫片、温度计的插孔、取样探针等处会产生可听见的噪音。
(3)物流中的颗粒会加速腐蚀。

气速超过65ft/s可能会发生设备的疲劳故障(在温度计套管、取样探针处等)。

设计者和操作者所面临的一个挑战是超声波流量计的最高速度极限。在管道流速(V_{avg})超过100ft/s时可以使用超声波流量计进行测量。使用流量计测量的同时,上述提到的工艺危险仍然存在。

3.5.2.14 集管速度及形态

所有的并联式流量计设计要求上游及下游的集管尺寸在使用时应遵循以下规则:在并行操作中任意时间内,集管横截面面积至少是流量计横截面面积的两倍。

对于下列的每个方程都应规定出集管的尺寸并且集管应尽量达到下面最大的公称(易于接受的)线性尺寸:

$$D_h = [2 \times (D_1^2 D_2^2 \cdots D_n^2)]^{0.5}$$

式中 D_h——集管直径;

$D_1, D_2 \cdots D_n$——操作流量计直径;

n——操作流量计装置的个数。

注意,在计算集管直径时不包括空闲的流量计装置,这点是很重要的。

集管应配以排放口以便于液体凝聚物、油及多余水分的排除。基于烃露点的考虑,有必要安装一套自动排放系统。

根据不稳定区的加速腐蚀速度、可听见噪音的形成及脉动现象,集管速度不能超过50ft/s。

在使用复合式流量计装置的地方,正确的进口集管设计是很重要的,这样可确保在不稳定循环区内存在平稳的流动分布、减少漩涡以及减小脉动幅度。当存在可听见噪音及腐蚀时,建议使用突出状集管。

集管的设计可以使用Z、C或T型设计。

3.5.2.15 取样系统

单独的取样系统可能要求满足经挑选的二级设备(在线温度/水分分析器和GC、流动质量取样器、人工取样器及在线比重计)。测量设备的设计者应说明取样系统的最大、最小及标准速度,考虑到经选择的二级设备、适宜的测量标准以及工程最优实践。

3.5.2.16 多相流的存在

对于集气系统,在测量设备的设计过程中必须考虑多向流的存在,混有液体(雾或飞沫)或固体杂质的气体其测量准确度不能与纯净气体相比。

为了确保单相流动,收集系统要求在管线连接处中间压缩机站以及气体处理厂的入口处设立段塞流捕集器和液—气分离器。更可取的是,在流量计上游附近应安装聚结剂分离器,从而确保流动为单相流。

3.5.2.17 脉动的存在

当可感知脉动出现在测量点时,利用流量计并不能达到可信的流动测量。目前,当应用于密闭输送测量时,流量计处存在脉动时,还没有令人满意的理论或经验性的调节措施。

在测量设备中存在脉动,其原因是流动流体的速度、压力及密度的突然改变。最普遍的脉动产生源为:

(1)往复式压缩机。

(2)集管处,末端管道T型连接处以及相似的空腔。

(3)控制阀的错误操作。

（4）大量多余水的不规则运动或收集系统的管线冷凝液。

（5）自动水淋器或分离泵。

为了使测量具有较高的可信度，有必要抑制脉动的产生。总体上说，下面的措施可以有效地减少脉动以及其对测量的影响：

（1）考虑到脉动的来源，如调节器的进口面，将流量计安装在更合适的位置，或者加大流量计与脉动来源的距离。

（2）在脉动源与流量计之间嵌入容量器皿、流动调整器或者装入过滤器来减少脉动的振幅。

（3）对于孔板流量计，采用直接式装入差压（dp）复式接头或短的耦合（dp）传感导管，该传感导管的尺寸大小与（dp）传感取压孔相同。

已经开发一些设备来测量脉动的存在以及估测脉动抑制的影响。进行重要的研究以及实验来估计总的要求及方法，进而实现脉动的减少，这些内容超出书本的范围，但可以很容易地在有效刊物上找到。

3.5.2.18 可听见噪音的产生

测量设备的拥有者应说明可听见噪音产生的允许风险水平。当气速超过 50ft/s 时，就会产生可听见噪音。因此，在设计和操作过程中应考虑到暴露在职业安全和健康组织（USHA）规则（听力损失）的操作个人，还要考虑到对周围设施（居民区及商业区）的环境方面的影响。

3.5.2.19 超声波噪音的产生

如果设备中采用超声波流量计，设计者就要考虑到超声波噪音的来源。专业领域方面的经验表明"静"控制阀不适用于超声波流量计，而且会使流量计失灵或彻底关闭。这是因为设计这些控制阀的原则是通过噪音的频率向超声波频率移动的途径来减小可听见噪音的频率。这些设计完全源于对暴露于可听见噪音（引起听力损失）的操作个人及对周围设施（居民区及商业区）的环境影响方面的 OSHA 规则的要求。这些超声波流量计装置的设计应考虑其他潜在超声波噪音的来源。

3.5.2.20 物流的净化

气体及密相流体的净化发生于管道与管道之间，流体中的杂质会对测量设备的性能和质量的精确性产生负面影响。

所有流经管道的流体都含有一定程度的颗粒及管锈。普遍上认为收集系统与传输管线相比，前者含有更高的颗粒及管锈。

颗粒可能存在的形式有：沙子、挂片、焊接熔渣，分子筛等。来自第二相的固体颗粒的尺寸大于 0.002in（0.05mm），这增加了测量的不稳定性。固体颗粒对测量设备也存在磨损效应，管线铁锈中的固体或类固体物质是铁的二价氧化物及烃的混合体。如果颗粒及管锈超量，那么就必须使用过滤器来确保物流具有正确的测量性能及质量。

3.5.2.21 清管频率

所有的清管程序的作用就是将富含颗粒及铁锈的液体传递送入测量设备。对于集气系统及传输管线，清管程序的频率（普通整体净化，管线冷凝液控制及智能型化）能影响到管线及测量系统的操作费用（OPEX）。对于集气系统，可以通过在一个预定区间上实施某一智能型的清管程序来实现管线冷凝液的控制。对于收集系统及下游设备(连接器件,气体加工厂,现有成品管线)来说,粘合是其正确的风险操作的关键。

3.5.2.22 水合物的生成

设计者应根据一定范围内气体的组成、流动温度(T_f)及流动压力(P_f)计算出一系列水合物的解离曲线。安装一个液体甲醇注入滑动垫,可以减少水合物形成的风险。对于大部分情况来说,在产品的生产过程中管线连接处长期存在水,确实是贯穿整个系统寿命中的现实问题。

3.5.2.23 自动制冷及压缩热

设计者应重视有关自动制冷及压缩热的正常操作。自动制冷及压缩热是两种液体现象,该现象影响到由于排空、燃烧及装填操作而引起的清管设计,环境放射物及操作个人的安全。

3.5.2.24 NACE 影响

设计者应考虑并重视美国防腐工程师协会标准及其建议。在大量的浓缩物中需格外重视硫化物水合物及二氧化碳,尤其是当气体量超过水蒸气量的条件下。如果气体中含有腐蚀组成,那么流量计装置及二级设备应考虑到材料要求及设计规则习惯。

3.5.2.25 杀菌剂,杀虫剂,除氧剂及内部防腐蚀剂

杀菌剂,杀虫剂,除氧剂及内部防腐蚀剂是注入气体及密相流体的化学物质,它们可以控制细菌及内部腐蚀。这些化学物质必须与弹性体共存并且不能污染天然气(原材料及成品)。

3.5.2.26 弹性体相容性

弹性体用于设备(阀,焊接环,取样器等)中从而确保其正确的操作并控制气体。设计者应选择能够与流体(气体,液体,杀菌剂,杀虫剂,除氧剂,防腐蚀剂及妥善处理的化学物质)相容的弹性体从而来维持设备的完善性。

3.6 典型天然气物性

了解气体的组成如何影响其物性是非常重要的。为了有助于读者理解,图3.6~图3.17和表3.1~表3.3联合给出了3种气体的物性参数,包括基准密度(ρ_b)、流动密度(ρ_{tp})、绝对黏度(μ)、声速(SOS)及真实等熵指数(κ_r)。使用AGA8的详细方法利用SonicWare™2.3版本可以计算出物性参数。

表 3.1　GOM 生产的销售气体：$\rho_b, \rho_{tp}, \mu, SOS, \kappa_r$（据 Savant 测量公司，2000 年）

流动密度 RHO_{tp} (lb_m/ft^3)

T_f (°F)	压力(psia)														
	50	75	100	125	150	200	400	600	800	1000	1400	1800	2200
40.0	0.1806	0.2725	0.3655	0.4595	0.5547	0.7485	1.5737	2.4895	3.5301	4.6451	7.2149	9.8541	12.1109
50.0	0.1770	0.2669	0.3578	0.4497	0.5426	0.7315	1.5320	2.4123	3.3823	4.4481	6.8301	9.3022	11.4943
60.0	0.1734	0.2615	0.3504	0.4402	0.5310	0.7153	1.4930	2.3411	3.2667	4.2734	6.4973	8.8170	10.9323
70.0	0.1701	0.2563	0.3433	0.4312	0.5199	0.6999	1.4562	2.2751	3.1614	4.1168	6.2061	8.3887	10.4220
80.0	0.1668	0.2513	0.3366	0.4226	0.5094	0.6853	1.4216	2.2137	3.0648	3.9754	5.9486	8.0089	9.9592
90.0	0.1637	0.2465	0.3301	0.4143	0.4993	0.6713	1.3889	2.1563	2.9757	3.8466	5.7188	7.6700	9.5395
100.0	0.1607	0.2420	0.3238	0.4064	0.4896	0.6579	1.3579	2.1026	2.8932	3.7286	5.5119	7.3660	9.1582
110.0	0.1578	0.2375	0.3179	0.3988	0.4803	0.6450	1.3284	2.0520	2.8163	3.6199	5.3243	7.0915	8.8109
120.0	0.1550	0.2333	0.3121	0.3914	0.4713	0.6327	1.3005	2.0044	2.7446	3.5192	5.1532	6.8424	8.4937

绝对黏度 (cP)

T_f (°F)	压力(psia)														
	50	75	100	125	150	200	400	600	800	1000	1400	1800	2200
40.0	0.0099	0.0099	0.0099	0.0099	0.0100	0.0100	0.0103	0.0107	0.0113	0.0122	0.0148	0.0182	0.0217
50.0	0.0101	0.0101	0.0101	0.0101	0.0101	0.0102	0.0104	0.0108	0.0114	0.0122	0.0145	0.0176	0.0209
60.0	0.0103	0.0103	0.0103	0.0103	0.0103	0.0103	0.0106	0.0110	0.0115	0.0123	0.0143	0.0171	0.0201
70.0	0.0104	0.0104	0.0104	0.0105	0.0105	0.0105	0.0107	0.0111	0.0116	0.0123	0.0142	0.0167	0.0195
80.0	0.0106	0.0106	0.0106	0.0106	0.0107	0.0107	0.0109	0.0113	0.0117	0.0124	0.0141	0.0164	0.0190
90.0	0.0108	0.0108	0.0108	0.0108	0.0108	0.0109	0.0111	0.0114	0.0119	0.0125	0.0141	0.0162	0.0186
100.0	0.0113	0.0113	0.0113	0.0113	0.0113	0.0114	0.0116	0.0120	0.0124	0.0129	0.0141	0.0158	0.0177
110.0	0.0114	0.0115	0.0115	0.0115	0.0115	0.0116	0.0118	0.0121	0.0125	0.0130	0.0142	0.0158	0.0176
120.0	0.0116	0.0116	0.0117	0.0117	0.0117	0.0117	0.0120	0.0123	0.0127	0.0131	0.0143	0.0157	0.0174

续表

声速 SOS_{ip} (fps)

T_f (°F)	压力 (psia)												
	50	75	100	125	150	200	400	600	800	1000	1400	1800	2200
40.0	1277.07	1273.22	1269.38	1265.57	1261.78	1254.29	1225.86	1201.12	1182.38	1172.73	1195.52	1290.54	1444.70
50.0	1289.15	1285.53	1281.94	1278.38	1274.85	1267.87	1241.53	1218.85	1201.78	1192.87	1211.26	1291.63	1426.54
60.0	1301.02	1297.64	1294.28	1290.95	1287.65	1281.16	1256.77	1235.97	1220.47	1212.37	1227.78	1296.85	1415.78
70.0	1312.70	1309.53	1306.40	1303.29	1300.21	1294.16	1271.59	1252.54	1238.50	1231.22	1244.63	1304.90	1410.52
80.0	1324.20	1321.24	1318.31	1315.41	1312.54	1306.91	1286.02	1268.59	1255.89	1249.43	1261.50	1314.88	1409.40
90.0	1335.52	1332.75	1330.01	1327.31	1324.64	1319.40	1300.09	1284.15	1272.70	1267.03	1278.24	1326.17	1411.38
100.0	1346.67	1344.08	1341.53	1339.01	1336.52	1331.65	1313.81	1299.25	1288.96	1284.05	1294.73	1338.31	1415.71
110.0	1357.66	1355.25	1352.86	1350.51	1348.20	1343.67	1327.20	1313.93	1304.72	1300.53	1310.92	1350.99	1421.82
120.0	1368.50	1366.24	1364.02	1361.84	1359.68	1355.48	1340.29	1328.21	1320.01	1316.51	1326.77	1363.99	1429.26

真实等熵指数 (κ_f)

T_f (°F)	压力 (psia)												
	50	75	100	125	150	200	400	600	800	1000	1400	1800	2200
40.0	1.29	1.29	1.30	1.31	1.32	1.33	1.41	1.50	1.62	1.77	2.08	2.25	2.25
50.0	1.28	1.29	1.30	1.30	1.31	1.33	1.39	1.48	1.59	1.71	1.97	2.14	2.18
60.0	1.28	1.29	1.29	1.30	1.31	1.32	1.38	1.46	1.55	1.66	1.89	2.05	2.10
70.0	1.28	1.28	1.29	1.29	1.30	1.31	1.37	1.44	1.52	1.62	1.82	1.97	2.03
80.0	1.27	1.28	1.28	1.29	1.30	1.31	1.36	1.43	1.50	1.58	1.76	1.90	1.97
90.0	1.27	1.28	1.28	1.29	1.29	1.30	1.35	1.41	1.48	1.55	1.71	1.84	1.91
100.0	1.27	1.27	1.28	1.28	1.28	1.30	1.34	1.40	1.46	1.52	1.66	1.78	1.86
110.0	1.26	1.27	1.27	1.28	1.28	1.29	1.34	1.39	1.44	1.50	1.63	1.74	1.81
120.0	1.26	1.27	1.27	1.27	1.28	1.29	1.33	1.37	1.43	1.48	1.59	1.69	1.76

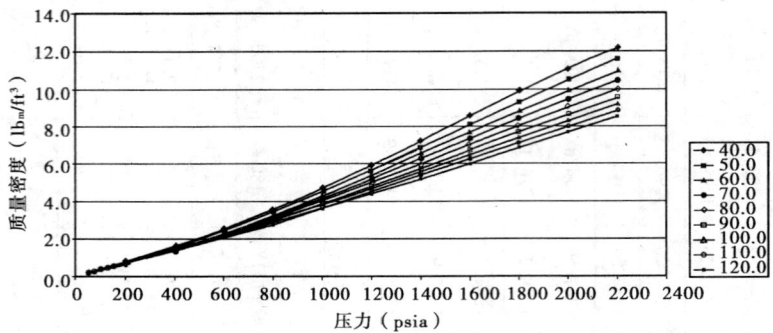

图 3.6　GOM 生产的销售气体：不同温度（℉）下质量密度随压力的变化曲线

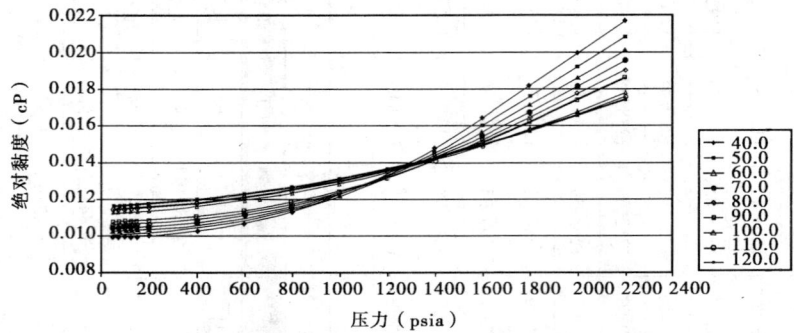

图 3.7　GOM 生产的销售气体：不同温度（℉）下绝对黏度随压力的变化曲线

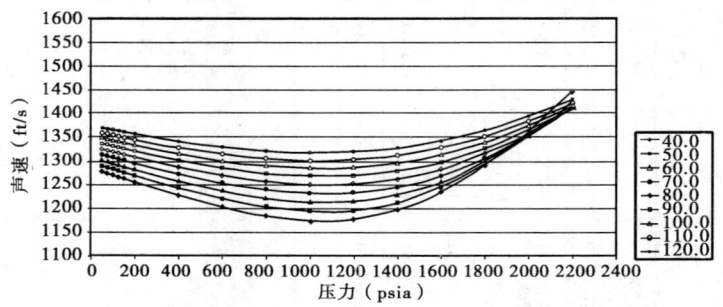

图 3.8　GOM 生产的销售气体：不同温度（℉）下声速随压力的变化曲线

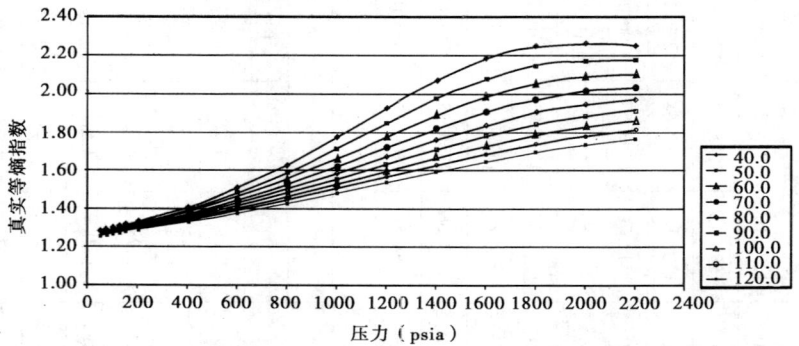

图 3.9　GOM 生产的销售气体：不同温度（℉）下真实等熵指数随压力的变化曲线

表 3.2 GOM 炼气厂进口气体：$\rho_b, \rho_{tp}, \mu, SOS, \kappa_r$（据 Savant 测量公司，2000 年）

流动密度 RHO_{tp} (lb_m/ft^3)

T_f (°F)	压力(psia)												
	50	75	100	125	150	200	400	600	800	1000	1400	1800	2200
40.0	0.1758	0.2651	0.3554	0.4467	0.5390	0.7267	1.5225	2.3985	3.3653	4.4295	6.8168	9.2998	11.4917
50.0	0.1722	0.2596	0.3479	0.4371	0.5272	0.7103	1.4829	2.3262	3.2476	4.2511	6.4746	8.7990	10.9138
60.0	0.1688	0.2544	0.3408	0.4280	0.5161	0.6948	1.4457	2.2592	3.1406	4.0918	6.1764	8.3589	10.3902
70.0	0.1655	0.2493	0.3339	0.4193	0.5054	0.6799	1.4107	2.1971	3.0427	3.9482	5.9138	7.9701	9.9166
80.0	0.1623	0.2445	0.3274	0.4109	0.4951	0.6657	1.3776	2.1391	2.9526	3.8177	5.6801	7.6245	9.4881
90.0	0.1593	0.2399	0.3211	0.4029	0.4854	0.6522	1.3463	2.0848	2.8691	3.6983	5.4703	7.3153	9.0999
100.0	0.1564	0.2354	0.3150	0.3952	0.4760	0.6393	1.3166	2.0339	2.7916	3.5886	5.2805	7.0369	8.7471
110.0	0.1536	0.2311	0.3092	0.3878	0.4670	0.6269	1.2884	1.9859	2.7193	3.4871	5.1076	6.7848	8.4257
120.0	0.1509	0.2270	0.3036	0.3807	0.4583	0.6150	1.2616	1.9406	2.6516	3.3928	4.9492	6.5551	8.1318

绝对黏度 (cP)

T_f (°F)	压力(psia)												
	50	75	100	125	150	200	400	600	800	1000	1400	1800	2200
40.0	0.0100	0.0100	0.0100	0.0100	0.0101	0.0101	0.0104	0.0108	0.0114	0.0122	0.0145	0.0176	0.0209
50.0	0.0102	0.0102	0.0102	0.0102	0.0102	0.0103	0.0105	0.0109	0.0115	0.0122	0.0143	0.0171	0.0201
60.0	0.0104	0.0104	0.0104	0.0104	0.0104	0.0105	0.0107	0.0110	0.0116	0.0123	0.0142	0.0167	0.0195
70.0	0.0105	0.0105	0.0106	0.0106	0.0106	0.0106	0.0108	0.0112	0.0117	0.0123	0.0141	0.0164	0.0190
80.0	0.0107	0.0107	0.0107	0.0107	0.0108	0.0108	0.0110	0.0113	0.0118	0.0124	0.0140	0.0162	0.0186
90.0	0.0109	0.0109	0.0109	0.0109	0.0109	0.0110	0.0112	0.0115	0.0119	0.0125	0.0140	0.0160	0.0182
100.0	0.0113	0.0114	0.0114	0.0114	0.0114	0.0115	0.0117	0.0120	0.0124	0.0129	0.0141	0.0156	0.0174
110.0	0.0115	0.0115	0.0116	0.0116	0.0116	0.0116	0.0119	0.0122	0.0126	0.0130	0.0141	0.0156	0.0172
120.0	0.0117	0.0117	0.0117	0.0117	0.0118	0.0118	0.0120	0.0123	0.0127	0.0131	0.0142	0.0156	0.0172

续表

声速 SOS$_{tp}$ (ft/s)

T_f (°F)	压力(psia)												
	50	75	100	125	150	200	400	600	800	1000	1400	1800	2200
40.0	1297.93	1294.33	1290.75	1287.19	1283.66	1276.70	1250.40	1227.72	1210.67	1201.83	1221.22	1305.06	1445.33
50.0	1310.20	1306.83	1303.49	1300.18	1296.89	1290.42	1266.13	1245.42	1229.99	1222.02	1238.28	1309.96	1433.15
60.0	1322.27	1319.13	1316.01	1312.92	1309.86	1303.85	1281.42	1262.51	1248.60	1241.49	1255.66	1317.97	1426.99
70.0	1334.14	1331.21	1328.30	1325.42	1322.58	1316.99	1296.30	1279.04	1266.53	1260.27	1273.06	1328.08	1425.32
80.0	1345.82	1343.08	1340.38	1337.70	1335.05	1329.87	1310.78	1295.06	1283.83	1278.40	1290.30	1339.59	1427.02
90.0	1357.33	1354.77	1352.25	1349.76	1347.30	1342.49	1324.90	1310.59	1300.56	1295.91	1307.26	1352.00	1431.24
100.0	1368.65	1366.27	1363.93	1361.61	1359.33	1354.87	1338.68	1325.68	1316.75	1312.84	1323.89	1364.99	1437.35
110.0	1379.82	1377.60	1375.42	1373.27	1371.15	1367.02	1352.13	1340.35	1332.44	1329.23	1340.16	1378.30	1444.88
120.0	1390.82	1388.76	1386.73	1384.74	1382.77	1378.96	1365.28	1354.62	1347.67	1345.13	1356.05	1391.78	1453.45

真实等熵指数(κ_f)

T_f (°F)	压力(psia)												
	50	75	100	125	150	200	400	600	800	1000	1400	1800	2200
40.0	1.29	1.30	1.31	1.31	1.32	1.34	1.41	1.50	1.61	1.73	2.01	2.20	2.22
50.0	1.29	1.30	1.30	1.31	1.32	1.33	1.40	1.48	1.57	1.68	1.92	2.10	2.15
60.0	1.29	1.29	1.30	1.30	1.31	1.32	1.38	1.46	1.54	1.64	1.85	2.01	2.08
70.0	1.28	1.29	1.29	1.30	1.31	1.32	1.37	1.44	1.52	1.60	1.79	1.94	2.01
80.0	1.28	1.29	1.29	1.30	1.30	1.31	1.36	1.42	1.49	1.57	1.73	1.87	1.95
90.0	1.28	1.28	1.29	1.29	1.30	1.31	1.36	1.41	1.47	1.54	1.69	1.81	1.89
100.0	1.27	1.28	1.28	1.29	1.29	1.30	1.35	1.40	1.46	1.52	1.65	1.76	1.84
110.0	1.27	1.28	1.28	1.28	1.29	1.30	1.34	1.39	1.44	1.49	1.61	1.72	1.79
120.0	1.27	1.27	1.28	1.28	1.29	1.29	1.33	1.38	1.42	1.47	1.58	1.68	1.75

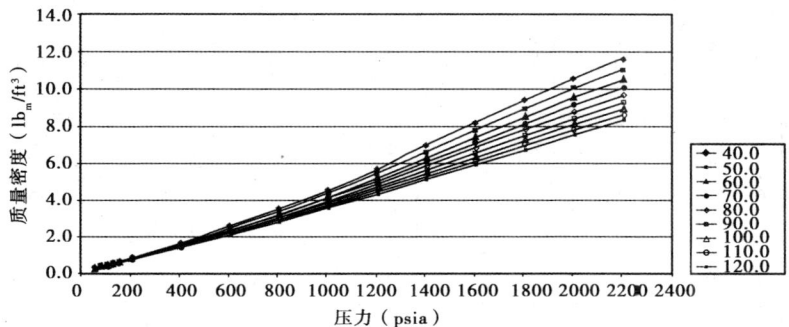

图 3.10　GOM 炼气厂进口:不同温度(℉)下质量密度随压力的变化曲线

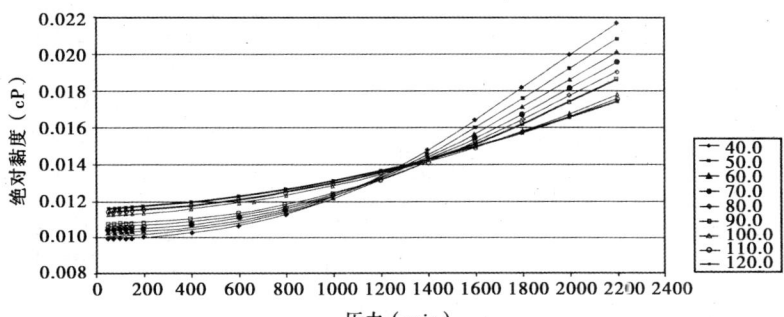

图 3.11　GOM 炼气厂进口:不同温度(℉)下绝对黏度随压力的变化曲线

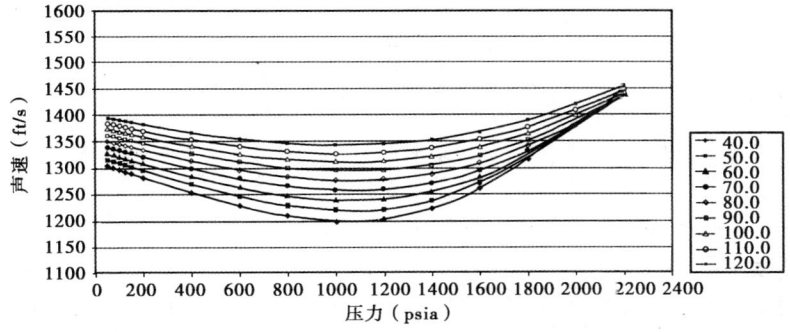

图 3.12　GOM 炼气厂进口:不同温度(℉)下声速随压力的变化曲线

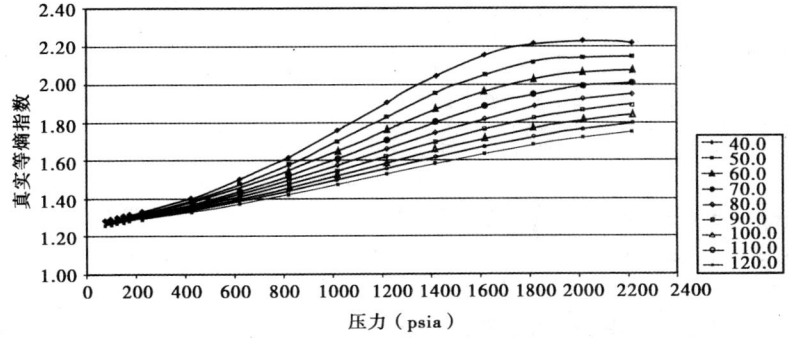

图 3.13　GOM 炼气厂进口:不同温度(℉)下真实等熵指数随压力的变化曲线

表3.3 GOM 炼气厂出口气体：$\rho_b, \rho_{tp}, \mu, SOS, \kappa_r$（据 Savant 测量公司，2000年）

流动密度 RHO_{tp} (lb_m/ft^3)

T_f (°F)	压力 (psia)											
	50	75	100	125	150	200	400	600	800	1000	1400	1800	2200
40.0	0.1580	0.2379	0.3186	0.4000	0.4820	0.6482	1.3428	2.0881	2.8873	3.7414	5.5959	7.5481	9.4133
50.0	0.1548	0.2331	0.3120	0.3915	0.4717	0.6340	1.3099	2.0307	2.7987	3.6138	5.3677	7.2073	8.9856
60.0	0.1517	0.2284	0.3057	0.3835	0.4619	0.6205	1.2788	1.9771	2.7168	3.4973	5.1635	6.9044	8.6008
70.0	0.1488	0.2239	0.2996	0.3758	0.4525	0.6075	1.2493	1.9269	2.6409	3.3903	4.9792	6.6329	8.2535
80.0	0.1460	0.2196	0.2938	0.3684	0.4435	0.5952	1.2214	1.8797	2.5702	3.2915	4.8118	6.3880	7.9388
90.0	0.1432	0.2155	0.2882	0.3613	0.4349	0.5833	1.1949	1.8352	2.5040	3.1999	4.6587	6.1657	7.6523
100.0	0.1406	0.2115	0.2828	0.3545	0.4266	0.5720	1.1696	1.7931	2.4420	3.1146	4.5179	5.9626	7.3904
110.0	0.1381	0.2077	0.2777	0.3480	0.4187	0.5611	1.1456	1.7533	2.3836	3.0348	4.3878	5.7762	7.1500
120.0	0.1357	0.2040	0.2727	0.3417	0.4110	0.5507	1.1226	1.7155	2.3285	2.9600	4.2671	5.6044	6.9284

绝对黏度 (cP)

T_f (°F)	压力 (psia)											
	50	75	100	125	150	200	400	600	800	1000	1400	1800	2200
40.0	0.0104	0.0104	0.0104	0.0104	0.0104	0.0105	0.0107	0.0110	0.0115	0.0121	0.0138	0.0161	0.0186
50.0	0.0105	0.0106	0.0106	0.0106	0.0106	0.0106	0.0108	0.0112	0.0116	0.0122	0.0138	0.0158	0.0182
60.0	0.0107	0.0107	0.0107	0.0106	0.0108	0.0108	0.0110	0.0113	0.0118	0.0123	0.0138	0.0157	0.0178
70.0	0.0109	0.0109	0.0109	0.0109	0.0110	0.0110	0.0112	0.0115	0.0119	0.0124	0.0138	0.0155	0.0176
80.0	0.0111	0.0111	0.0111	0.0111	0.0111	0.0112	0.0114	0.0116	0.0120	0.0125	0.0138	0.0154	0.0173
90.0	0.0112	0.0113	0.0113	0.0113	0.0113	0.0113	0.0115	0.0118	0.0122	0.0126	0.0138	0.0154	0.0172
100.0	0.0116	0.0116	0.0117	0.0117	0.0117	0.0117	0.0119	0.0122	0.0125	0.0129	0.0138	0.0150	0.0163
110.0	0.0118	0.0118	0.0188	0.0118	0.0119	0.0119	0.0121	0.0124	0.0127	0.0130	0.0139	0.0150	0.0163
120.0	0.0120	0.0120	0.0120	0.0120	0.0120	0.0121	0.0123	0.0125	0.0128	0.0132	0.0140	0.0151	0.0163

续表

声速 SOS_{tp} (ft/s)

T_f (°F)	压力 (psia)										
	50	75	100	125	150	200	400	600	800	1000	1400	1800	2200
40.0	1383.13	1380.42	1377.74	1375.09	1372.48	1367.35	1348.47	1332.96	1322.03	1317.14	1332.13	1389.65	1490.93
50.0	1396.21	1393.71	1391.23	1388.79	1386.38	1381.67	1364.47	1350.56	1341.00	1337.03	1351.33	1402.95	1493.63
60.0	1409.07	1406.76	1404.47	1402.22	1400.01	1395.68	1380.02	1367.58	1359.27	1356.16	1370.05	1417.04	1498.99
70.0	1421.72	1419.58	1417.47	1415.40	1413.37	1409.40	1395.17	1384.07	1376.91	1374.60	1388.28	1431.58	1506.28
80.0	1434.15	1432.19	1430.25	1428.35	1426.48	1422.85	1409.93	1400.07	1393.96	1392.39	1406.02	1446.34	1515.00
90.0	1446.40	1444.58	1442.80	1441.06	1439.34	1436.03	1424.34	1415.62	1410.47	1409.59	1423.27	1461.17	1524.76
100.0	1458.45	1456.78	1455.15	1453.55	1451.98	1448.96	1438.42	1430.74	1426.49	1426.24	1440.05	1475.96	1535.26
110.0	1470.32	1468.79	1467.29	1465.83	1464.40	1461.65	1452.17	1445.48	1442.05	1442.40	1456.38	1490.64	1546.29
120.0	1482.01	1480.61	1479.25	1477.92	1476.62	1474.12	1465.64	1459.85	1457.19	1458.09	1472.28	1505.16	1557.68

真实等熵指数 (κ_T)

T_f (°F)	压力 (psia)										
	50	75	100	125	150	200	400	600	800	1000	1400	1800	2200
40.0	1.32	1.32	1.33	1.33	1.34	1.35	1.41	1.48	1.56	1.65	1.85	2.02	2.12
50.0	1.31	1.32	1.32	1.33	1.34	1.35	1.40	1.46	1.54	1.62	1.79	1.95	2.05
60.0	1.31	1.32	1.32	1.33	1.33	1.34	1.39	1.45	1.52	1.59	1.74	1.89	1.98
70.0	1.31	1.31	1.32	1.32	1.33	1.34	1.39	1.44	1.50	1.56	1.70	1.83	1.92
80.0	1.30	1.31	1.31	1.32	1.32	1.33	1.38	1.43	1.48	1.54	1.66	1.78	1.87
90.0	1.30	1.31	1.31	1.32	1.32	1.33	1.37	1.42	1.47	1.52	1.63	1.74	1.82
100.0	1.30	1.30	1.31	1.31	1.32	1.32	1.36	1.41	1.45	1.50	1.60	1.70	1.78
110.0	1.30	1.30	1.30	1.31	1.31	1.32	1.36	1.40	1.44	1.48	1.58	1.67	1.74
120.0	1.29	1.30	1.30	1.30	1.31	1.32	1.35	1.39	1.43	1.47	1.55	1.64	1.70

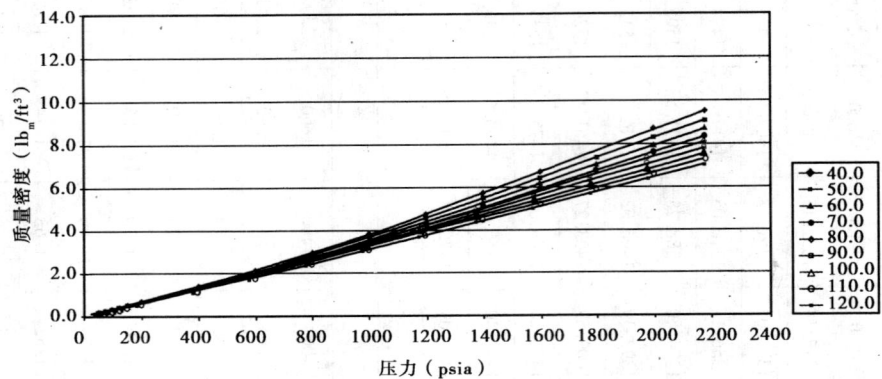

图 3.14　GOM 炼气厂出口:不同温度(℉)下质量密度随压力的变化曲线

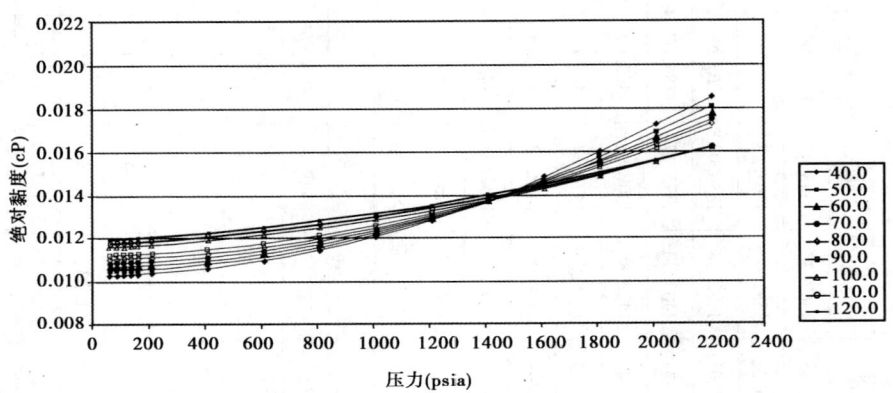

图 3.15　GOM 炼气厂出口:不同温度(℉)下绝对黏度随压力的变化曲线

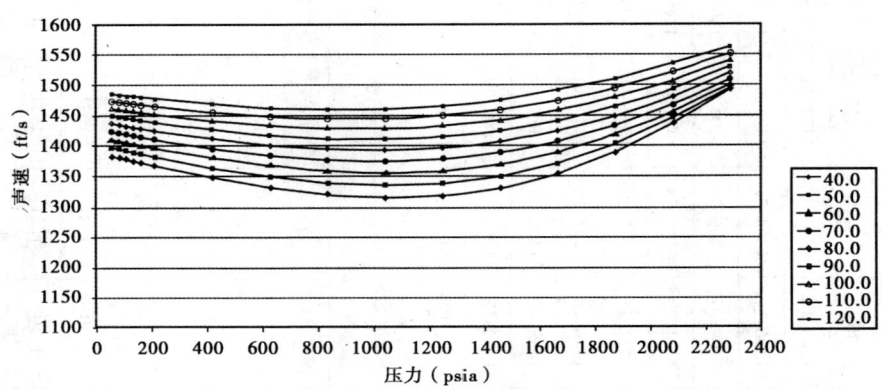

图 3.16　GOM 炼气厂出口:不同温度(℉)下声速随压力的变化曲线

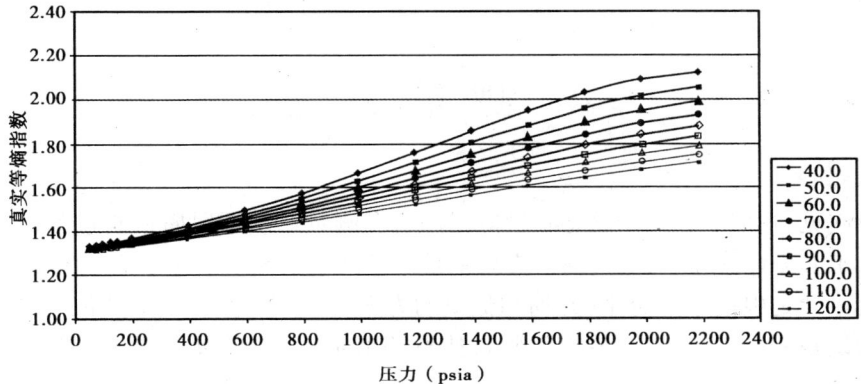

图 3.17 GOM 炼气厂出口:不同温度(℉)下真实等熵指数随压力的变化曲线

4 测量方法

为简单起见,我们专题讨论动态测量应用。所有测量系统均以质量测量和传质原理为基础。由于历来的商业习惯,天然气商业交易中是以基准体积和基本能量单元为准。

所有流量计是根据相似定律(几何相似及动力学相似)的原理,从而使流量计校准与现场条件之间的误差最小。遗憾的是,人们常常违背相似定律,这导致了测量不正确及设备运行不佳。

流量计装置由流量计、装有高效流量调节器(如果可用的话)的上游管段及下游管段组成。流量计装置需经人工校准。

测量设备分为初级、二级和三级,用来确定流体流量和质量。

(1)初级设备为流量计。

(2)二级设备包括测量压力(dp,p_f)、温度(T_f)、组成及其他参数的设备,但并不仅限于这些。

(3)三级设备为电子设备(流量计算机、主机),接收从一级和二级设备发出的信息。三级设备是通过工业上采用的算法进行编程,以便在限定条件内正确计算,并提供一个令人满意的审计追踪。

要理解的是,流体物性及操作条件是设计、操作及分析测量设施的基本参数。

4.1 适用流体

流体测量用于测定稳态质量流动条件下的流体,为了应用于实际,在设备操作条件下将这些流体看作是干净的、单相的、均一的牛顿型流体。通常,石油、石油化工和天然气工业中的气体、大部分液体和大部分密相流体被看作是牛顿型流体。

4.2 基准条件

美国习惯制单位(USC)中,规定天然气标准体积单位是立方英尺(ft^3)。由于财政因素,在北美天然气工业中普遍使用千立方英尺($10^3 ft^3$)和百万立方英尺($10^6 ft^3$)作为天然气体积单位。

而国际制标准单位中(SI),天然气标准体积单位是立方米(m^3)。当用于天然气工业时,标准立方米(Nm^3)的含义是指在基准温度和基准压力条件下燃气所占体积为$1 m^3$。

USC制和SI制单位中,天然气的温度和压力标准条件是不同的。USC制中,标准条件通常定义为:

压力14.73psia(101.560kPa)。

温度60.0°F(15.56℃)。

而在SI制中,标准条件定义为:

压力101.325kPa(14.696psia)。

温度15.00℃(59.0°F)。

由于政府规章,不同的地区之间(国家、州或者省)对标准条件的定义可能会不同。

美国天然气工业标准化委员会(GISB)给出商业气体标准为:"以立方英尺为单位时,标准条件为 14.73psia、60.0 ℉ 的干燥气体;以立方米为单位时,标准条件为 101.325kPa、15.00℃ 的干燥气体"。

通过组分分析计算质量密度(ρ_b,ρ_{tp})和能含量(HHV_b)时,一般认为多组分气体中以摩尔百分含量表示的含水量为 0。在交接计量过程中,标准体积与 HHV_b 值一般以干气为基准,而干气中水蒸气含量基本为 0($2 \sim 7 lb_m/10^6 ft^3$)。

4.3 流量计(或初级设备)

初级设备给出了用于流体测量的流量计基本类型。流量计可分为能量附加型和能量消耗型(见图4.1)。能量附加型流量计通过增加流体能量来测定流速。能量消耗型流量计通常以压力降的形式消耗流体能量来测定流体流速。

能量附加型		能量消耗型	
微分流量计	间接流量计	微分流量计	间接流量计
PD泵	电磁流量计	滑动叶片式流量计	涡轮流量计
	不带HPFC的超声流量计	转子流量计	带有HPFC的超声流量计
	不带HPFC的量热式流量计	薄膜流量计	带有HPFC的量热式流量计
			涡街流量计
			科里奥特流量计
			落差式
			孔板流量计
			文丘里流量计
			亚声速喷嘴流量计
			皮托管流量计
			声速喷嘴流量计

图4.1 流量计的分类(据 Savant 测量公司,1996)

根据测量情况,流量计可进一步划分为微分流量计和间接流量计。微分流量计通过将连续流体分段并累计来测定流速;间接流量计通过测定流体的动力学性质间接地测定了流速。

设计者和操作者通常不关心流量测量的物理原理。结果,违背了相似定律,导致错误的测量结果和高昂的维修费用。

总投资费用包括初装费、设备运行费、培训费、配件费、维修费和设备使用期内的校准费。总投资为初装费的若干倍,应作为设备选型的首选因素。

技术参数的选择——准确度、可重复性、零点漂移、易校准性、稳定的压力降、对操作条件的灵敏度以及可靠性——这些因素间接地影响了投资费用。

要强调的是,所有测量系统是以质量守恒定律为依据的。

4.4 流量计校准(定义)

设计流量测定系统时,人工校准、关键设备校准或者现场校准这 3 种方式中,要选择一种(见图4.2)。

所有流量计的校准是以质量守恒定律为基础的:未知的质量同已知质量作对比。对于这 3 种校准方式,服从相似定律对确保准确测量是至关重要的。有关校准的主要设备与现场校准,具体划分见图4.3。

人工校准	中央设备标准	现场校准
室内标准	静态技术	
	初级	
	动态技术	动态技术
	初级	初级
	二级	二级
	联合	联合

图 4.2　校准方法的分类（据 Savant 计量公司，1996 年）

静态技术	动态技术
初级	初级
重量系统¹	重力系统²
重量系统³	罩式装置
PVTt 系统	开放式储罐装置
	沉降(过滤)装置
	二级
	标准流量计
	联合
	初级和二级组合

图 4.3　校准系统，关键设备校准与现场校准（据 Savant 计量公司，1996 年）
1—动态启动与关闭，静态称重；2—动态启动与关闭，动态称重；
3—静态启动与关闭，静态称重

4.4.1　人工校准

第一种校准方法为人工校准，用于严格符合力学一致性条件的流量计。唯一一种可以人工校准的流量计是孔板流量计，是同心直角边缘、法兰取压孔板流量计。传统意义上，利用 API MPMS 标准第 14.3 节（A.G.A. 第 3 号报告）给出的机械公差、流出系数经验值及膨胀因子经验值对孔板流量计进行校准。

有专家综合了 API/GPA 和 EEC 的孔板流量计数据库，作出一个回归数据表。该表包括 10192 个数据点。这些数据是从 11 个实验室中用 4 种不同流体在不同管径、12m 长的管中测定 100 多种不同孔径孔板所得到的。数据表涵盖了从 100 到 35000000 的雷诺数范围。从而得到了适用于孔板流量计流量方程的 Reader-Harris/Gallagher（RG）系数。

人工校准法是以流出系数经验值、膨胀因子经验值和严格的机械公差为依据，详见 A.G.A. 第 3 号报告。人们设计出了两个经验方程均适用的实验模式以可控方式进行相关参数的改变。此外，研究者发现某些环境因素可能会影响实验结果。这些因素可控制为固定值。

例如，所有流量计均由圆形度、管径或者缝隙、管壁粗糙度等参数确定。106 型孔板流量计由同轴度、平面度、管径、表面粗糙度、边缘锐度等参数确定。

孔板流量计支架由一系列法兰组成。而它的校准则由取压孔孔径、取压孔位置、取压孔边缘、支架完整性等因素确定。

4.4.2　关键设备校准

第二种校准方法为关键设备校准。关键设备校准有两种设计类型，即循环法和旁路法。对于关键设备校准法，是将整个流量计装置安装在校准系统中进行校准。该装置由位于其上游的测量管、高效流量调节器、流量计和位于其下游的测量管所组成。校准后，该流量计即视为标准流量计,未经重新校准不可替换或维修。

4.4.2.1 循环法

为了方便起见,循环法的校准仪器通常安装在研究实验室内(独立的或者是厂家的)。在独立研究实验室中(SwRI 计量研究装置,见图4.4),以天然气作为试验介质,从当地燃气供应系统注入到循环系统中。

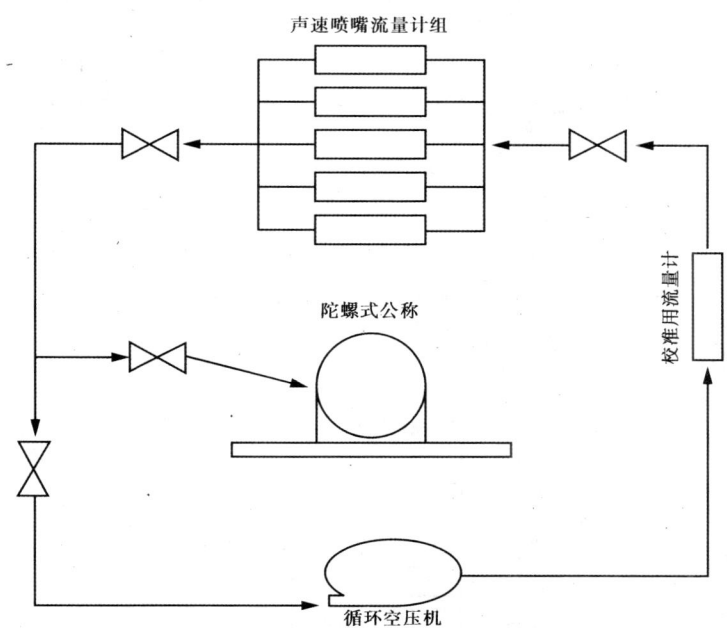

图4.4 SwRI 计量研究装置

而在厂家提供的研究实验室内,常用空气做为循环法的试验介质。

为达到试验目的,循环法在设计上允许压力和温度有明显变化,但限于流量的上下限之间。

4.4.2.2 旁路法

为了方便起见,旁路法的校准设备通常安装在输送管线上。该设备不会对日常的管道运输操作产生干扰(CEESI(美国科罗拉多联合工程实验站在衣阿华的装置,见图4.5;TCC(试验控制中心)在温尼伯的装置,见图4.6)。

旁路法中以天然气作为试验介质。

为达到试验目的,旁路法在设计上,可以改变流量的上下限,但限于压力和温度范围。

4.4.3 现场校准

第三种校准方法是现场校准法。可用于流量测定设备的现场校准法有3种:

(1)一级校准法。

(2)二级校准法。

(3)联合校准法(一级与二级结合)。

利用固定安装的校准系统或者便携式校准系统完成校准。

二级校准法是在一定时间间隔内将待校准流量计与标准流量计进行对比来测定质量流速。依次往后,标准流量计则由一级校准法校准。

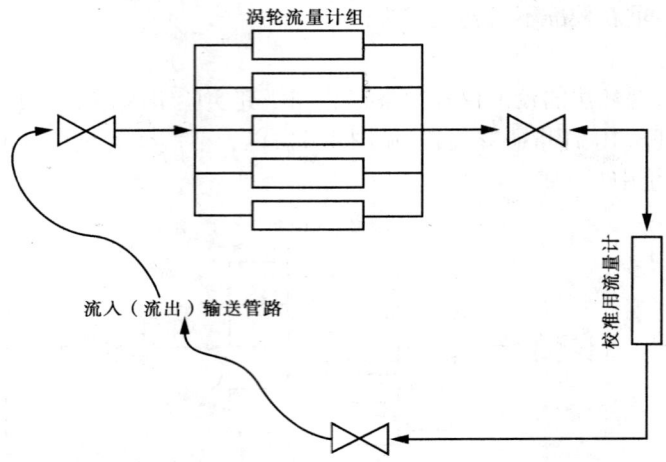

图 4.5　CEESI 在衣阿华的装置图
(CEESI 的涡轮流量计组源于它的重量分析校准装置。下游安装一个控制阀来控制流量。由在线 GC 提供其组成与质量监控保证)

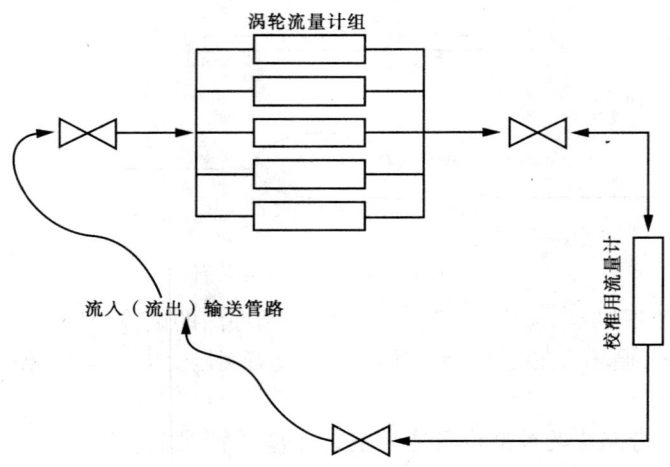

图 4.6　TCC 在温尼伯的装置图
(TCC 的涡轮流量计组按照其旋转位移流量计标准进行校准,该标准由 NMI(荷兰计量学院)制定。下游安装一个控制阀来控制流量。由在线 GC 提供其组成与质量监控保证)

该方法既有优点又有缺点。主要优点是速度快,相应地降低了投入成本。但同时要求所用标准流量计必须具有良好的重复性。标准流量计必须进行精确表征以便用于校准其他流量计。

二级校准法的准确程度取决于标准流量计的性能及使用情况。此类流量计有:
(1)位移流量计。
(2)涡轮流量计。
(3)超声波流量计。
(4)落差流量计(音速喷嘴流量计,亚音速喷嘴流量计,孔板流量计)。

综上所述,除位移流量计外,其他所有流量计均为间接流量计。位移流量计属于微分流量计,但由于机械间隙的存在,智能型位移流量计在设计上要求设有过滤装置。

有些公司安装了二级校准系统,例如:
- 便携式孔板流量计组。
- 固定式音速喷嘴流量计组。
- 便携式孔板流量计组。
- 固定式线性多声道超声波(MUSM)流量计。
- 便携式线性 MUSM 流量计。
- 固定式涡轮流量计组。

4.5 相似定律

相似定律是现代流体力学理论与实验的基本原理。对于流量计校准而言,相似定律是其流量测定标准的基础。下面对相似定律在3种校准方法中的独特作用进行描述。

4.5.1 人工校准法

为满足相似定律,人工法要求在设备整个使用期内,实验数据库与安装的流量计符合几何相似及动力相似关系。该方法假定人工校准法对机械检验与检定之间的机械变化或者操作不敏感。

该方法在很大程度上取决于机械顺从性。孔板流量计即采用该方法,经校准后组成实验数据库。所以 API MPMS 标准第 14.3 节(A. G. A. 第 3 号报告)对机械公差及孔板流量计的操作条件作了系统说明。人们广泛地研究了该工艺对几何参数的变化情况,并作出了大量规范说明。这样在执行标准的误差范围内,确保也能很好地应用该技术。

对于孔板流量计而言,如果流量测定装置与实验数据库之间存在几何相似及动力学相似关系,那么实验测得的经验流出系数值是有效的。要求流量测定的实验装置做成与现场装置成比例的模型以保证二者的几何相似性。实验模型的设计应着重于装置比较敏感的区域,以便进行研究、测量与实验拟合。若孔板流量计实验模型设计合适,使用者可类推到管径更大的流量计而不增大不确定度。动力相似关系则意味着要求实验装置与现场装置中的流体满足流体力一致性。实验装置内流体的流速分布及湍流强度必须同现场装置内的流体相似。

人工校准法用于孔板流量计的校准存在着明显的局限性,要考虑惯性力与黏滞力的影响。于是,体现惯性力与黏滞力之比的雷诺数将所有孔板流量计的流出系数经验值联系起来。设计的实验模式是为了研究雷诺数较低的流体。如孔板流量计实验模型设计合适,那么在不增大不确定度的条件下,使用者可外推到雷诺数更大的流体。事实上,雷诺数的相关性为这种外推法提供了合理依据,而外推法要求流体流动状态不变。例如,亚音速流量计与声速流量计之间流体流动状态是不同的。

4.5.2 关键设备校准法

为满足相似定律,关键设备校准法要求实验室内的流量测定装置与其在整个密闭输送期内的安装条件满足几何相似与动力学相似关系。而整个密闭输送期是指对设备进行重新校准的两次时间间隔。该方法假定所选择的方法对两次校准时操作条件与设备性能的变化不敏感。关键设备校准法已用于超声波流量计、涡轮流量计及容积式流量计的校准。

现场装置与实验室装置二者之间，若几何相似与动力相似关系均满足，则校准期间测定的仪表因子（MF）为有效值。

对超声波流量计、涡轮流量计、位移流量计这三种流量计而言，若实验安装的流量测定装置与现场装置间存在几何相似性及动力相似性，则校准时测定的流量计校准系数为有效值。

几何相似性要求在实验室内进行校准。其数据不可用几何外推法处理。即便流量计的机械公差与机械状态有详细的说明，该流量计的设计也不可进行几何测量。例如，150mm的涡轮流量计其定子—转子堵塞明显地不同于更大尺寸涡轮流量计的堵塞。动力相似性则意味着测量系统要与流体力相一致。对间接流量计而言，实验室内流体的速度分布与湍流度必须与现场流体的相接近。

对于涡轮流量计，主要考虑的是流体惯性力与黏滞力的显著影响。从而，表示惯性力与黏滞力之比的雷诺数将所有涡轮流量计经验计量因子的动力相似性联系起来。对于位移流量计，主要是利用通过速度产生的压力降。有些在设计上要求有过滤装置以保护流量计的机械完整性。对于超声流量计，则主要考虑的是流速影响。其中一个影响参数是线长度。由于超声杆直径与线长度无关，因而其几何相似性取决于阻塞效应（插入式探针）或回流区效应（非插入式探针）。

厂家的试验模式定位于对仪器进行探究、测量及根据经验调整。设计合理的流量计应允许用户根据雷诺数、斯特罗哈数或流速来对流量计性能进行调整。厂家推荐的有关方法不可更改，该方法为给出流体流动状态的性能预测的理论基础。例如，亚音速流量计与声速流量计的流体流动状态是不同的。

现场校准法。为符合相似定律，现场校准法要求流量校准装置与整个密闭输送期内的安装条件符合几何相似及动力学相似关系。校准过的仪器作为流量计装置。密闭输送期是指对设备进行重新校准的两次时间间隔。该方法假定所选择的方法对两次校准时操作条件与设备性能的变化不敏感。涡轮流量计、超声波流量计和孔板流量计可采用该方法进行校准。

如果仪器在密闭输送期内存在动力学相似性与几何相似性，则校准时测定的流量计系数为有效值。几何相似性要求要校准的仪器在现场操作的条件下进行校准。对数据进行几何外推是不可能的。同样，不经重新校准也不允许对仪器进行机械改变。动力相似性则意味着计量系统流体力一致性。对于间接流量计，校准时的流速分布及湍流程度必须与输送监测期内的情况相同。

对于涡轮流量计，要考虑惯性力和黏滞力对该方法应用的限制。所以，用体现惯性力与黏滞力之比的雷诺数将所有涡轮流量计经验系数的动力相似性关联起来。对于位移流量计而言，差压与流量计速度比是一个重要参数。有些设计需包含过滤沉降装置以保护其机械完整性。对超声波流量计而言，计量速率则是影响其应用的重要因素。管路横截面尺寸也是超声波流量计的一个重要影响因素。因为超声杆直径与管路横截面大小无关，由于存在堵塞效应（插入式探针）或者回流区效应（非插入式探针），因此不存在几何相似性。

厂家推荐的相关法为外推法提供了合理依据，而这种外推法要求流体流动状态不变。例如，当气体密度或黏度明显不同于现场校准条件时，亚音速与声速之间流体流动状态是不相同的。

4.6 管内单相流体流动

在这一节中,我们复习一下有关绝热、单相、稳态管流动的基本概念。非定常流或瞬变流动(脉冲流动或非稳态流动)则不包括在本文讨论范围内。

4.6.1 流动类型

根据雷诺数值的大小,管内流体流动可归类为:层流、过渡流或者湍流。当雷诺数等于2000时,管内流体流动为过渡流,一般认为该值为稳定层流的上限值;雷诺数≥4000时,为湍流。

管内流动可由以下独立并相互作用参数进行描述:

(1)速度分布形状。衡量沿管道中间轴向时均速度峰度(或平面度)及对称性。时均速度分布形状可由速度比或分布因子来描述。速度比(VR)是指轴心速度与体积速度平均值之比(v_{cl}/v_{avg});而常用的另一项,分布因子(PF)是指体积速度平均值与轴心速度之比(v_{avg}/v_{cl})。

(2)涡角。衡量管内旋流的旋转角度,顺时针或逆时针方向。当流体沿管轴向作湍流运动时,可定量分析。

(3)湍流度。衡量三维坐标系内管内湍流的涡旋及波动情况。月热线速仪或激光测速仪(LDV)来测量轴向湍流度。

4.6.1.1 层流

对于层流,管内流体流动不存在涡流或者湍流。层流的速度分布是以管轴线为对称轴呈对称分布,速度比为2.0。其雷诺数范围为1~2000。

4.6.1.2 过渡流

对于过渡流,流体流动情况是杂乱无章的。流动类型介于层流与湍流之间。雷诺数范围2001~4000。

4.6.1.3 湍流

在天然气工业的实际应用上,大多数流量计运行于湍流区。对于湍流,流体流动情况是杂乱无章的。由于伴随有湍流的混合流动,流体的动量分别向轴向、径向及切向传递。湍流运动是指由流场内涡旋无规则的产生与消失,它总是以这种形式出现。充分发展圆管湍流的速度分布形状是以管中心线为轴对称分布的,速度比是管道雷诺数(Re_D)和管道相对粗糙度的函数。

湍流流动可由以下参数来确定:

(1)涡角。

无涡角(<2°)。

中涡角(15°~20°)。

大涡角(20°~30°)。

(2)速度分布形状(见图4.7)。

沿中心线对称分布。

沿中心线不对称分布。

用速度比或分布因子表示峰度或平面度:

(3)湍流度。

轴向。

径向。

切向。

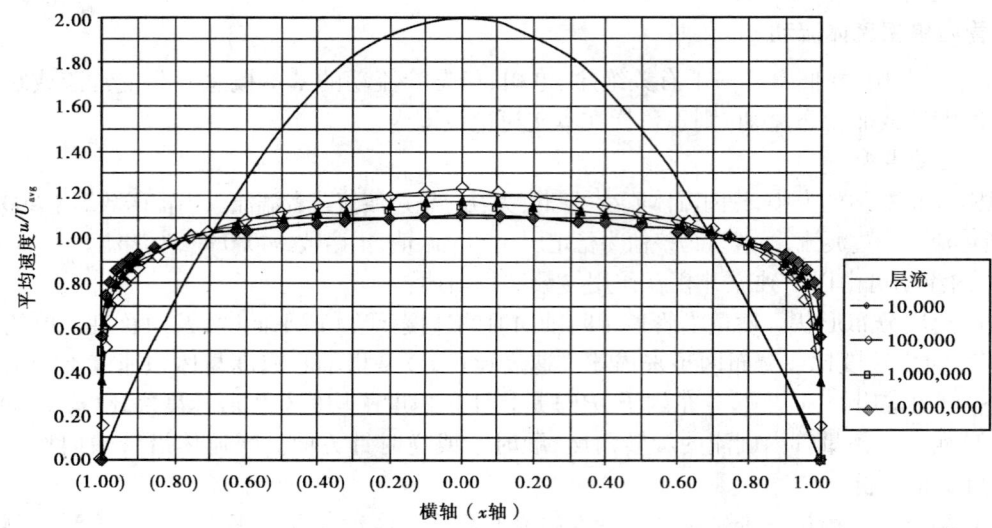

图 4.7 充分发展流动的速度分布(层流与湍流)

4.6.2 圆管湍流的分类

圆管湍流可分为充分发展的、未充分发展的及发展中的湍流流动。

4.6.2.1 充分发展流动

如前所述,大多数真实的流体流动属于湍流,即叠加于主流体的不规则脉动(混流或涡流)。这种不规则运动通常是沿着管道轴向、混乱无序的运动。叠加于主运动之上的脉动具体情况如此复杂,似乎很难用数学方法解决。不过,必须明确的是管内流体湍流产生的阻力或压力损失与混合运动有关。

我们有关圆管湍流流动的知识,即使是在稳定的稳态条件下,也是在对时均速度分布、压力梯度及流场湍流结构进行大量的实验观察基础上才积聚得到的。对这些一系列圆管流体流动经典实验作出贡献的两个主要研究者是 Nikuradse 和 Laufer。

20 世纪 30 年代,Nikuradse 通过实验,测出了关于充分发展圆管流动的摩擦系数,并确定了其时均速度分布。这为以后莫迪图的发展奠定了基础,该图至今仍用于本工程专业。

Laufer 的实验是在 20 世纪 50 年代中期为美国国家航空航天局而进行的。他研究了圆管流动的波动分量部分,即通过剪切力、湍流强度、相关系数、光谱分析等确定流场混沌特性进行定性及定量分析的方法。

通过对实验数据进行严密检查,发现这样一个事实:即湍流运动最显著特点是,圆管内某一定点的速度及压力并非是随时间恒定不变的,而是高频率的无规则波动。既沿着流动方向又与其恰好成角度的块状流体或球状流体,不断地结块、然后破碎,但不形成单一的分子,而是宏观的大小不一的流体团。在充分发展流动中,位于圆管中心的流体团最大,至管壁处,体积迅速变小。此类大小的流体团即确定了湍流尺度。

通过实验数据,我们也知道了速度分布、压力梯度和湍流结构对管壁条件的敏感程度,管壁条件是指光滑还是粗糙,如果是粗糙管壁,则是对粗糙度的敏感程度。为了便于讨论,我们认为流体是在水利学光滑管壁上流动。

关于充分发展湍流的经典定义是由 J.O.Hinze 提出的"对于圆管内充分发展湍流而言,假定在均匀管壁条件下,平均流的条件与横坐标 x 无关,且呈轴对称"(*Turbulence*,New York:McGraw-Hill,1987)。从实际出发,我们一般所说的充分发展流动是指同 Nikuradse 或者 Bogue 及 Metzner 所预测的那样,即没有涡流、时均速度呈轴对称分布的流动。但不要忘记的是,充分发展的湍流要求受力平衡以维持湍流流动的随机"周期运动"。这就要求速度分布、湍流强度、湍流剪应力、雷诺应力等不随横轴位置而变化(见图 4.8)。

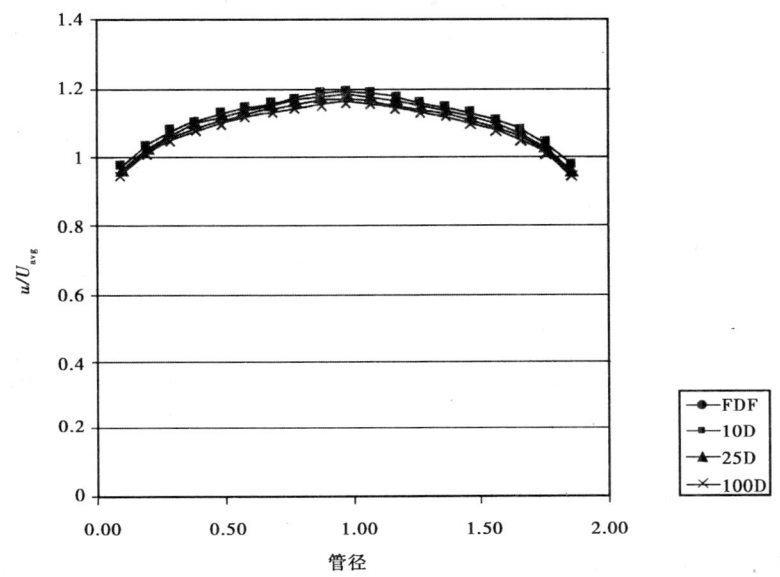

图 4.8　下游管径不同的充分发展圆管湍流速度分布(由 Hinze 测得)

遗憾的是,在研究实验室内要经大量努力才能达到充分发展流动,其特点如下:
(1)无涡角、轴对称的圆管流速度分布近似于充分发展流动的速度比和湍流度。
(2)管径为 100D 的直管内进气流体作无涡旋运动。
(3)假定管路连接、管径或者管壁粗糙度的变化不产生干扰。

4.6.2.2　未充分发展流动

为了缩短实验研究与工业应用之间的差距,我们定义的未充分发展流动是指没有涡旋、时均速度及湍流结构呈轴对称的流动,这些参数与充分发展流动的相似,并且与轴向坐标无关。通过安于长度较短的圆管上的高效流量调节器(HPFCs)以获得未充分发展流动,其特点是无涡旋、呈轴对称的速度分布近似于 Nikuradse 提出的速度比或 Laufer 提出的速度比及湍流度。

4.6.2.3　真实流体流动(或发展中流动)

真实圆管流动为发展中流动,即不是充分发展流动也不是未充分发展流动。换一种说法,也就是说发展中流动的时均速度分布和湍流结构随圆管轴向坐标变化。

通过具有涡流的流体时均速度分布形状,发展中圆管流动一般可分为轴对称和非轴对称的。当涡角大于 2° 时则为涡流。由于平面外的装配、局部塞网、压头、内部焊缝、突起、缝隙、以及其他物理因素的干扰,大多数管路中均存在涡流。

发展中的圆管流动特点如下:

（1）无涡角、不对称（见图4.9）。速度分布与一个弯头或三通出口处的扰流相似。速度分布呈无涡流、非对称分布，当流体沿管流动时，在同一基点具有拖尾峰。

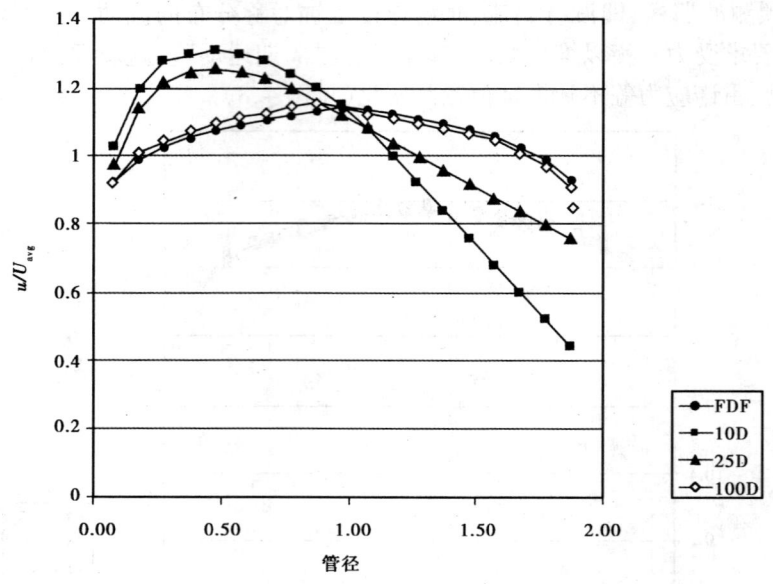

图4.9 下游管径不同的无涡角不对称的发展中圆管流动

（2）中涡角，不对称（见图4.10）。速度分布涡角为15°~20°，速度分布与两个紧密耦合、位于平面外的弯头或三通出口处的扰流相似。带有涡流的速度分布呈不对称分布，流体沿管道流动时，圆管半径周围产生拖尾峰（主旋涡）。

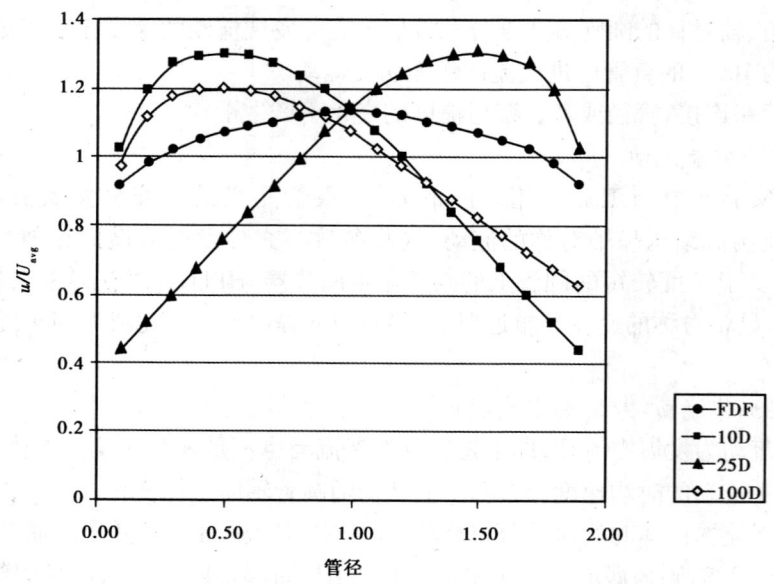

图4.10 下游管径不同的中涡角不对称的发展中圆管流动

(3)大涡角,对称(见图4.11)。速度分布涡角为20°~30°,速度分布与一个压头或复杂管道布置出口处的扰流相似。带有涡流的速度分布近似对称,流体沿管道流动时,圆管半径周围产生两个峰和一条逐渐消失的中心线(次旋涡)。

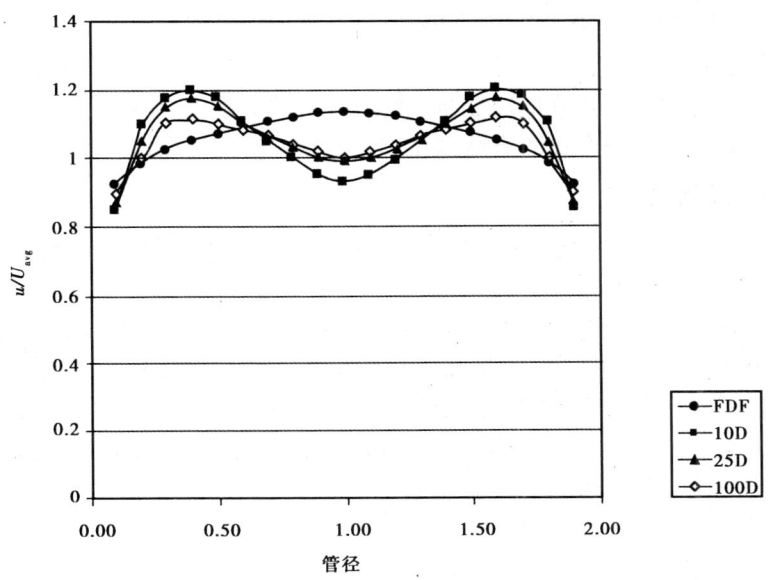

图4.11 下游管径不同的大涡角对称的发展中圆管流动

美国夏威夷天然能源实验室(NEL Header Consortium)通过实验发现涡角为25°的圆管涡流具有未充分发展流动—轴对称的速度分布。由于显著的涡动力,时均速度分布近似于轴对称形状。当涡流度减小时,其不对称性显著增加。这种情况,速度分布既存在涡流又存在明显的轴对称。

4.6.3 流量调节及其作用

工业上,多重系统配管安装在一起,这对制定标准机构和流量计量工程师而言,意味着会产生比较复杂的问题。即使圆管内流体实际流动或扰流与充分发展流动的流动条件之间的差距最小,从而选择的流量计量设备在性能上犯错误的几率最小。

众所周知,具有时均速度分布的涡流及湍流度对间接流量计的性能有显著影响。只有当流场操作条件与校准条件之间存在几何相似性和动力相似性时,流量计的校准才是有效的(相似定律)。

从真实流动到充分发展流动,孔板流量计的灵敏度取决于流动干扰情况、流量计量技术、流量计的具体设计、以及流动干扰(速度分布、涡流、湍流度、剪切力等)产生的流场。这些都是影响流量测量的因素。按照A.G.A.第3号报告最新版本(API MPMS 第14.3节)的要求正确组建与安装管束则可消除涡流。但却不能重建一个合适的速度分布或湍流结构。

高效流量调节器的设计目标是设计出真正不受干扰的流量计,包括:
(1)低恒压降(低压头比)。
(2)低结垢率。

(3) 力学设计严谨。
(4) 工程造价适中。
(5) 旋流的消除。
(6) 长、短直圆管内均为未充分发展流动。

高效流量调节器消除了流动干扰效应,并提供未充分发展的流动条件,因此使流量计量不确定度减小。设计合适的高效流量调节器可使流体沿轴保持未充分发展流动。调节器随机产生的向心力应使时均速度分布和湍流结构在较短的轴向距离上保持自稳态。

4.7 管内多相流体流动

由于管内冷凝液(注入的与回流的)游离水及过量液相甲醇(防止水合物的形成)的存在,根据其特性,集气系统内为多相流动。

两相与三相流动(气—液、气—液—固或半固态)可产生一个较宽范围的流动模式,包含了流体组分的不同馏分。流型指的是它的几何模型,表明其对多相流量计量技术的影响。

当流体各相同时在管内流动时,由于重力、离心力以及相不对称性的影响,流体各相以不同的几何模型分布。由于流体性质的千差万别,它们在界面的空间分布也不相同。给定的气—液两相系统的流型取决于以下因素:

(1) 气、液流速。
(2) 管径和倾角。
(3) 两相的各自物性——密度、黏度及表面张力。

多相流量计量过程要求其设备能在不同的多相流流型下运行。大多数情况下,不能优先确定真实流动的流型。此外,流型会随着正常操作的变更而迅速改变,如阀的开、关,或者调节单井节流装置,都会改变流型。

4.7.1 多相流流型

一般已认可的多相流流型的定义及分类是以两相流实验数据(气—液)为依据的,涵盖了整个倾角范围:水平流、上行和下行斜流、上行和下行垂直流。气、液的相对表观黏度决定了后面对多相流流型的一般定义。描述性定义见表 4.1。有关垂直流和水平流的定义见图 4.12,其中所说的表观速率可用于天然气集气系统有关多相流几何流型的划分。

表 4.1 水平管与垂直管多相流的流型分类

气流速度(ft/s)	液流速度(ft/s)	流型的一般定义
水平流或近似水平流		
0.3~30.0	0.01~0.30	分层流:特点是因气流速率增加使得气—液相界面光滑或是波动的
0.3~30.0	0.01~0.30	段塞流:特点是几乎无气相存在的液相呈段塞状流动,介于段塞流与泡状流之间
3.0~30.0	0.03~18.00	间歇流:即气液两相间的交替流,可形成段塞流
30.0~300.0	0.02~20.00	环状流:特点是液相沿外管壁流动,气相沿中心孔流动并伴有气液夹带
0.06~30.0	0.03~20.00	分散气泡:特点是气相分散于连续的液相主体
0.3~30.0	0.02~20.00	雾状流:特点是液相分散于连续的气相主体

续表

气流速度(ft/s)	液流速度(ft/s)	流型的一般定义
斜管垂直流		
0.3~30.0	0.02~20.00	雾状流:特点是液相分散于连续的气相主体
>100.0	0.01~10.00	环状流:特点是液相沿外管壁流动,气相沿中心孔流勾并伴有气液夹带
10.0~100.0	0.01~5.00	团状流:特点是其形状类似于段塞流,但气流速率较大,因而两相边界消失
1.0~10.0	0.01~10.00	段塞流:特点是横穿整个管道的液流紧随于巨大气流团之后
0.1~1.0	0.01~10.00	泡状流:特点是气相分散于连续的液相主体

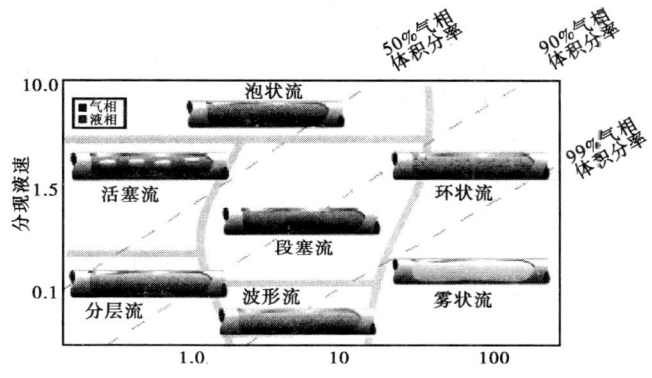

图 4.12 水平管多相流动

4.7.2 真实多相流与存在的问题

对于设计者和系统操作人员而言,天然气集气系统中的多相流一直是个技术难题。若管线压降位于天然气的烃露点曲线之下,则由于反凝析而发生两相流。

有些设计与操作难题需要深入理解:
(1)液相分离过程在过渡点的最大化。
(2)多相流清管设计与操作。
(3)位于分离装置出口的管路冷凝液计量装置。
(4)分离装置出口处的气体计量装置。

下面是对墨西哥湾海上作业情况的说明。与前面类似,但又略有不同,陆地集输系统操作中有这种情况。

4.7.2.1 海上生产装置输出流体的性质

当气体在集输系统前 5 英里进行传输时,系统温度与海底温度相平衡。当集输系统的压力与温度低于烃露点曲线时,即发生反凝析,形成两相流体。其原因是由于地表或海底向传输管路进行热传导所致(GOM 深海温度约为 34 ℉)。

4.7.2.2 流入海上平台流体的性质

当两相流体输入海上平台时,根据两相流流体力学原理,管道冷凝液凝结在提升管底部,而"旋涡"则无规则的沿管壁上升。

当清管器经过系统时,冷凝液大量聚集沿清管逆流而上。由于清管操作,会产生冷凝液的渗漏,但这种现象可忽略不计。当冷凝液接近海上集输系统互联架构时,涡流效应增大,提升管内开始充入冷凝液。此时,由于段塞捕集器内充满冷凝液,所以气流速度减小至几乎为零。当进行到清管时,气流速度迅速增加到传输终端的值,而冷凝液流速则接近于零。其实质是,流型从雾状流到段塞流,再到雾状流。

4.7.2.3 海上互联结构

海上作业环境存在的一个问题是,受空间与重量因素的限制,管路互联结构设计时要谨慎。由于重量和空间的约束,平台上不安装段塞流捕集器。实践证明,平台上安装气—液分离器并紧随其后安装一台单相气体计量设备,这样的布局是最佳的。这样确保了自动交接系统内流体为单相气体。

若管内冷凝液在集输系统之间传输,则由气液分离器分离出的液体流入到液体计量设备。该设备位于低地势(有位差压)。这样确保了自动交接系统内存在单相液体。计量设备处要安装离心泵以提供充足的排气压力进入集输系统。

若管内冷凝液不在集输系统之间进行输送,则分离器分出的液体利用重力流回到原来的集输系统中,最终到达陆地传输终端。

4.7.2.4 压缩机中间平台

实践证明,安装在平台上的比重分离器或离心分离器其后紧跟压缩机,这样的布局是最理想的。这能保证压缩机入口处为单相气体。从分离器出来的液体进入液泵,该液泵处于低地势(压位差的存在确保了流体为单相液体)。通过离心泵,管路冷凝液再回注到集输系统中(从压缩机出口顺流而下)。

4.7.2.5 陆地输出终端

对设计者而言,陆地设施存在的问题是当清管器到达输出终端时会产生大量管道冷凝液(回流与注入的冷凝液)。实践证明,紧随段塞流捕集器之后安装聚结过滤器、然后为单相气体计量设备的布局为最佳。该计量设备实现了集输系统与加工工厂之间的气体自动交接。

段塞流捕集器利用流体的流速和其所受重力的不同进行分离。管线操作员形象地将其称为"管路中的宽斑"。通常,设计时要求多组大口径管沿轴向稍稍向下倾斜以便进行简单的分离。平行管线的数目与其长度决定了段塞流捕集器的捕集能力。

通过一个稳定操作过程,从段塞流捕集器和聚结分离器出来的液体汇入到液体存储设备。此液体为中间产物,即管道(流场)冷凝液。利用二级气体计量设备,回收气从存储设备或稳定装置中输送至天然气加工厂。

如果液体体积较大,则需要安装动态检测设备并通过管道输送这种中间产物(即现场冷凝液)到精炼厂或化工厂用作原材料。反之,这种中间产物则利用静态技术(或者称量)进行计量,用罐车送到至精炼厂或者化工厂作为原材料。

4.8 二级设备

二级设备包括静压式传感器、温度传感器、差压传感器、在线分析仪(GC,湿度)、取样系统等,但不仅限于这些。二级设备为三级设备(流量计算机,主机)提供输入信号。作为精确的计量设备,应至少包括如下部件:

(1)双阻双排(DB&B)阀。

(2)压力传感设备(dp, p_f)。

(3) 温度传感设备(T_f)。
(4) 在线分析仪(湿度,气相色谱仪等)。
(5) 状态方程或经验关联。
(6) 在线密度计(优化)。
(7) 取样系统——加权平均流量与人工取样。
(8) 流量计校准方法——人工校准、关键设备校准、现场校准。
(9) 检定和校准二级与三级设备的已认证参考标准。

通过采用科技水平最前沿的仪表使设备的性能得到明显提高,例如:
(1) 带有数字通讯系统的智能型压力、温度以及差压传感器。
(2) 流量计算机(A.G.A.8 与 EGM 标准)。
(3) 带有数字通讯系统的在线气相色谱仪(C_1—C_{10},CO_2,N_2)。
(4) 带有数字通讯系统的在线湿度分析仪。
(5) 带有数字通讯系统的其他在线分析仪(S,H_2S)。
(6) 带有数字通讯系统的在线密度计(如果需要)。

这些设备的稳定性以及其运行环境决定了对设备检定与校准的时间间隔。

4.9 三级设备

三级设备为电子仪器,在由一级和二级设备给出的限定条件下用来精确计算流体流量。三级设备可以是一台流量计算机、SCADA(监控与数据采集系统)或者其他用来存储数据及计算流体流量的设备。

根据由一级和二级设备产生的输出信号,利用已知的工业算法来进行这些计算,然后再转换成三级计量设备的输入信号。该设备通常是一台专用在线流量计算机或主机。

4.10 不确定度

计量是一种技术难度较大、复杂而前沿的过程,它对商业效益有重要影响。在这个领域内,技术、硬件的研发与测试、仪器和流体标准都得到了发展。世界一流的计量组织在可承担的风险内利用创新技术使其具有了改革、创新与符合实际应用的特点。在维持较低的资源配置(资金与运行费用)条件下与允许的财务风险内,这就是提高技术水平的关键所在。

准确的流量计量是指不确定度小的计量。也就是说,要求计量具有最大绝对准确度和最高准确度。其目标就是使计量的偏移误差最小。

许多因素都影响着流量计的总不确定度。它不仅取决于硬件或者设备,还与硬件的性能、软件的性能、计算方法、校准方法、校准设备、校准过程及个人因素有关。

设计者或使用者要从统一的角度来对待密闭输送设备,即从宏观出发。使用者须对设计者说明所期望的不确定度大小,以便正确地建造、操作与维护设备。

从整体来说,所有流量计不确定度的成因之间有着千丝万缕的关系。选择的流量计不同,这种关系也不一样,但基本关系如图 4.13 所示。

计量不确定度(或准确度)存在系统误差和随机误差。即使是最智能型的计量仪器也存在不确定度。其大小受投资来源(资本与运行费用)、计量方法所固有的不确定度以及待测物所支配。

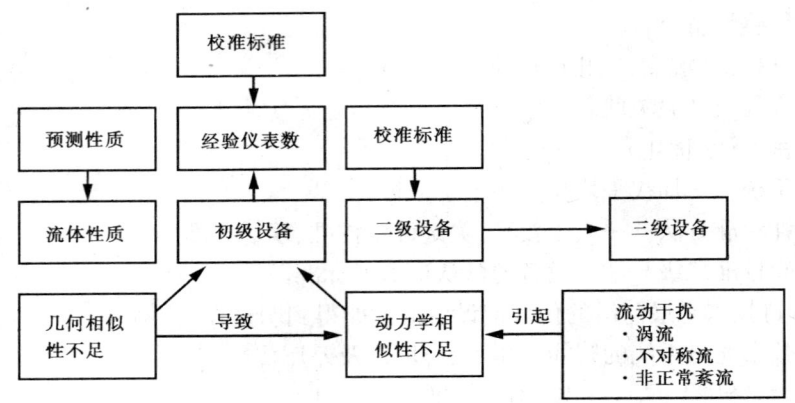

图 4.13 流量计不确定度来源示意图(据 Savant 计量公司,2001)

如前所述,每次计量操作都存在误差。因为我们没有方法来测量真值,所以也不能准确地知道误差大小。我们所能做的是在已知的置信度下估计出人们所期望的真值所在范围。本书中所涉及的所有不确定度置信度 95%(U_{95})。若一测量值为 $U_{95} \pm 0.25\%$,其意思是测量值与真值之间上下差 0.25%。

4.11 测量总费用

根据仪器技术性能及初装费(CAPEX)来选择计量仪器,该费用并非是指在整个仪器使用时限内的全部成本。计量总成本是该费用的好几倍,应作为设备选择的决定性因素。应根据下面的初装费、运行费(OPEX)和各因素的影响因子来选择流量计量手段:

(1)使用者对流量计量技术应用的认可。
(2)流量计量工艺的性能(可重复性、复现性、线性度、及其他需考虑的因素)。
(3)流体性质及其对流量计量工艺的影响。
(4)微分流量计和间接流量计的安装要求。
(5)外界环境因素(噪音、周围条件等)。
(6)基本投资(CAPEX)。
(7)运行费(OPEX),包括试验费、检验费、检定费、校准费以及认证成本。
(8)培训及配件的隐形成本。

在计量过程中,流量计的安装到位与恰当应用是最重要的两个因素(相似定律)。而这两个被大多数人所忽略的因素又影响着刚刚提到的那些因素。这也使得现场工作人员对设备厂家极其不满。用户们往往需要付出更多辛苦才能达到他们所希望的结果。

5 孔板流量计

一级设备选型可能是设计决策中最重要的内容。用作财政计量工具时,其选型受到现行标准(工业准则)、工艺测量标准、投资和运行费用的影响。

孔板流量计大概是人们最早知道的用于计量或调节流体流速的仪表。对于罗马人研发的这种调节进户水流的技术,历史学家给予了高度评价。

5.1 基本原理

一种孔板流量计就是一个一级设备。孔板是该装置的主要组件。孔板流量计可用作独立能动性流量计。孔板流量计分类见图5.1。

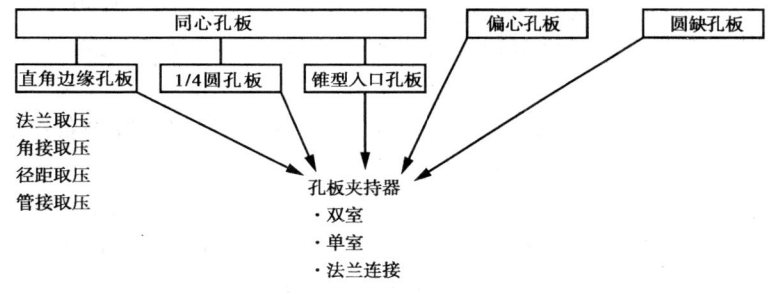

图 5.1 孔板流量计分类图

注:A.G.A.第3号报告(API MPMS第14.3节)包括同心、直角边缘和法兰取压孔流量计。ISO5167包括同心、直角边缘,(法兰取压、角接取压和径距取压)孔板流量计。管接取压设计已过时,并且A.G.A第3号报告(API MPMS第14.3节)已不再支持。

在孔板流量计工作条件下,被测流体应是稳定介质流(无压力脉动、单相稳定介质流),为应用起见,一般认为被测流体应是清洁(无微粒和粗糙颗粒)、单相(非混合相液体)、均匀流动的牛顿流。

如果需要,应安装段塞流捕集器、分离器、过滤器和天然气洗涤器,以减少固体颗粒和液体凝析现象的出现。含有大量液体或固体物质的天然气不符合计量标准。甚至含有少量固体或液体物质也会增加计量结果的不确定度。固体还可能磨损仪器中较薄的部位,如孔板边缘和孔板密封圈。

通过孔板流量计的气流流速应是亚音速、充分发展或未充分发展流的速度剖面和涡流结构。

目前,同心、直角边缘、法兰取压孔板流量计被广泛用于天然气及其加工厂上游密相液体计量有以下两个原因:

(1)应用人工校准法(无需关键设备检定或量值溯源)会大幅度降低投资和操作成本。

(2)在孔板质量流速方程中,流动密度(ρ_{tp})是平方根函数。因此,与涡轮流量计、超声波流量计和旋转流量计相比,孔板流量计对质量流速误差的灵敏度降低了一半,因为质量流速误差取决于被测流体的组成、p_f 和 T_f 的测定结果。

孔板流量计由下列配件组成：

①1个薄的同心、直角边缘孔板。

②1个孔板夹持器，由 1 组装有相应差压传感取压孔板法兰（或孔板配件）组成。

③1个计量管，由相邻的装有高效节流器的上游管段和下游管段组成。

对于所有校准方法（人工校准、关键设备检定和量值溯源），孔板流量计装置的校准方法为人工校准。流量计装置的任何外形变化都会对相似性（动力学相似和几何相似）产生负面影响。

孔板流量计中辅助孔板应用的二级设备包含如下组件：

①差压（dp）变送器。

②静压（p_f）变送器。

③流体温度（T_f）变送器。

④用户选择的流动密度确定技术（美国天然气协会[A.G.A]第 8 号报告，在线比重计）。

⑤用户选择的基准密度确定技术（美国天然气协会[A.G.A]第 8 号报告，GPA2172）。

⑥用于保证计量数量和质量（湿度、在线气相色谱仪[GC]，取样系统，双阻塞阀和排泄阀[DB&B]等）的其他辅助装置。

三级设备是电子流量计算器或流量计算器。它从一级设备和二级设备接收信息，采用事先编好的程序指令计算通过一级设备的监管气体数量。

孔板流量计是唯一一种可以用人工校准方法进行校准的流量计。而其他流量计均需采用关键设备校准或现场校准。绝大多数的孔板设施采用人工校准方法进行检定，要求严格遵照 API MPMS 第 14.3 节（A.G.A 第 3 号报告）技术条件进行。

在有些情况下，孔板流量计也使用关键设备校准法或现场校准法。需要使用动态检定方法对流量计进行检定的地方，应按照高于实际流速范围的标准进行校准。校准应是具有相似组成和压力的流体，必要的话，使用具有相似的组成区间和压力区间的流体进行校准。

最普通的财政计费用流量计设计采用双环室配件，因为它能在不排空整个流量计的情况下改变孔板。双环室孔板配件（图 5.2）是设计用于带压卸下孔板而不中断流量计中流体流动的一种装置，由带有滑阀、在工作状态下可以隔开的上、下两个环室组成。

这种装置是利用在下游端装有小齿轮的孔板夹持器来带动上游处前环室和下游处后环室上的齿轮传动轴转动。拆卸及更换孔板夹持器和孔板时无需中断气流。拆卸程序包括补偿前后环室压力、打开滑动阀门、将孔板和孔板夹持

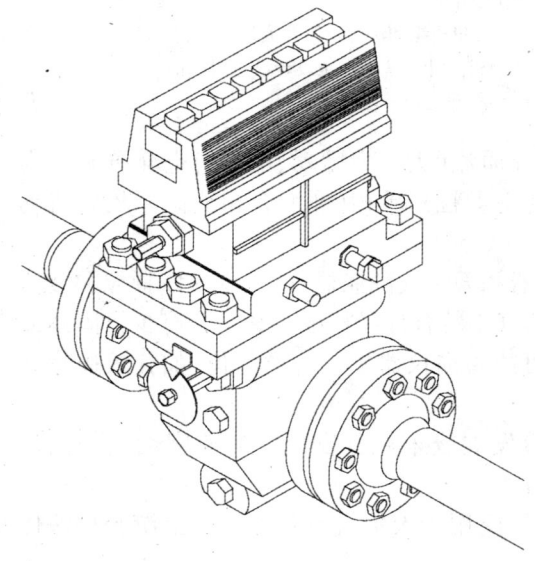

图 5.2　双环室孔板组件

器举升至前环室、关闭滑动阀隔断前后环室、消除前环室压力拆除孔板夹持器和孔板。

孔板(图5.3)是初级测量设备的基本组件,可被加工成两种不同的设计构型:桨式板(法兰连接)和通用孔板(配件连接)。

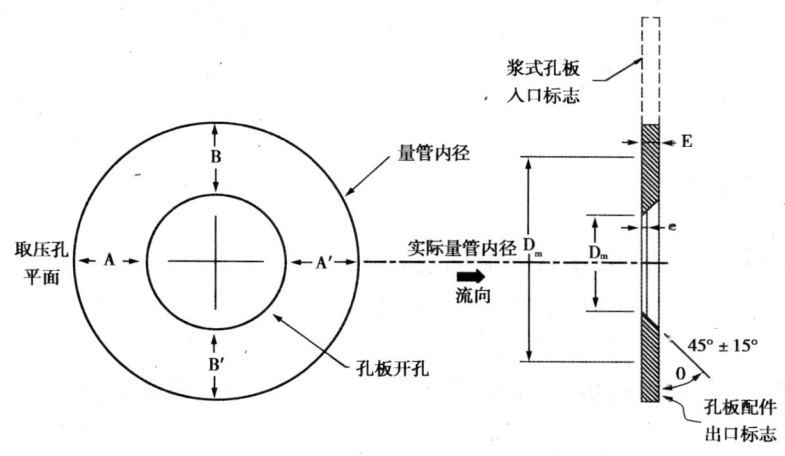

图5.3 孔板

5.2 质量流速方程

对孔板流量计而言,质量流速(q_m)可通过下面方程求取:

$$q_m = N_1 \times C_d \times E_v \times Y \times d^2 (\rho_{tp} \times dp)^{0.5}$$

式中 q_m——质量流速;

N_1——单位转换系数;

C_d——孔板流出系数经验值;

E_v——渐近速度;

Y——经验膨胀因子;

d——流动温度下的孔板开孔直径;

ρ_{tp}——流动条件下流体密度;

dp——孔板传感取压孔之间的差压。

基准直径(D_r, d_r)可以用流动温度(T_f)来补偿,因为参数D,d和β需要进行准确的计算。基准直径(D_r, d_r)不需要流动压力(p_f)补偿。为了解决质量流速(q_m)、流出系数(C_d)和雷诺数(Re_D)方程,需要使用Newton-Raphson叠代方法。

5.2.1 流动温度条件下的直径

对q_m、C_d、E_v和雷诺数(Re_D)方程,基准温度条件下的孔板开孔直径和管段(或配件)内径(d_r, D)必须调整到流动温度条件下的直径(d, D)。流动温度(T_f)的孔板开孔直径(d)的计算公式是:

$$d = d_r \times [1 + \alpha_{plate} \times (T_f - T_r)]$$

式中 d——温度为T_f时的孔板开孔直径;

d_r——温度为T_r时的孔板开孔直径;

T_f——流动温度;

T_r——孔板开孔直径为 d_r 时的基准温度;

α_{plate}——孔板的线性热膨胀因子。

流动温度(T_f)条件下管段(或配件)内径(d)的计算公式是:

$$D = D_r \times [1 + \alpha_{pipe} \times (T_f - T_r)]$$

式中 D——温度为 T_f 时的直径;

D_r——温度为 T_r 时的直径;

T_f——流动温度;

T_r——孔板开孔直径为 D_r 时的基准温度;

α_{plate}——管段(或配件)材质的线性热膨胀因子。

5.2.2 孔径比

q_m、C_d 和 E_v 方程中所需的流动温度条件下的孔径比 β 可以通过下面方程求得:

$$\beta = d/D$$

5.2.3 渐近速度系数

渐近速度系数 E_v 可以通过下面方程求得:

$$E_v = 1/[(1 - \beta^4)^{0.5}]$$

式中 β——流动温度下的孔径比。

5.2.4 膨胀因子

以气态形式工作的所有流体均被认为是可压缩的。对于在密相区工作的流体,如果流动温度等于或大于其临界温度(℉)的70%,那么,这种流体就被认为是可压缩流体(W. L. Spink)。

当可压缩流体流过节流件(孔板)时就会膨胀。在孔板流量计的实际应用中,假定其膨胀沿着理想多变的单向路径进行。在此条件下,规定发生的所有膨胀均是可逆的、绝热的(热量既不增加也不减少)。在实际工作差压、流动压力和流动温度范围内,膨胀因子方程对等熵指数值不敏感。因此,假设一个完美的或者理想的等熵指数对于现场应用而言是合理的。

在 API MPMS 第 14.3 节规定的范围内,假定计算膨胀因子时,位于上下游的差压传感取压孔处的流体温度相同。

只要遵循下列无量纲压力比,这种膨胀因子的应用就是有效的:

$$0.0 < dp/(N_3 \times p_{f1}) < 0.20$$

或

$$0.8 < p_{f1}/p_{f2} < 1.0$$

式中 dp——孔板传感取压孔之间的差压;

N_3——单位转换系数;

p_{f1}——上游传感取压孔的绝对静压力;
p_{f2}——下游传感取压孔的绝对静压力。

对于可压缩流体,根据 Buckingham 博士给出的公式可求出膨胀因子 Y:

$$Y = 1 - (0.41 + 0.35 \times \beta^4) \times (x/\kappa_{id})$$

如果流动压力处于上游 dp 传感取压孔,那么,

$$x = dp/(N_3 \times p_{f1})$$

如果流动压力处于下游 dp 传感取压孔,那么,

$$x = dp/[(N_3 \times p_{f2}) + dp]$$

式中　dp——孔板传感取压孔之间的差压;
　　　N_3——单位转换系数;
　　　p_{f1}——上游传感取压孔的绝对静压力;
　　　p_{f2}——下游传感取压孔的绝对静压力;
　　　β——流动温度下的孔径比;
　　　κ_{id}——可压缩流体的理想等熵指数。

法兰取压孔的膨胀因子(Y)适用的 β 值取值范围为 0.10~0.75 之间。

5.2.5　法兰取压孔板的 RG 流出系数方程

Reader-Harris/Gallagher(RG)研制的同心、直角边缘、法兰取压孔板流量计的流出系数 C_d,被认为是世界上最典型的回归数据库。流出系数 C_d 是管道雷诺数(Re_D)、传感取压孔位置、管内径(D)和流动温度下孔径比(β)的函数:

$$C_d = f(Re_D, 传感取压孔位置, D, \beta)$$

以往的经验流出系数公式(Buckingham, Murdock, Dowdell)是用数理统计方法回归出来的,未考虑到流动现象的物理基础。1978 年,法国的 Jean Stolz 根据流量计的物理学原理研究出一个经验孔板方程。Stolz 假定依据物理学原理,采用几组不同取压方式取得的压力差值求出的流出系数必须彼此相关。这个表达式即被称为 Stolz 联系方程。

1988 年 11 月,北美和欧共体流量计量专家一致同意采纳了 Reader-Harris 提出的方程和壳牌公司美国总部的 Gallagher 对其作出的两点修改意见。Reader-Harris/Gallagher(RG)方程被公认是 Stolz 方程的改进。在 A.G.A 第 3 号报告(API MPMS 第 14.3 节)和 ISO5167 中记载的流出系数方程是不同版本的 Reader–Harris/Gallagher(RG)方程。

同心、直角边缘、法兰接头孔板流量计流出系数 C_d 由几个截然不同的连接条件构成。该方程使用条件是公称管径≥2in.(50mm)、孔径比 β 值在 0.10~0.75 之间,假设孔板开孔直径 $d_r > 0.45$in.(11.4mm)、管道雷诺数(Re_D)≥4000。如果孔径比 β 和雷诺数 Re_D 低于上述界限,那么,必须考虑存在其他的不确定度因素。

法兰取压孔板流量计 RG 流出系数方程(A.G.A 第 3 号报告,1992 版)定义如下:

$$C_d(FT) = C_i(FT) + 0.000511 \times [(10^6 \times \beta)/Re_D]^{0.7} + (0.0210 + 0.0049 \times A)\beta^4 \times C$$

当法兰取压孔流出系数 C_d 无穷大时,

$$C_i(FT) = C_i(CT) + 取压孔间距$$

当角接取压孔流出系数 C_d 无穷大时,

$$C_i(CT) = 0.5961 + 0.0291\beta^2 - 0.2290\beta^8 + 0.0031(1-\beta)M_1$$

对于取压孔间距,

取压孔间距 = 上游 + 下游

上游 = $[0.0433 + 0.0712e^{-8.5L1} - 0.1145e^{-6.0L1}](1 - 0.23A)B$

下游 = $-0.0116[M_2 - 0.52(M_2^{1.3})]\beta^{1.1}(1 - 0.14A)$

同时,

$B = \beta^4/(1-\beta^4)$

$M_1 = \max[2.8 - (D/N_4), 0.0]$

$M_1 = 2 \times L_2/(1-\beta)$

$A = [(19000 \times \beta)/(Re_D)]$

$C = [10^6/Re_D]$

对于法兰取压孔,

$$L_1' = L_1 = (N_4/D)$$

式中　β——孔径比;

$C_d(FT)$——法兰取压孔板流量计雷诺数为特定 Re_D 时的流出系数;

$C_i(FT)$——法兰取压孔雷诺数 Re_D 无穷大时的流出系数;

$C_i(CT)$——角接取压孔雷诺数 Re_D 无穷大时的流出系数;

d——流动温度 T_f 时的孔板开孔直径;

E——Naperian 常数,2.71828;

L_1——法兰取压上游取压孔位置;

L_2——法兰取压下游取压孔位置;

N_4——1.0(D 用 in 表示时),25.4(D 用 mm 表示时);

Re_D——管道雷诺数。

5.2.6　管道雷诺数

RG 方程使用管道雷诺数作为描述流出系数 C_d 关于流体的质量流速(通过孔板时的速度)、流动密度(ρ_{tp})和流体黏度(μ)变化的相关参数。管道雷诺数可以通过下列方程求得:

$$Re_D = [N_2 \times q_m]/[D \times \mu]$$

式中　q_m——质量流速;

N_2——单位转换系数;

D——流动温度 T_f 时的流量计内径;

μ——流动条件(流体组成,P_f,T_f)下的绝对黏度。

质量流速、雷诺数、膨胀因子及其他单位转换系数见表 5.1。

表 5.1 质量流速、雷诺数和膨胀因子方程(N_1、N_2 和 N_3 值)

质量流速方程　　$q_\mathrm{m} = C_\mathrm{d} \times E_\mathrm{v} \times Y \times (\pi/4) \times (d^2) \times [(2 \times g_\mathrm{c} \times \rho_\mathrm{tp} \times \mathrm{d}p)^{0.5}]$ 和 $q_\mathrm{m} = N_1 \times C_\mathrm{d} \times E_\mathrm{v} \times Y \times (d^2) \times [(\rho \times \mathrm{d}p)^{0.5}]$

	(1)石油学会单位	(2)美制单位	(3)美制单位	(4)美制单位	(5)国际单位	(6)公制单位	(7)公制单位	
π	3.141593	3.141593	3.141593	3.141593	3.141593	3.141593	3.141593	通用常数
g_c	32.17405	32.17405	32.17405	32.17405	无	无	N. A.	$\mathrm{lb_m} \times \mathrm{ft}/(\mathrm{lb_f} \times \mathrm{s}^2)$
g_c	无	无	无	无	1.000000	1.000000	1.000000	$\mathrm{kg_m} \times \mathrm{m}/(N \times \mathrm{s}^2)$
d	ft	ft	in	in	m	mm	mm	
$\mathrm{d}p$	psf	in $\mathrm{H_2O}$@60	in $\mathrm{H_2O}$@60	in $\mathrm{H_2O}$@68	Pa 或 $\mathrm{N/m^2}$	kPa	mba	
ρ_tp	$\mathrm{lb_m/ft^3}$	$\mathrm{lb_m/ft^3}$	$\mathrm{lb_m/ft^3}$	$\mathrm{lb_m/ft^3}$	$\mathrm{kg_m/m^3}$	$\mathrm{kg_m/m^3}$	$\mathrm{kg_m/m^3}$	
π	3.141593	3.141593	3.141593	3.141593	3.141593	3.141593	3.141593	
g_c	32.17405	32.17405	32.17405	32.17405	无	无	无	
g_c	无	1.000000	无	无	1.000000	1.000000	1.000000	
d	ft	ft	8.333333×10^{-2}	8.333333×10^{-2}	m	1.000000×10^3	1.000000×10^3	
$\mathrm{d}p$	psf	5.197192	5.197192	5.192977	Pa 或 $\mathrm{N/m^2}$	1.000000×10^3	1.000000×10^2	
ρ_tp	$\mathrm{lb_m/ft^3}$	$\mathrm{lb_m/ft^3}$	$\mathrm{lb_m/ft^3}$	$\mathrm{lb_m/ft^3}$	$\mathrm{kg_m/m^3}$	$\mathrm{kg_m/m^3}$	$\mathrm{kg_m/m^3}$	
N_1	6.30024945	1.4362892×10	$9.97423554 \times 10^{-2}$	$9.97019010 \times 10^{-2}$	—	—	—	$\mathrm{lb_m/s}$
N_1	2.26808980×10^4	5.17064371×10^4	3.59072480×10^2	3.58926844×10^2	—	—	—	$\mathrm{lb_m/h}$
N_1	—	—	—	—	1.11072073	$3.51240737 \times 10^{-5}$	$1.11072173 \times 10^{-5}$	$\mathrm{kg_m/s}$
N_1	—	—	—	—	3.99859464×10^3	$1.26446665 \times 10^{-1}$	$3.99859464 \times 10^{-2}$	$\mathrm{kg_m/h}$

续表

雷诺数方程　　$Re_D = [(4 \times q_m)/(\pi \times \mu \times D)]$，$Re_D = [(N_2 \times q_m)/(\mu \times D)]$，$Re_D = [(4 \times q_m)/(\pi \times \mu \times d)]$ 和 $Re_D = [(N_2 \times q_m)/(\pi \times \mu \times d)]$

	石油学会单位	美制单位	国际单位	公制单位				
q_m	lb_m/s	lb_m/s	kg_m/s	kg_m/s				
π	3.141593	3.141593	3.141593	3.141593				通用常数
μ	lb_m/s	cP	$kg_m/(m \times s)$	cP				SI 单位等于 $Pa \times s$
D	ft	in	m	mm				
d	ft	in	m	mm				
N_2	1.273240	2.273747×10^4	—	—				lb_m/s
N_2	3.536777×10^{-4}	6.315964	—	—				lb_m/h
N_2	—	—	1.273240	1.273240×10^6				kg_m/s
N_2	—	—	3.536777×10^{-4}	3.536777×10^2				kg_m/h

经验膨胀系数方程：如果 p_f 位于上游取压孔处，则 $x = [dp/(N3 \times p_f)]$。
如果 p_f 位于下游传感器取压孔处，则 $x = [dp/(N3 \times p_f)]$，或 $x = [dp/(N3 \times p_f) + dp]$。

	(1)石油学会单位	(2)美制单位	(3)美制单位	(4)美制单位	(5)国际单位	(6)公制单位	(7)公制单位	
dp	psf	psi	in $H_2O@60$	in $H_2O@68$	Pa	kPa	mbar	
	psf	psi	psi	psi	Pa	MPa	bar	MPa
N_3	1.000000	1.000000	2.770727×10	2.772976×10	1.000000	1.000000×10^3	1.000000×10^3	1.000000×10^{-2}

资料来源：根据 API MPMS 第 14.3 节第 1 部分"同心、直角边缘、法兰取压孔板流量计。"
IP 单位：dp，lb_f/ft^3；p，lb_f/ft^3；N_3，1.00000in 水柱高度@60℉/psi；27.72976in 水柱高度@60℉/psi

5.3 人工校准

为符合相似定律,人工校准法要求在流量计的整个寿命期内实验数据库与被安装的处于工作条件下的流量计几何相似和动力学相似。这种方法假设检定技术在机械尺寸检验和检定期间对工作条件下发生的变化或机械尺寸变化的灵敏度不大。

孔板流量计采用的这个检定概念主要依靠机械的精加工程度。这些尺寸标准是经验数据库组成的孔板流量计的尺寸数据。因此,API MPMS 第 14.3 节(A.G.A.第 3 号报告)大篇幅给出了孔板流量计机械公差和条件的体积要求。这种人工校准方法已经找出对几何尺寸变化的灵敏度,编写成大篇幅的技术规范,确保在标准的不确定度范围内应用这种检测技术的可靠性。

这种校准概念与实验准确度有关,在很大程度上依赖机械精加工程度,对机械精加工程度要求也很高。传统的同心、直角边缘孔板流量计采用 A.G.A 第 3 号报告中规定的机械公差以及经验流出系数和经验膨胀因子校准。

国际专家利用 API/GPA 和 EEC 孔板数据库的数据汇编成一套回归数据。这套数据由来自 11 个实验室的 10192 个点组成,利用了 4 种不同来源的流体,不同起点的 12 个测量管和 100 多个孔板,同时,它还包括管道雷诺数,取值范围从 100～35000000。这项工作成果是研制了同心、直角边缘、法兰取压孔板流量计的 Reader – Harris/Gallagher(RG)流出系数方程。

人工校准概念依赖经验流出系数和膨胀因子的组合,这两个系数是严格按照 A.G.A 第 3 号报告详细规定的机械公差取得的。设计两个经验方程的实验模式来修改受控状态下的相关参数。研究人员注意到某些基础变量的变化可能会影响到实验结果。这些变量被控制在一个固定的水平和量化数据标准上。

例如,所有测量管的圆度、直径、阶梯或缺口、管壁粗糙度等均被量化。所有 106 个孔板的同心度、平直度、直径、孔板表面粗糙度和孔板边缘的锐度等也被量化。

孔板夹持器由一组法兰组成。孔板夹持器的取压孔直径、取压孔位置、取压孔边缘和孔板夹持器的完整性等均被量化。

对于孔板流量计而言,如果流量计装置和实验数据库之间存在几何相似性和动力学相似性,那么,根据实验结果确定的经验流出系数就是有效的。

几何相似性要求实验流系统应是按现场设备尺寸成比例缩小的一个模型。实验模型设计找出敏感尺寸区域,检测并用经验值拟和。一个适宜的孔板流量计模型允许用户外推大尺寸测量管直径,并且不会增加任何不确定度。

动力学相似性的意思是经验性实验设备和现场实际设备之间的流体力学条件相符。对于孔板流量计而言,实验室中取得的流体速度剖面和湍流状况必须与现场设备安装条件下取得的数据相一致。

对于孔板流量计而言,惯性和黏度在本标准限制条件范围内很重要。因此,表示惯性与黏度之比的雷诺数、在所有孔板流量计的经验流出系数中的动力学相似有关。设计实验模式以找出比较敏感的雷诺数区间。一个适宜的孔板流量计模型允许用户外推雷诺数,而且不会增加任何不确定度。事实上,只要外形尺寸不变,雷诺数关系式为外推提供了一个合理的依据。例如,亚音速流动和声速流动之间的外力条件完全不同。

在所有检定方法(人工校准、关键设备检定或现场校准)中流量计装置使用人工校准法。

流量计装置由流量计(孔板、孔板夹持器)、带有高准确度节流器的上游管段和下游管段组成。流量计装置的外形尺寸上的任何变化都会对相似性(动力学相似和几何相似)产生负面影响。

5.4 不确定度来源

不确定度来源是指在估算与计量系统有关的不确定度之前必须识别出参数和灵敏度。图5.4~5.8列出了Savant计量公司给出的超声波流量计不确定度示意图。如图所示,给出了校准二级设备和三级设备用的流量计、校准方法、流体性质、认证装置以及相似性规定。

研究示意图时,设计人和用户都能够理解使用仪器和物理性质的影响,以及测试、检定、校准、认证和维护的频率,以便得到可接受的不确定度程度。

有几个研究人员对现场未受控变量(安装靠后的孔板、孔板上附着的油膜、孔板钝边及操作人员感兴趣的工作条件下的其他变量)的影响进行了实验。读者应参考更多资料,详细理解这些未受控变量,识别并且管理其计量装置中存在的风险。

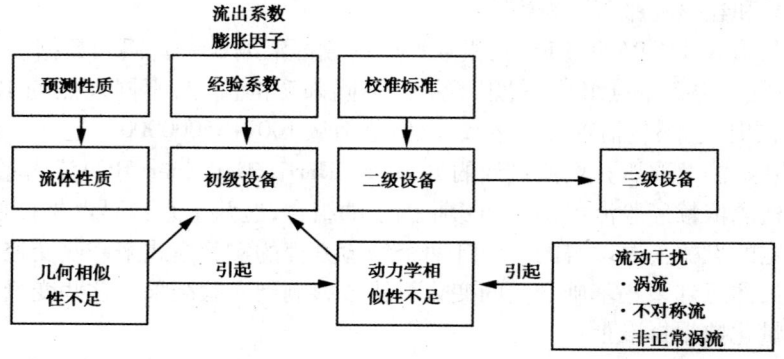

图5.4 孔板流量计不确定度来源示意图(据Savant计量公司,1999年)

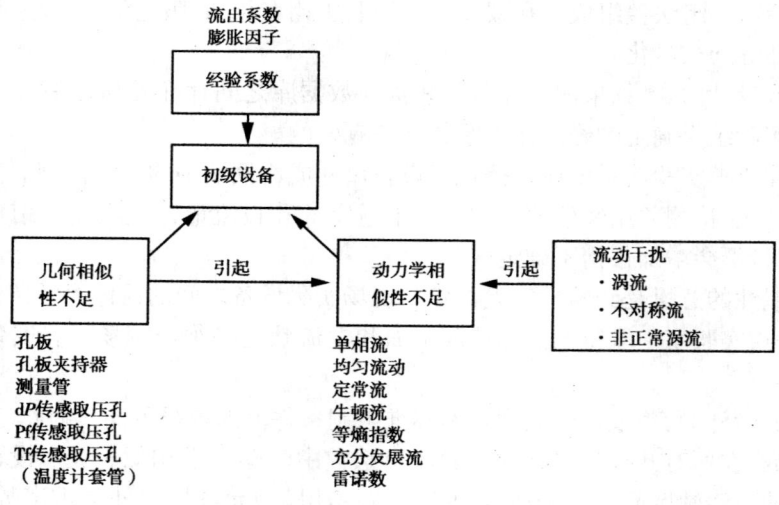

图5.5 人工校准方法不确定度来源示意图(据Savant计量公司,1999年)

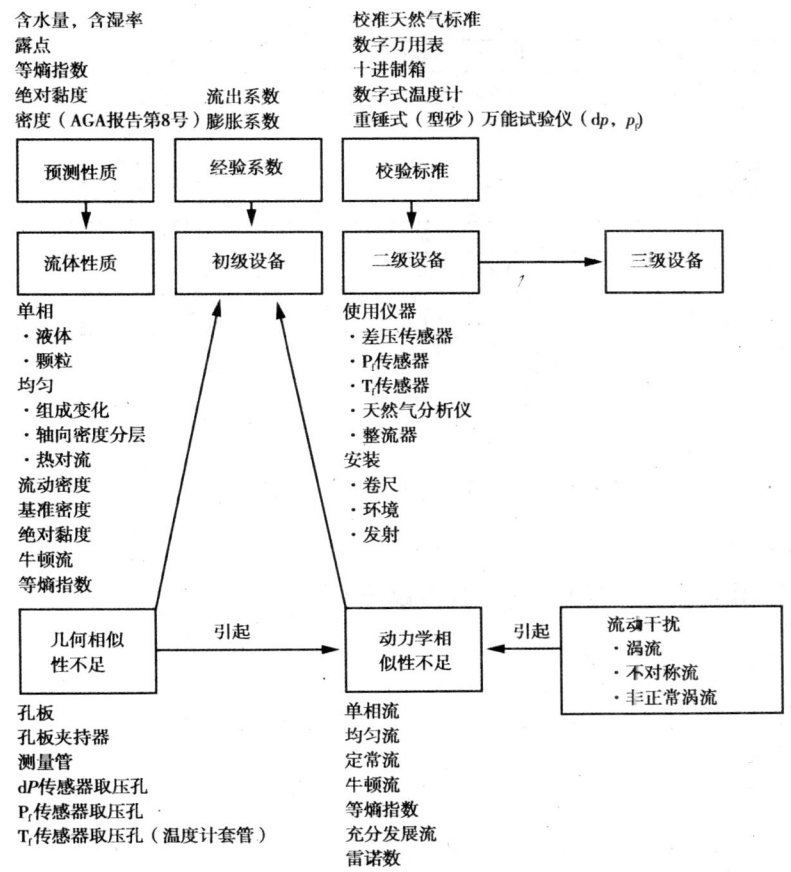

含水量，含湿率
露点
等熵指数
绝对黏度
密度（AGA报告第8号）

流出系数
膨胀系数

校准天然气标准
数字万用表
十进制箱
数字式温度计
重锤式（型砂）万能试验仪（dp, p_f）

预测性质 → 流体性质
经验系数 → 初级设备
校验标准 → 二级设备 → 三级设备

单相
·液体
·颗粒
均匀
·组成变化
·轴向密度分层
·热对流
流动密度
基准密度
绝对黏度
牛顿流
等熵指数

使用仪器
·差压传感器
·P_f传感器
·T_f传感器
·天然气分析仪
·整流器
安装
·卷尺
·环境
·发射

几何相似性不足 —引起→ 动力学相似性不足 ←引起— 流动干扰
·涡流
·不对称流
·非正常涡流

孔板
孔板夹持器
测量管
dP传感器取压孔
P_f传感器取压孔
T_f传感器取压孔（温度计套管）

单相流
均匀流
定常流
牛顿流
等熵指数
充分发展流
雷诺数

注意：列出的流体及其预测性质专用于天然气行业

图 5.6　孔板流量计不确定度来源详图（据 Savant 计量公司，1999 年）

孔板
开孔直径
·不正常直径
·非圆形
同心开孔
·偏心开孔
边缘锐度
·缺口、毛口、钝边
孔板表面粗糙度
·板面有固结物
·腐蚀
孔板平直度
·孔板弯曲
·高差压截面
错误开孔厚度
孔板厚度
·不正确厚度
·缺乏必须的斜面
斜角
·超出规格
回流衬板

孔板夹持器
与流动方向不垂直
与测量管轴不同心
·偏心安装
凹凸不平
·衬垫凸出
·衬垫凹下
·密封圈凸出
·密封圈凹进
组件整体组装状况不好
·取压孔连成一体性差
·密封圈泄漏

传感取压孔
取压孔直径有误
取压孔位置有误
取压孔边缘质量差
传感器线路完整性
·发射
·仪器阀门泄漏

传感取压孔
上游位置不当
下游位置不当
·发射
·仪表阀门泄漏

绝缘节流器
安装不当
·与流向不垂直
·轴线位置不当

测量管
管径
·不正确管径
·非圆形
·液体沉淀
·颗粒沉淀
表面粗糙度
·腐蚀
·液体沉淀
·颗粒沉淀

传感器
上游位置不当
下游位置不当
凸出深度不当
·干扰液流
·传导性不正常

图 5.7　几何相似性不足特征（据 Savant 计量公司，1999 年）

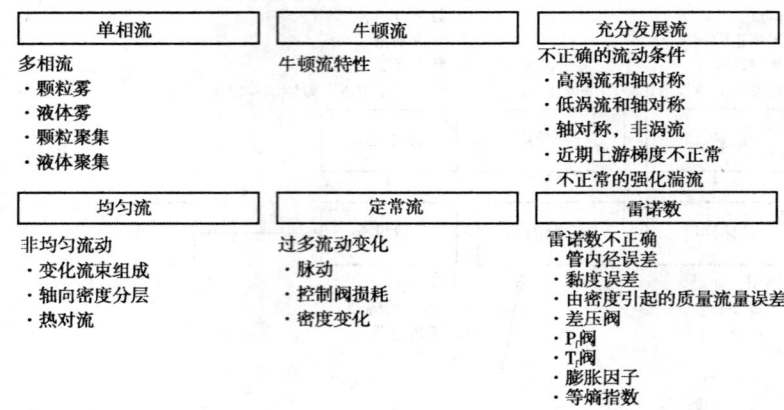

图 5.8 动力学相似性不足特征(据 Savant 计量公司,1999 年)

5.5 误差来源

现场条件下,孔板流量计对下列未受控参数的灵敏度很高:

(1)孔板。

边缘锐度。

表面粗糙度。

划痕与凹槽。

厚度与斜面角。

安装靠后。

孔板弯曲或卷曲。

表面有液膜附着。

表面有油脂附着。

偏心度。

(2)流量计测量管。

表面有液膜附着。

管壁粗糙度。

存在涡流。

存在无涡流、不对称的速度剖面。

表 5.2 列出了设备中估算的不符合 API MPMS 第 14.3 节第 2 部分(A.G.A. 第 3 号报告)要求的许多误差。

表 5.2 孔板流量计的误差

标准规范	q_m, q_{vb} 误差率(%)
孔板	
边缘锐度 API MPMS C14.3 要求"尖" ISO 5167 P2 $r_{edge} \leq 0.00048 d_r$ 限制范围	$e(\%) = f(\beta, r_{edge}/D)$

续表

	标准规范	q_m, q_{vb} 误差率(%)
表面粗糙度	API MPMS C14.3 要求 $R_a \leq 50 \mu in$	同心凹槽最高达 +0.70%, $e(\%) \sim f(\beta, D)$ 无辐射凹纹效果
划痕与凹槽	API MPMS C14.3 要求"无划痕与凹槽"	-0.6% to +1.0%
厚度与斜面角	参见 API MPMS C14.3	-0.4% tc +3.7%, $e(\%) \sim f(\beta, E, Re_D)$
安装靠后	参见 API MPMS C14.3	0% to -20%, $e(\%) \sim f(e/E, E/D, \beta)$
孔板弯曲或卷曲	API MPMS C14.3 不允许孔板弯曲或卷曲	Up to -1.5%
表面有液膜附着	API MPMS C14.3 不允许两相	在 1.0%, $e(\%) \sim f(Re_D, \beta)$ 之间
表面有油脂附着	API MPMS C14.3 不允许阀门油脂附着在流量计上:孔板、量管内件和管段上	全垄层孔板最高达 -13%
偏心率	参见 API MPMS C14.3	如果在 A.G.A. 范围内则低于 0.1%
流量计测量管		
表面有液膜附着	参见 API MPMS C14.3	达到 1.0%, $e(\%) \sim f(Re_D, \beta)$
管壁粗糙	参见 API MPMS C14.3	参见 API 国际 WG 14.3 报告
出现涡流	参见 API MPMS C14.3	参见 API 国际 WG 14.3 报告
出现不对称流	参见 API MPMS C14.3	参见 API 国际 WG 14.3 报告

5.6 风险管理

关于财政计费计量装置,风险管理比较简单,并且有高级管理层支持。对于高风险计费计量装置(商品价格乘以产量),通过分摊较高的投资及作业费用来管理风险,并将风险控制在一个可以接受的程度上。检验、测试及检定的次数至少每月一次,或者按全面质量管理系统进行控制。为了管理与控制财务风险(计量不准、诉讼与仲裁),财政计费计量装置的设计与维护应高于最低工业标准。对于低风险计费计量装置(商品价格乘以产量),也是通过分摊较低的投资及作业费用来管理风险,并将风险控制在一个可以接受的程度上。为了管理与控制财务风险(计量不准、诉讼与仲裁),这种计量装置的设计与维护应达到最低工业标准。

5.6.1 初级设备校准

采用人工校准方法校准孔板流量计。要求符合 API MPMS 第 14.3 节第 2 部分"规格与安装要求"规定的机械公差和尺寸公差条件。

为确保满足这些要求,生产商在完成静水压力测试后还要反复进行下列测试:

(1)差压(dp)取压孔传递。

(2)密封圈完整性。

(3)缺少偏心率。

(4)测量管尺寸测量。

这些测试细节应符合用户要求的技术条件并高于本书要求。

测试结果和文档资料是孔板流量计(校准文档)审计追踪的一部分,应在该设备的整个寿命期内保存。
5.6.1.1 差压（dp）取压孔传递测试
对于单环室或双环室孔板元件,因其单环室体或双环室体的铸造或机械加工缘故,产生了高低差压,差压取压孔传递测试须保证在高低差压取压孔之间不能进行压力传递。
5.6.1.2 密封圈测试
密封圈测试须保证无任何流体绕过密封圈和夹持器（单环室或双环室孔板配件）,还应保证满足与密封圈有关的间隙和凸出公差的要求。
5.6.1.3 偏心率测试
偏心率测试须保证孔板、密封圈和夹持器（单环室或双环室孔板配件）符合标准偏心率公差,与这些配件机械造型无关。
5.6.1.4 测量管尺寸测量
测量管尺寸测量须保证其满足标准规格和公差要求（适当的直径、圆度）、表面粗糙度、垂直长度、孔板夹持器对管轴的同心率、温度计套管位置等）。必须按照事先确定的时间间隔反复检查,以符合相似定律。
5.6.2 测试、检定、校准和维护时间间隔
为降低财务风险,一级设备（孔板元件、孔板和测量管）、二级设备和三级设备的测试、检定、校准、认证和维护须由仪器操作者按照 API MPMS 第 21.1 节"天然气电子测量"要求管理。
5.6.2.1 孔板和密封圈
为保证满足人工校准技术要求,对孔板和密封圈的下列参数必须定期进行现场检验和检定：
(1)孔板开孔直径（适当的直径和圆度）。
(2)孔板开孔直径与外板直径的同轴度。
(3)边缘锐度：无缺口、毛口或钝边。
(4)孔板表面粗糙度：无沉淀或腐蚀。
(5)孔板的平直度：孔板无弯曲。
(6)孔板开孔厚度。
(7)斜面角（如果需要）和长度。
(8)正向板：非反向板。
(9)与密封圈有关的凸起和间隙。
(10)密封圈的整体性（切口、膨胀等）。
测试结果和文档资料是孔板流量计（校准文档）审计追踪的一部分,应在该设备的整个寿命期内保存。
5.6.2.2 流量计组装时的目视检验
为了保证符合相似性（几何相似和动力学相似）规定,应在预定时间间隔内对流量计进行目视检验。这项检验应对管线粗糙度、孔板上附着的液体、油脂和颗粒、密封圈、差压传感取压孔位置、双环室配件和管壁做出评价。应对高准确度节流器（HPFC）、孔板密封圈、孔板损伤、垫圈等安装情况做出评价。
5.6.2.3 其他初级设备测试
为保证满足人工校准技术要求,应对取压孔传递、密封圈泄漏、偏心率和测量管尺寸在预

定时间间隔内进行现场检验和检定。此外,在仪器操作条件下必须保证是定常流,即是清洁、单相、呈均匀分散状态的牛顿流。

5.6.2.4 二级设备

二级设备的测试、检定、校准、认证和维护次数最低应按 API MPMS 第 21.1 节标准规定的时间间隔要求进行。对于高财务风险设施,通常比按 API 管理财务风险并将其降至业务可接受的程度需要进行的检测次数还多。

5.6.2.5 三级设备

三级设备的测试、检定、校准、认证和维护次数最低应按 API MPMS 第 21.1 节标准规定的时间间隔要求进行。

6 超声波流量计

初级设备选型可能是设计决策中最重要的内容。用作财政计量工具时,超声波流量计的选型受到现行标准(工业准则)、工艺测量标准、投资和操作费用的影响。

超声波流量计问世于 20 世纪 60 年代。当初,人们为了测量潜水艇发射水下导弹研制了超声波流量计。在两种常用的超声波流量计(传播时间法、多普勒法)中,应用传播时间法超声波流量计计量天然气流量的效果更好。

6.1 基本原理

一个超声波流量计(流量计机身、换能器和电子器件)就是一个初级设备。对于财政计费用仪器,超声波流量计是利用声波传递时间技术设计的。传递时间取决于被测流体沿声道传播时的声速(SOS_{tp})、沿声道传播时的平均速度(V_i)、流束的流动剖面和湍流结构。测得的声音沿声道传播速度的可靠性取决于声道长度、声道结构和辐射位置、传播的声音脉冲形式、电子计时收集器性能和折算还原平均声道传播速度参数的计算。

声波换能器可以用外贴式安装,也可用非外贴式安装(见图 6.1)。外贴式安装即把换能器通过孔洞置入通道安全防护结构上,这样,声波换能器不会通过防护结构传播声音脉冲。声波换能器有时也称为湿式换能器。非外贴式安装的换能器可通过通道的全部或部分防护结构传播声音脉冲。以这种方式安装的换能器叫做非湿式换能器。

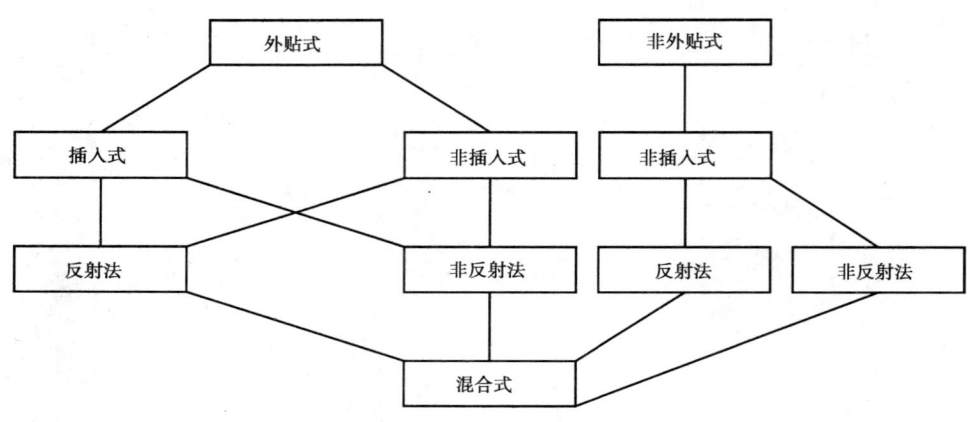

图 6.1 超声波流量计分类

外贴式安装方式又可进一步分成插入式和非插入式两种方式。插入式与换能器机体的一部分或全部插入流动介质中有关。非插入式规定安装换能器时不能将其插入流动介质中。

声道的设置方式可以是反射式、非反射式和混合式。反射式声道是按几何方式设置的,当声波遇到通道内的防护结构或安装在通道内的反射体时会被一次或多次反射回来。非反射式声道是按几何方式设置、当声波遇到通道内防护结构或安装在声道内的反射体时不发生反射的一种声道。混合式声道使用的是将反射声道和非反射声道或插入式和非插入式结构相结合的声道结构。

通道内声道的数量和设置在工业设计和科学设计中有所不同。

不带高效流量调节器(±2.00%)的超声波流量计属于能量附加型的间接流量计。而带有高效流量调节器(±0.25%)的超声波流量计则属于能量消耗型的间接流量计。

在超声波流量计操作条件下,被测流体应是稳定介质流(无压力脉动、单相稳定介质流),为便于应用,一般认为被测流体应是清洁(无微粒和粗糙颗粒)、单相(非混合相液体)、均匀流动的牛顿流。

在有需要的情况下,应安装段塞流捕集器、分离器、过滤器和天然气洗涤器,以减少固体颗粒和液体凝析现象的出现。含有大量液体或固体物质的天然气不符合计量标准。甚至含有少量固体或液体物质也会增加计量结果的不确定度。固体颗粒可能磨损仪器中易损部位,如外贴插入式超声波换能器探针。对于外贴非插入式超声波换能器探针,固体颗粒可聚集在某个(些)凹陷部位,使流量计计量结果不准确以及功能紊乱。

通过超声波流量计的气流流速应是亚音速、充分发展或未充分发展流的速度剖面和优化涡流结构。

目前,带有高效流量调节器的多声道超声波流量计(图6.2)已被天然气及其下游密相流体计量行业广泛采用。

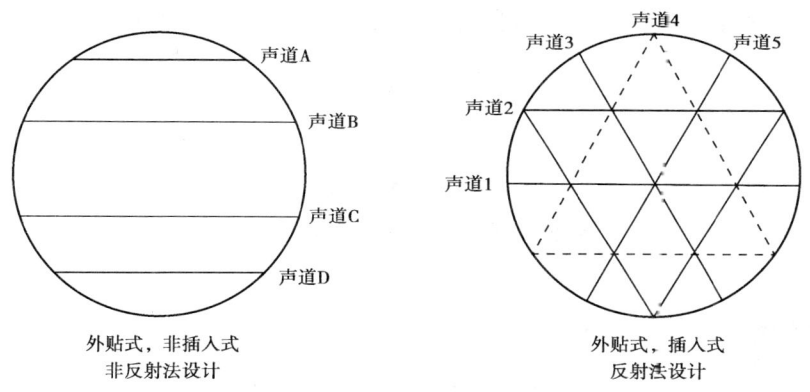

图6.2 多声道超声波流量计

对于天然气集输系统,过多颗粒、管线生锈和反凝析都会对超声波流量计的性能造成负面影响。

在超声波质量流速方程中,流动密度(ρ_{tp})不是平方根函数。因此,与孔板流量计、文丘里流量计或亚音速喷嘴流量计相比,超声波流量计对质量流速误差的灵敏度增加了一倍。因为质量流速误差取决于被测流体的组成、p_f 和 T_f 的测定结果。

超声波流量计的初级设备由下列组件组成:

(1)智能型流量计机身(角度、声道长度和内径)。

(2)可以发射和接收超声波的超声波换能器。

(3)先进的电子技术和软件。

(4)流量计机身由相邻的带有高效流量调节器的上游管段和下游管段组成。

超声波流量计可采用关键设备和现场校准两种方法中的任意一种或两种方法兼用进行定期核准。动态流量计核准要求而且应该在操作流量范围之上或者对相似组成和压力的流体进行核准,必要的话,这种流体的压力大概与在线流体相同。

与超声波流量计应用有关的二级设备如下:

(1)静压(p_f)变送器。
(2)流体温度(T_f)变送器。
(3)用户选择的流动密度确定技术(A.G.A报告No.8,在线比重计)。
(4)用户选择的基准密度确定技术(A.G.A报告No.8,GPA 2172)。
(5)用于保证计量数量和质量(湿度计、在线气相色谱仪[GC],取样系统,双阻塞阀和排泄阀[DB&B]等)辅助设备。

三级设备是电子流量计算器(流程计算器,主机)。它从初级设备和二级设备接收信息,采用事先编好的程序指令计算通过初级设备时的输送气体量。

6.2 质量流速方程

对于单声道或多声道超声波流量计,其质量流速(q_m)可以用下列方程求取:

$$q_m = q_{av} \times \rho_{tp}$$

$$q_{av} = MF \times A_m \times \sum_{i}^{n} \times W_i \times V_i$$

为准确起见,流量计机身内径(D_r)被流动压力(p_f)和温度(T_f)补偿。

$$A_m = \pi \times (D^2)/4$$

式中:

$$D = D_r \times CTS \times CPS$$

$$CTS = [1 + \alpha_m \times (T_f - T_r)]$$

$$CPS = 1 + \{1/3 \times [(p_f - p_{atm}) \times D_r]/[E_m \times wt]\}$$

联立并重新整理,

$$A_m = (\pi/4) \times (D_r \times CTS \times CPS)^2$$

此平均值说明超声波流量计速度是仪表因子的相关参数,与仪表因子线性相关,可用下列方程求取:

$$V_{av} = \sum_{i}^{n} \times W_i \times V_i$$

假定流体流动的声音沿着每个声道的传播速度(SOS)不变(一种均匀流动的流体或流体密度不变),则声音传播时间(t_u, t_d)、超声波在声道中的传播速度(V_i)和流体声速(SOS_i)方程为:

$$t_u = (L_i)/[SOS_i - V_i \times \cos\theta]$$

$$t_d = (L_i)/[SOS_i + V_i \times \cos\theta]$$

$$V_i = [(t_u - t_d)/(t_u \times t_d)] \times \{L_i/[2 \times \cos\theta]\}$$

$$SOS_i = [(t_u + t_d)/(t_u \times t_d)] \times (L_i/2)$$

现在,对于超声波流量计,声道长度(L_i)的相关关系如下:

$$L_i = f(D, \theta, 和换能器夹套深度,如果需要)$$

式中 q_m——质量流速;
　　q_{av}——实际操作条件下的体积流量;
　　ρ_{tp}——流动条件下的流体密度;
　　V_{av}——流量计测出的平均管道速度;
　　MF——超声波流量计因数;
　　A_m——流量计机身的横截面面积;
　　i——声道;
　　n——声道数;
　　W_i——单个声道的加权因子;
　　V_i——测得的各声道的平均速度;
　　π——圆周率常数,3.141593;
　　D——在 p_f 和 T_f 条件下的流量计机身内径;
　　D_r——在 T_r 和 p_{atm} 条件下的流量计机身内径;
　　CTS——流量计机身的温度修正;
　　CPS——流量计机身的压力修正;
　　T_f——流动温度;
　　T_r——基准温度;
　　α_m——流量计机身线热膨胀因子;
　　p_f——流动压力;
　　p_{atm}——大气压力;
　　E_m——流量计机身弹性模量;
　　wt——流量计机身外壁厚度;
　　t_u——上游传播时间;
　　t_d——下游传播时间;
　　L_I——声道长度;
　　SOS_i——流体在声道中流动的声速;
　　θ——换能器角度。

6.3 关键设备校准

为符合相似论规定,关键设备概念要求在整个密闭输送期内,实验室条件(流量计安装)与该流量计的实际安装条件几何相似和动力学相似。整个密闭输送期是指流量计校准与再次校准之间的时间间隔。这种校准方法假设所用校准技术在两次检定期间对操作或机械变化的灵敏度不大。这个概念已被超声波流量计所采纳。

如果在整个密闭输送期内被校准流量计在实验室条件下存在着动力学相似和几何相似,那么,校准时确定的仪表因子就是有效的。几何相似要求在现场操作条件下校准流量计尺寸。即使有大量的机械公差和流量计条件规格,流量计设计也未按几何尺寸比例进行,只要被校准流量计尺寸没有发生机械变化,就不用进行第二次校准。

动力学相似的意思是计量系统的流体力学性质相符。对于间接式流量计,校准时的速度剖面和湍流水平必须与整个密闭输送期内的速度剖面和湍流水平相一致。对于超声波流量计,平均流量计速度在限制条件范围内是非常重要的。

对于外贴探针设计,影响量就是流量计内径(或线尺寸)。既然超声波换能器的内径与线尺寸无关,由于阻塞效应(插入式探针)或循环区效应(非插入式探针)的缘故,设计上存在着几何不相似。

生产商的实验模型中有几个敏感区域需要找出来,进行测量和经验调整。一个合理的流量计设计应允许用户根据下列参数之一建立起与仪表性能的相关关系:雷诺数、斯德鲁哈尔数或流量计配管速度。只要物理学条件不变,生产商推荐的关联方法就有合理的关联依据。例如,亚音速和声速流动之间或者随着关键设备检定条件不同而导致的气体密度或黏度有很大不同的时候,物理学条件亦不相同。

6.4 现场校准

现场校准法采用了初级校准、二级校准和联合校准(初级和二级校准相结合)三个系统中的任一系统。校准系统可以用固定式也可以用便携式方法。

为满足相似性规定,现场校准概念要求在整个密闭输送期内实验室条件(流量计安装)与该流量计的实际安装条件几何相似和动力学相似。被校准仪器就是已安装好的流量计。整个密闭输送期是指被校准流量计第一次校准与再次校准之间的时间间隔。这种校准方法假设所用校准技术在两次校准期间对操作或机械变化的灵敏度不大。这个概念已被具有较高财政计费风险的超声波流量计所采纳。

如果在整个密闭输送期内被校准流量计在实验室条件下存在着动力学相似和几何相似,那么,校准时确定的仪表因子就是有效的。几何相似要求在现场操作条件下校准被校准流量计尺寸。而且,只要被校准流量计尺寸未发生机械变化,就不用进行第二次校准。

动力学相似的意思是计量系统的流体力学性质相符。对于间接式流量计,校准时的速度剖面和湍流水平必须与整个密闭输送期内的速度剖面和湍流水平相一致。对于超声波流量计,平均流量计速度在限制条件范围内是非常重要的。

对于外贴探针设计,影响量就是流量计内径(或线尺寸)。既然超声波换能器的内径与线尺寸无关,由于阻塞效应(插入式探针)或循环区效应(非插入式探针)的缘故,设计上存在着几何不相似。

生产商的实验模型中有几个敏感区域需要找出来,进行测量和经验调整。一个合理的流量计设计应允许用户根据下列参数之一建立起与仪表性能的相关关系:雷诺数、斯德鲁哈尔数或流量计配管速度。只要物理学条件不变,生产商推荐的关联方法就有合理的关联依据。例如,亚音速和音速流动之间或者随关键设备校准条件不同而导致的气体密度或黏度有很大不同的时候,物理学条件亦不相同。

6.5 不确定度来源

不确定度来源是指估算与一个测量系统有关的不确定度之前必须弄清参数及其灵敏度。图6.3~6.8列出了Savant计量公司给出的超声波流量计不确定度分析情况。

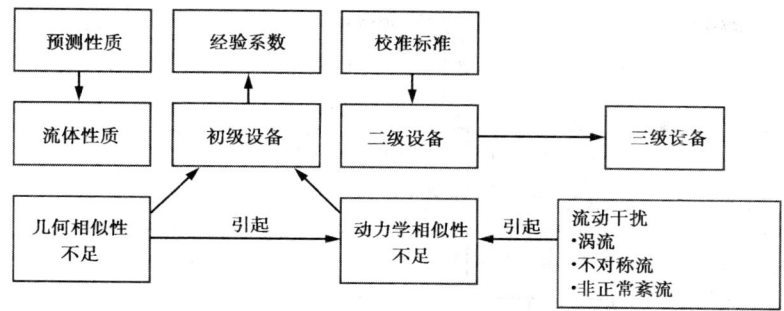

图 6.3 超声波流量计不确定度来源示意图(据 Savant 计量公司,1999 年)

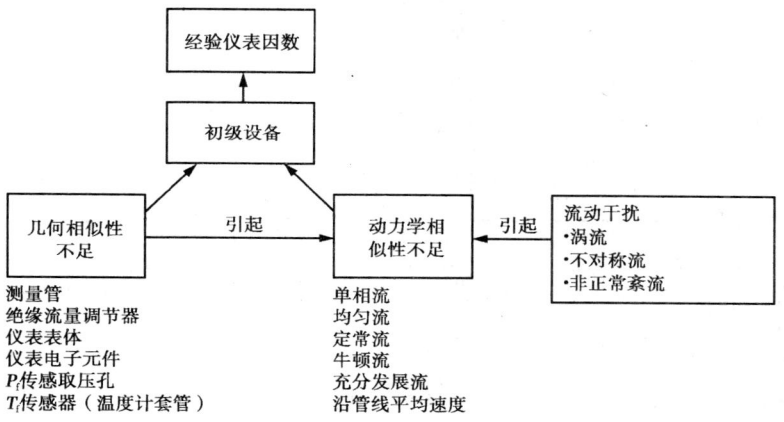

图 6.4 关键设备校准方法的不确定度来源示意图(据 Savant 计量公司,1999 年)

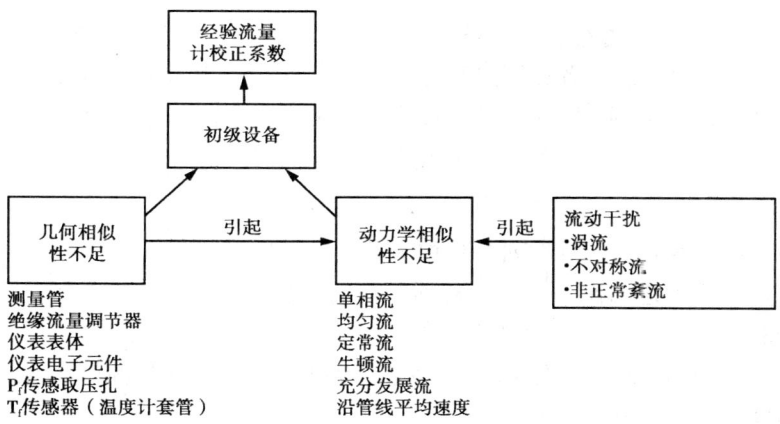

图 6.5 现场校准方法的不确定度来源示意图(据 Savant 计量公司,1999 年)

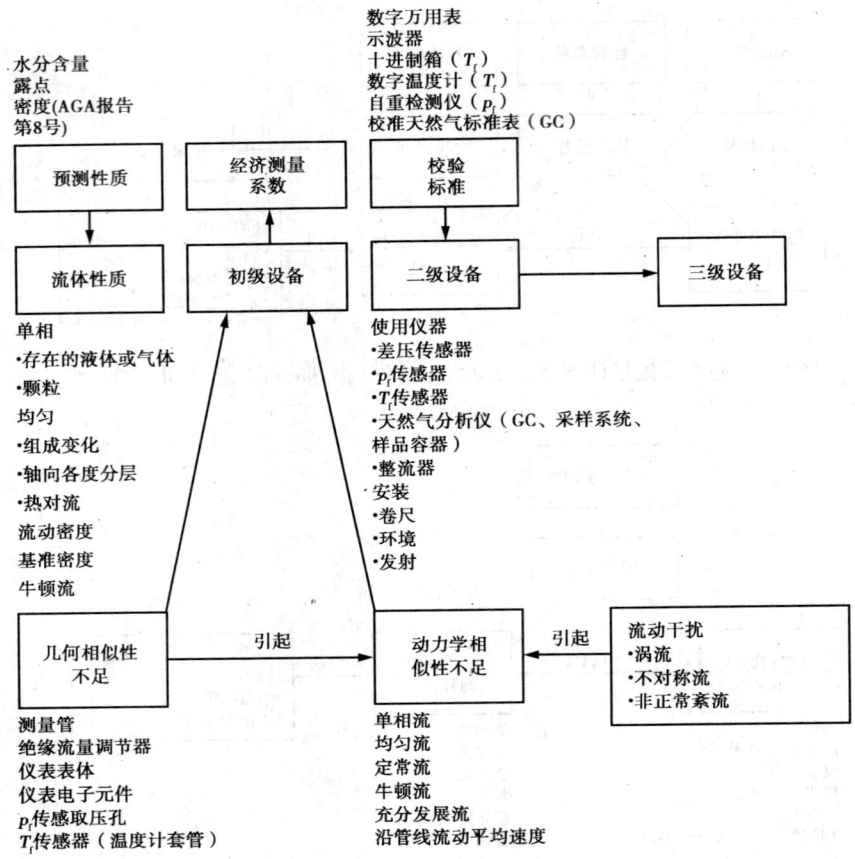

图 6.6 超声波流量计不确定度来源详图(据 Savant 计量公司,1999 年)

图中给出了校准二级设备和三级设备用的流量计、校准方法、流体性质、认证装置以及相似性规定。研究示意图时,设计者和用户都能够理解使用仪器和物理性质的影响,以及测试、检定、校准、认证和维护的频率,以便得到可接受的不确定度程度。读者应参考更多资料,详细理解这些未受控变量,识别并且管理其计量装置中存在的风险。

6.6 误差来源

现场条件下,超声波流量计对下列未受控参数的灵敏度很高:
(1)假设穿过每个声道的流体均是一种均匀流动的流体。
(2)两次校验之间速度剖面和湍流相似。
(3)流量计内表面(换能器和机身)上的锈蚀、脂和液体的增多或减少。
(4)声道角度。
(5)计时测量。

仪表表体	仪表电子器件	绝缘流量调节器
开孔直径	超声波探针	安装不当
·不正确直径	·液体附着	·与流动方向不垂直
·非圆形	·颗粒粘结	·轴向位置不正确
·液体附着	·压力效应	
·颗粒粘结	·温度效应	**测量管**
·压力效应	·RFI效应	管线公差
·温度效应	·电子器件老化	·不正确管径
声道	·换能器延迟时间	·非圆形
·声道长度误差	·化学适配性	·液体沉淀
·声道角度误差	时钟	·颗粒沉淀
·压力效应	·准确性	表面粗糙度
·温度效应	·稳定性	·腐蚀
表面粗糙度	·温度效应	·液体沉淀
·板面固结物	·湿度	·颗粒沉淀
·腐蚀	·RFI效应	
装配整体性	·电子器件老化	**T_f传感器**
·换能器室泄漏	CPU	位置不当
凹凸不平	·准确性	·上游
·衬垫凸出	·稳定性	·下游
·衬垫凹进	·温度效应	凸出深度不当
·有连接管线的阶梯	·湿度	·干扰液流
·有连接管线的凹槽	·EMF效应	·传导性不正常
流动方向不垂直	·电子器件老化	
与管线轴向同心	电缆	**p_f传感取压孔**
·偏心安装	·整体性能（UV老化等）	位置不当
	·温度效应	·上游
	·湿度	·下游
	·RFI效应	传感器线路完整
	·电子器件老化	·发射
	寄生超声波噪声	·仪器阀门泄漏
	·控制阀	
	·其他机械装置	
	·外部声音穿透	

图 6.7　几何相似性不足特征（据 Savant 计量公司,1999 年）

单相流	牛顿流	充分发展流
多相流	牛顿流特性	不正确的流动条件
·颗粒雾		·高涡流和轴对流
·液体雾		·低涡流和轴对流
·颗粒聚集		·轴对称，非涡流
·液体聚集		·不正常的强化紊流
均匀流	**定常流**	**沿管线平均速度**
非均匀流动	过多流动变化	仪表表体
·变化流速组成	·脉动	仪表电子器件
·轴向密度分层	·控制阀滑脱	
·热对流	·密度变化	

图 6.8　动力学相似性不足特征（据 Savant 计量公司,1999 年）

6.6.1 均匀流体

适用于超声波流量计的一种假设：穿过每个声道的流体均是一种均匀流体（其密度或在声道中传输的声速不变）。如果这种假设不成立，那么，该流量计可能存在1%以上的误差。

SOS_i代表被测流体（和管道内膜）在声道中传输的平均速度（SOS_i的平均值），由下列方程可以求得：

$$SOS_i = [(t_u + t_d)/(t_u \times t_d)] \times (L/2)]$$

现场条件下，如果各声道之间的SOS_i差大于±0.25%，那么，要么电子器件或软件存在误差，要么被测流体不是均匀流体。速度小于5ft/s（1.5m/s）时，由于存在热梯度的缘故，存在非均匀流体。

6.6.2 速度剖面和湍流

适用于超声波流量计的一种假设：在整个密闭输送期内校准超声波流量计得到的速度剖面（涡流，不对称流）没有任何差别。实际上，存在着差别，误差率取决于超声波流量计补偿这些微小变化的情况，不会引起较大误差率（低于2.0%）。

带有高效流量调节器（HPFC）的多声道超声波流量计可以补偿这些微小变化，不会引起较大误差。Savant计量公司（Measurement Corporation）的专项研究结果表明这些误差低于实验室校准不确定度的±0.25%。

6.6.3 内膜的形成与分解

对于一种已知的管道内膜的形成或分解的灵敏度是是流量计内径（ID）和声道长度（L_i）的函数。超声波流量计计量时对管道内膜形成或分解引起的计量误差采用积分技术处理。

现在，我们来看管道内膜形成和分解的灵敏度计算公式。表6.1包含了直径2～16in（50～400mm）、锈蚀增加和减少为0.005in、0.025in和0.050in（0.125mm、0.635mm和1.270mm）的计算情况。分析结果清楚表明有两个影响因素：内径（或流量计机身的面积）和声道长度。

表6.1 内膜形成和分解引起误差的灵敏度分析

ID(in)	A_m(in²)	锈蚀公差 0.005 in			锈蚀公差 0.025 in			锈蚀公差 0.050 in		
		A_m误差(%)	L_i误差(%)	总误差(%)	A_m误差(%)	L_i误差(%)	总误差(%)	A_m误差(%)	L_i误差(%)	总误差(%)
2.067	3.3556									
	锈蚀增加	0.48	0.24	0.73	2.40	1.21	3.61	4.78	2.42	7.20
	锈蚀减少	(0.48)	(0.24)	(0.73)	(2.43)	(1.21)	(3.64)	(4.90)	(2.42)	(7.32)
3.068	7.3927									
	锈蚀增加	0.33	0.16	0.49	1.62	0.81	2.44	3.23	1.63	4.86
	锈蚀减少	(0.33)	(0.16)	(0.49)	(1.64)	(0.81)	(2.45)	(3.29)	(1.63)	(4.92)
4.026	12.7303									
	锈蚀增加	0.25	0.12	0.37	1.24	0.62	1.86	2.47	1.24	3.71
	锈蚀减少	(0.25)	(0.12)	(0.37)	(1.25)	(0.62)	(1.87)	(2.50)	(1.24)	(3.74)

续表

ID(in)	A_m(in²)	锈蚀公差 0.005 in			锈蚀公差 0.025 in			锈蚀公差 0.050 in		
		A_m误差(%)	L_i误差(%)	总误差(%)	A_m误差(%)	L_i误差(%)	总误差(%)	A_m误差(%)	L_i误差(%)	总误差(%)
6.065	28.8903									
锈蚀增加		0.16	0.08	0.25	0.82	0.41	1.23	1.64	0.82	2.47
锈蚀减少		(0.16)	(0.08)	(0.25)	(0.83)	(0.41)	(1.24)	(1.66)	(0.82)	(2.48)
7.981	50.0270									
锈蚀增加		0.13	0.06	0.19	0.63	0.31	0.94	1.25	0.63	1.88
锈蚀减少		(0.13)	(0.06)	(0.19)	(0.63)	(0.31)	(0.94)	(1.26)	(0.63)	(1.88)
10.020	78.8543									
锈蚀增加		0.10	0.05	0.15	0.50	0.25	0.75	1.00	0.50	1.49
锈蚀减少		(0.10)	(0.05)	(0.15)	(0.50)	(0.25)	(0.75)	(1.00)	(0.50)	(1.50)
11.938	111.9317									
锈蚀增加		0.08	0.04	0.13	0.42	0.21	0.63	0.84	0.42	1.25
锈蚀减少		(0.08)	(0.04)	(0.13)	(0.42)	(0.21)	(0.63)	(0.84)	(0.42)	(1.26)
13.124	135.2765									
锈蚀增加		0.08	0.04	0.11	0.38	0.19	0.57	0.76	0.38	1.14
锈蚀减少		(0.08)	(0.04)	(0.11)	(0.38)	(0.19)	(0.57)	(0.76)	(0.38)	(1.14)
15.000	176.7146									
锈蚀增加		0.07	0.03	1.10	0.33	0.17	0.50	0.67	0.33	1.00
锈蚀减少		(0.07)	(0.03)	(0.10)	(0.33)	(0.17)	(0.50)	(0.67)	(0.33)	(1.00)

对于一个 4in(100mm) 的超声波流量计来说,灵敏度分析表明锈蚀增加和减少为 0.005in、0.025in 和 0.050in 时,总误差(在机身内部和换能器截面上锈蚀增厚)分别是 0.37%、1.87% 和 3.74%。

对于一个 12in(300mm) 的超声波流量计来说,灵敏度分析表明锈蚀增加和减少为 0.005in、0.025in 和 0.050in 时,总误差(在机身内部和换能器截面上锈蚀增厚)分别是 0.13%、0.63% 和 1.26%。

对于一个 16in(400mm) 的超声波流量计来说,灵敏度分析表明锈蚀增加和减少为 0.005in、0.025in 和 0.050in 时,总误差(在机身内部和换能器截面上锈蚀增厚)分别是 0.10%、0.50% 和 1.00%。

6.6.4 声道角度

依据声道角度和流量计的内径可以确定声道长度。作为积分过程的一部分,假设软件程序中给出的声道角是正确的。现在我们来看超声波流量计声道角为 45° 和 60° 时的计算结果,见表 6.2。

表 6.2 声道角(θ)误差

角度(°)	1/(cosθ)	误差(%)	角度(°)	1/(cosθ)	误差(%)
45.40	1.4242	(0.70)	60.40	2.0245	(1.21)
45.35	1.4229	(0.61)	60.35	2.0214	(1.06)
45.30	1.4217	(0.52)	60.30	2.0183	(0.91)
45.25	1.4204	(0.44)	60.25	2.0152	(0.76)
45.20	1.4192	(0.35)	60.20	2.0122	(0.61)
45.15	1.4179	(0.26)	60.15	2.0091	(0.45)
45.10	1.4167	(0.17)	60.10	2.0061	(0.30)
45.05	1.4154	(0.09)	60.05	2.0030	(0.15)
45.00	1.4142	0.00	60.00	2.0000	0.00
44.95	1.4130	0.09	59.95	1.9970	0.15
44.90	1.4118	0.17	59.90	1.9940	0.30
44.85	1.4105	0.26	59.85	1.9910	0.45
44.80	1.4093	0.35	59.80	1.9880	0.60
44.75	1.4081	0.44	59.75	1.9850	0.75
44.70	1.4069	0.52	59.70	1.9821	0.91
44.65	1.4057	0.61	59.65	1.9791	1.06
44.60	1.4044	0.70	59.60	1.9762	1.21

在流量计的动态校准期间,声道角误差包含在仪表因子内。然而,现场安装中出现的流动剖面可能不逼近校准剖面。在此情况下,错误的声道角引起的后果可能很严重,取决于其偏离校准剖面的程度。

6.6.5 计时测量

超声波流量计的计时测量的灵敏度相当高。事实上,编入软件的时间差滞后于因换能器产生超声波信号及该信号被接收器识别的时间。这种滞后是因电子线路设计、敷设电缆、换能器设计、软件识别和信号处理造成的。

对于反射式和非反射式设计,测得的时间(t_u,t_d)随着直径缩小而缩短。时钟准确度、短期稳定和长期稳定度对测量结果的准确度至关重要。

6.6.5.1 反射式超声波流量计

现在,我们来看在天然气计量行业中典型的 4in(100mm) 和 12in(300mm) 超声波流量计采用反射传播时间技术测得的时间值,见表 6.3 和表 6.4。

表 6.3 反射法时间测量[4in(100mm)流量计]

	V_i@1.000ft/s(s)	V_i@5.000ft/s(s)	V_i@50.000ft/s(s)	V_i@100.000ft/s(s)
中心线声道 L_i 9.2976in(236.16mm)				
←(t_u)	0.0005621039	0.0005629207	0.0005722757	0.0005830417
→(t_d)	0.0005616964	0.0005608832	0.0005518941	0.0005422381

续表

	V_i@1.000ft/s(s)	V_i@5.000ft/s(s)	V_i@50.000ft/s(s)	V_i@100.000ft/s(s)
流动				
$(t_u + t_d)$	0.0011238004	00011238039	0.0011241697	0.0011252798
$(t_u - t_d)$	0.0000004075	0.0000020375	0.0000203816	0.0000408035
中半径声道 L_i 12.0780in(306.78mm)				
$\leftarrow(t_u)$	0.0007301944	0.0007312554	0.0007434079	0.0007573933
$\rightarrow(t_d)$	0.0007296651	0.0007286087	0.0007169314	0.0007043880
流动				
$(t_u + t_d)$	0.0014598595	0.0014598641	0.0014603393	0.0014617813
$(t_u - t_d)$	0.0000005294	0.0000026468	0.0000264765	0.0000530053

注：流量计 OD 为 4.500in(114.30mm)，ID 为 4.026in(102.26mm)。声道角(θ)为60°，声音传播速度为1378.90ft/s(420.28872m/s)。

表6.4 反射法时间测量[12in(300mm)流量计]

	V_i@1.000ft/s(s)	V_i@5.000ft/s(s)	V_i@50.000ft/s(s)	V_i@100.000ft/s(s)
中心线声道 L_i 27.5696in(700.27mm)				
$\leftarrow(t_u)$	0.0016667652	0.0016691871	0.0016969268	0.0017288503
$\rightarrow(t_d)$	0.0016655569	0.0016631455	0.0016364906	0.0016078586
流动				
$(t_u + t_d)$	0.0033323221	0.0033323326	0.0033334174	0.0033367089
$(t_u - t_d)$	0.0000012083	0.0000060417	0.0000604362	0.0001209917
中半径声道 L_i 35.8140in(909.68mm)				
$\leftarrow(t_u)$	0.0021651915	0.0021683377	0.0022043726	0.0022458424
$\rightarrow(t_d)$	0.0021636219	0.0021604894	0.0021258637	0.0020886696
流动				
$(t_u + t_d)$	0.0043288134	0.0043288271	0.0043302362	0.0043345120
$(t_u - t_d)$	0.0000015697	0.0000078483	0.0000785089	0.0001571728

注：流量计 OD 为 12.750in(323.85mm)，ID 为 11.938in(303.23mm)，声道角(θ)为60°，声音传播速度为1378.90ft/s(420.28872m/s)。

对于一个4in的超声波流量计来说，测得的时间和计算结果非常小。事实上，$(t_u - t_d)$值代表中心线声道速度(V_i)，在速度分别为1ft/s和100ft/s时，时间为0.41~40.80μs。对于一个12in的超声波流量计来说，测得的时间和计算结果同样很小。$(t_u - t_d)$值代表中心线声道速度(V_i)，在速度分别是1ft/s和100ft/s时，时间为1.21~120.99μs。

6.6.5.2 非反射式超声波流量计

接着，我们来看在天然气计量行业中典型的4in(100mm)和12in(300mm)超声波流量计采用非反射传播时间技术测得的时间值，见表6.5和表6.6。

表 6.5　非反射法时间测量[4in(100mm)流量计]

	V_i@1.000ft/s(s)	V_i@5.000ft/s(s)	V_i@50.000ft/s(s)	V_i@100.000ft/s(s)
内声道 L_i3.3545in(136.00mm)				
←(t_u)	0.0003237614	0.0003244272	0.0003321108	0.0003410864
→(t_d)	0.0003234295	0.0003227678	0.0003155057	0.0003078107
流动				
(t_u+t_d)	0.0006471909	0.0006471950	0.006476165	0.0016488971
(t_u-t_d)	0.0000003319	0.0000016594	0.0000166050	0.0000332758
外声道 L_i2.8945 in(73.52mm)				
←(t_u)	0.0001750173	0.0001753772	0.0001795308	0.0001843828
→(t_d)	0.0001748379	0.0001744802	0.0001705545	0.0001663947
流动				
(t_u+t_d)	0.0003498552	0.0003498574	0.0003500852	0.0013507775
(t_u-t_d)	0.0000001794	0.0000008970	0.0000089763	0.0000179880

注：流量计 OD 为 4.500in(114.30mm)，ID 为 4.026in(102.26mm)，声道角(θ)为 45°，声音传播速度为 1378.90ft/s (420.28872m/s)。

表 6.6　非反射法时间测量[12in(300mm)流量计]

	V_i@1.000ft/s(s)	V_i@5.000ft/s(s)	V_i@50.000ft/s(s)	V_i@100.000ft/s(s)
内声道 L_i15.8772in(403.28mm)				
←(t_u)	0.0009600257	0.0009620000	0.0009847835	0.0010113984
→(t_d)	0.0009590416	0.0009570794	0.0009355458	0.0009127282
流动				
(t_u+t_d)	0.0019190673	0.0019190794	0.0019203292	0.0019241266
(t_u-t_d)	0.0000009841	0.0000049206	0.0000492377	0.0000986702
外声道 L_i8.5828in(218.00mm)				
←(t_u)	0.0005189658	0.0000374062	0.0005323493	0.0005467366
→(t_d)	0.0005184338	0.0000026599	0.0005057326	00004933980
流动				
(t_u+t_d)	0.0010373997	0.0010374062	0.0010380819	0.0010401346
(t_u-t_d)	0.0000005320	0.0000026599	0.0000266167	0.0000533386

注：流量计 OD 为 12.750in(323.85mm)，ID 为 11.938in(303.23mm)，声道角(θ)为 45°，声音传播速度为 1378.90ft/s (420.28872m/s)。

对于一个4in的超声波流量计来说,测得的时间和计算结果也非常小。$(t_u - t_d)$值代表外声道速度(V_i),在速度分别为1ft/s和100ft/s时,时间为0.18~17.99μs。对于一个12in的超声波流量计来说,测得的时间和计算结果同样很小。$(t_u - t_d)$值代表外声道速度(V_i),在速度分别是1ft/s和100ft/s时,时间为0.53~53.34μs。

6.7 风险管理

关于财政计费计量装置,风险管理比较简单,并且有高级管理层支持。对于高风险计费计量装置(商品价格乘以产量),通过分摊较高的投资及作业费用来管理风险,并将风险控制在一个可以接受的程度上。检验、测试及检定的次数至少每月一次,或者按全面质量管理系统进行控制。为了管理与控制财务风险(计量不准、诉讼与仲裁),财政计费计量装置的设计与维护应高于最低工业标准。对于低风险计费计量装置(商品价格乘以产量),也是通过分摊较低的投资及作业费用来管理风险,并将风险控制在一个可以接受的程度上。为了管理与控制财务风险(计量不准、诉讼与仲裁),这种计量装置的设计与维护应达到最低工业标准。

6.7.1 初级设备校准

超声波流量计组件校准采用关键设备法或现场校准法,并按下列3步进行:

(1)尺寸合格性测量,以确定流量计机身机械规格(声道角、内径、粗糙度和圆形度)。

(2)静态(或零流动)校准,采用干燥的纯氮气(99.999%)作为测试介质,在生产厂校准。

(3)动态校准,采用天然气作为测试介质,在被授权的流动实验室校准。

校准结果和文档是超声波流量计审计追踪的组成部分,应在该装置整个寿命期内保存。测试细节应符合用户技术规范,并高于本书规定的范围。对下列测试内容进行简要说明。

6.7.1.1 静态校准

为检定每个超声波流量计的传播时间测量系统,生产商进行静态(或零流动)检定测试。静态校准必须保证所有校准参数输入正确,测量组件功能完好。

在静态或无流动条件下,在常温下通过压力发生改变来监测被测电子机械装置(MUSM)。静态校准用纯氮气作为测试介质进行校准。用Sonic-Ware®或者大家均能接受的预测软件程序预测纯氮气的声音特征或速度(SOS)。

逐个监测声道来评定其额定性能(可接收脉冲对发射的总脉冲的比率),零流动条件下的原始速度(V_i)和声音传播速度(SOS_i)。

MUSM整体性能监测用于加权修正速度(V_{avg})和加权修正声音传播速度(SOS_{avg})。

静态校准确保下列变量:

(1)时钟的总稳定度。

(2)合理的校准参数相关程序设计。

(3)适当的电路板性能。

(4)适当的电缆长度或阻抗匹配。

(5)合适的声探针。

(6)适当的声道长度。

静态校准不能确保下列变量在控制之内:

(1)精确的时钟稳定度。

(2)流动条件下的平行原始声道速度区间。

(3)声道间的机械角。
(4)滞后于每个声探针的时间增量延迟。
(5)数字信号处理技术或信号识别软件。
(6)集成精确度。
这些变量仅在超声波流量计的动态校准中才有效。

6.7.1.2 动态校准

为了检定每个超声波流量计的传播时间测量系统,生产商进行动态校准,以保证在定常流、介质流动条件下装置的正常性能。动态校准用天然气作为测试介质,在被授权的流动实验室进行。

在动态条件下,在常温和用户指定的压力下,通过平均管线速度发生改变来监测被测电子机械装置(MUSM)。为重复校准,动态校准用实际流量计,包括绝缘流量调节器和噪音过滤器(如果设计需要)。

动态校准必须保证:
(1)规格参数输入正确。
(2)电子测量元件功能完好。
(3)超出用户指定的流量计参数范围的流量计校正系数或测量误差,与真值(实际流量)的偏差,在用户指定的工作压力条件下将其控制在可接受的限度内。
(4)超出用户指定流量计参数范围的流量计校正系数线性度,或峰流量时的测量误差,在用户指定的工作压力条件下将其控制在可接受的限度内。
(5)流量计满足财政计费重复计费技术条件。
(6)流量计满足财政计费重复校准技术条件。

动态校准确保下列变量:
(1)合理的校准参数相关程序设计。
(2)时钟的总稳定度。
(3)精确的时钟稳定度。
(4)适合的声探针(成对配置等)。
(5)每个换能器探针的合适机械角(θ)。
(6)每个声探针的时间增量延迟。
(7)每个声道的适合长度(APL)。
(8)适合的电路板性能。
(9)适合的电缆长度或阻抗匹配。
(10)数字信号处理和信号识别软件。
(11)集成精确度(专有或非专有集成)。

如果超声波流量计要求设计双向流,那么,流量计装置(超声波流量计、上游管段、绝缘流量调节器和下游管段)被认为是两个独立的流量计和特指的流量计。从这点来看,这种流量计可以进行双向校准,得到的校准结果允许有单独的每个流向的仪表误差。根据 API MPMS 第21.1节"气体的电子测量",流动计算器编成时采用适当的流量计校正系数或仪表误差(流动加权平均误差[FWME],多项式曲线拟合或算法式)。

6.7.2 测试、检定、校准和维护时间间隔

为降低财务风险,初级设备、二级设备和三级设备的测试、检定、校准和维护须由仪器操作者按照 API MPMS 第 21.1 节"气体的电子测量"进行。

6.7.2.1 流量计装置的目视检验

为确保符合相似性(几何相似和动力学相似)规定,应在预定时间间隔内对流量计装置内部进行目视检验。这项检验应对管线锈蚀程度、附着液体、油脂和黏接颗粒做出评价。应对高效流量调节器(HPFC)、换能器及其垫圈(如果有的话)、内部法兰定位等进行评价。超声波流量计对流量计机身内任何内膜形成(或分解)非常灵敏。

6.7.2.2 其他初级设备测试

为保证满足关键设备校准技术要求,对流量计内径、换能器泄漏、软件和电子性能应在预定时间间隔内进行现场检验和检定。此外,为应用起见,必须保证在仪器操作条件下的流体是稳态质量流,并且是清洁、单相、呈均匀分散状态的牛顿流。超声波流量计经被授权的流动实验室初次安装后,每 5 年必须重新进行动态校准。再次校准应在尽可能接近被测装置的实际正常操作压力条件下进行。

6.7.2.3 二级设备

二级设备的测试、检定、校准、认证和维护次数最低应按 API MPMS 第 21.1 标准规定进行。对于高财务风险装置,通常比按 API 管理财务风险并将其降至业务可接受程度需要进行的检测次数多。

6.7.2.4 三级设备

三级设备的测试、检定、校准、认证和维护次数最低应按 API MPMS 第 21.1 节标准规定的时间间隔进行。再次强调,对于高财务风险装置,通常比按 API 管理财务风险并将其降至业务可接受程度需要进行的检测次数多。校准结果和文档是超声波流量计审计追踪的组成部分,应在该装置整个寿命期内保存。

7 涡轮流量计

主设备的选择可能是最重要的设计决策。在财政计量的情况下,这一选择受确定的在实际使用中的动态(工业验收)、该技术的现行计量标准、资本投资(CAPEX)和操作费用(OPEX)的影响。

7.1 基本原理

流体计量应用于一些流体的稳态质量流(无压力波动,稳定质量流),实际上,在该设备的操作条件下,将这些流体看做是清洁(无颗粒状物和管锈)、单相(无液体)、均匀的牛顿型流体。

如果必要的话,应该安装段塞流捕集器、分离器、过滤器或涤气器,以便减少固体颗粒和液态冷凝液的出现。含有大量液体和固体的气体不符合计量标准。甚至少量液体或固体也会增加流动计量的不确定度。

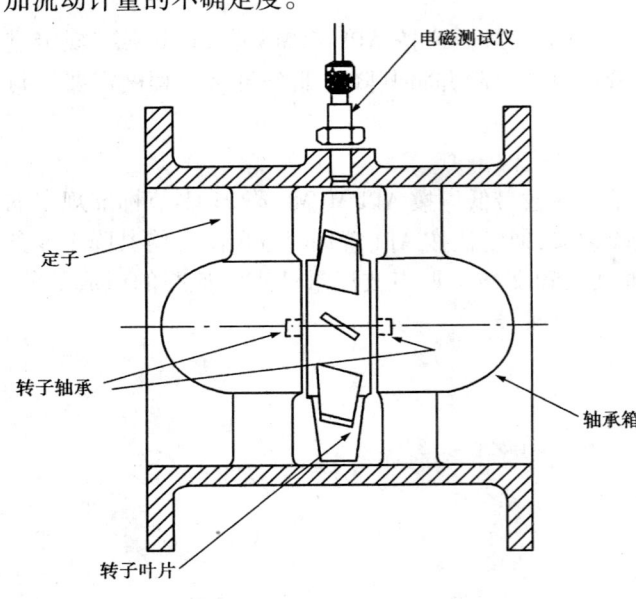

图 7.1 气体涡轮流量计

固体颗粒也会对易损坏区域有磨蚀影响,例如涡轮流量计轴承、定子和转子等。涡轮流量计(流量计主体、定子、转子、轴承和电子定子速度传感器)是主设备(图 7.1)。把没有高性能流量调节器的涡轮流量计分类为能量抽提、间接流量计。带有高性能流量调节器的涡轮流量计具有 ±0.25% 的 U_{95}。在此时,把与高性能流量调节器相结合的涡轮流量计广泛用于气体处理设备下游的气体和密相流体计量。

超过其流动或差压极限的涡轮流量计经受过度的轴承磨损,这使流量计不能充分地如实反映流量。

对于集气系统来说,出现过量颗粒、管锈和反凝析液对涡轮流量计的动态有负面影响。

在涡轮质量流动方程中,流动密度(ρ_{tp})不是平方根函数。因此,对于被认为是组成、p_f 和 T_f 测定造成的质量流动误差的灵敏度来说,涡轮流量计比孔板流量计、文丘里流量计、亚音速喷嘴流量计高两倍。

流量计装置由以下组件组成:

(1)流量计(流量计主体、定子、单或双转子、轴承)。

(2)转子速度传感器(测试仪和前置放大器)和可应用软件(用于双转子)。

(3)测量管,由带有高性能流量调节器的毗连上游管段和下游管段组成。

与涡轮应用有关的二级设备是:

(1)静压(p_f)变送器。

(2)流体温度(T_f)变送器。

(3)用于确定流动密度用户选择的技术(A.G.A第8号报告,在线流体密度计)。

(4)为了保证数量和质量安装的更多辅助设备(湿度计、在线GC、取样系统、DB&B阀等)。

三级设备是电子流量计算设备或流量计算机。该设备接收来自初级和二级设备的信息,并且用预编程序的指令计算通过初级设备流动的交接气量。

可用两种方法(关键设备校准或现场校准)定时对流量计进行校准。需要进行流量计动态校准,并且应该在具有相似组成和压力流体的操作流量范围内或(如果必需)在能够满足实际使用时的压力范围内进行校准。

7.2 质量流速方程

对于涡轮流量计来说,质量流速(q_m)是以下方程为基础的:

$$q_m = MF \times (N/KF) \times \rho_{tp}$$
$$q_{av} = MF \times (N/KF)$$

式中 q_m——质量流速;

MF——与该流量计有关的流量计校准系数;

N——该流量计累加的脉冲数;

KF——分配给该流量计的K系数;

ρ_{tp}——对于给定组成来说,在p_f和T_f下的流体密度;

q_{av}——实际体积流量。

流量计主体内径(D_r)不能补偿流动压力(p_f)和温度(T_f)。即使流量计建立了永久压降,也不应用膨胀因子(Y)。注意:气体涡轮流量计的堵塞约为流量计装置横截面面积的80%。

7.3 关键设备校准

为了满足相似定律,关键设备概念需要在整个密封输送时期内批量生产的流量计与试验室流量计装置及其安装条件之间几何和动力学相似。整个密封输送时期是流量计装置的重新校准之间的时间。该方法假定,选择的方法显示重新校准之间的操作或机械变化没有很强的灵敏度。此方法已应用于涡轮流量计。

如果批量生产的流量计装置的安装与试验室安装之间存在动力学和几何相似,在校准时确定的流量计校准系数(MF)是有效的。几何相似性需要对批量生产的设备(流量计装置)在试验室进行校准。不能对数据进行几何外推。即使有许多流量计的机械容差和条件方面的技术要求,流量计设计不能在几何形状上定标。例如,超声波换能器不依赖于管线尺寸。因此,由于堵塞效应(侵入式探针)或再循环区效应(非侵入式探针),设计在几何形状上是不相似的。对于流量计量系统来说,动力学相似性表示流体力的一致性。对于间接流量计来说,试验室内流动的速度剖面和湍流水平必须与矿场流动速度剖面和湍流水平相同。

对于涡轮流量计来说,在应用极限内认为惯性力和黏滞力是很大的。因此,管道雷诺数(Re_D)建立与涡轮流量计的所有经验校准系数动力学相似的相互关系。如果气体组成p_f和T_f

相对稳定,那么能够用实际条件下的体积流量(q_{av})建立与涡轮流量计的相似性的相互关系。

制造商的试验图形确定了探测、计量和根据经验调整的敏感区域的位置。适当的流量计设计应该使用户根据以下参数之一建立与动态的相互关系:雷诺数、斯特劳哈数或流量计速度。假如物理性质不改变,制造商建议的相互关系方法是动态预测的合理根据。

7.4 现场校准

有3种可用于计量设备的现场校准方法:初级校准系统、二级校准系统和混合校准系统(初级和二级系统结合)。可以通过固定或者便携系统实施选择的方法。

为了满足相似定律,现场校准需要在整个密封输送时期内校准流量计装置(批量生产设备)与安装条件之间的几何和动力学相似性。校准的批量生产设备是安装的流量计装置。整个密封输送时期是批量生产设备重新校准之间的时间。这一方法假定,选择的技术没有显示出对重新校准之间的操作或机械变化有很强的灵敏度。此方法已用于涡轮流量计。

如果在整个密封输送时期内在批量生产设备中存在动力学和几何相似,在校准时确定的MF是有效的。几何相似需要对批量生产的设备(流量计装置)在试验室进行校准。不能对数据进行几何外推。在不重新校准的情况下,对批量生产设备(流量计装置)来说不允许有机械变化。对于流量计量系统来说,动力学相似表示流体力的一致性。对于间接流量计来说,校准时的速度剖面和湍流水平必须与整个密封输送时期内的速度剖面和湍流水平相同。

对于涡轮流量计来说,在应用极限内认为惯性力和黏滞力是很大的。因此,管道雷诺数(Re_D)建立与涡轮流量计的所有经验校准系数中的动力学相似性的相互关系。如果气体组成p_f和T_f相对稳定,那么能够用实际条件下的体积流量(q_{av})建立与涡轮流量计相似性的相互关系。

假如物理性质不变,制造商建议的相互关系方法是动态预测的合理根据。例如,在亚声速与声速流动之间或当气体密度或黏度与现场校准条件有很大差异时,物理性质不同。

7.5 不确定度来源

在估计与计量系统有关的不确定度之前,需要给出示意图以便确定参数及其灵敏度。图7.2~图7.7描述了由Savant计量公司建立的超声波流量计不确定度示意图。

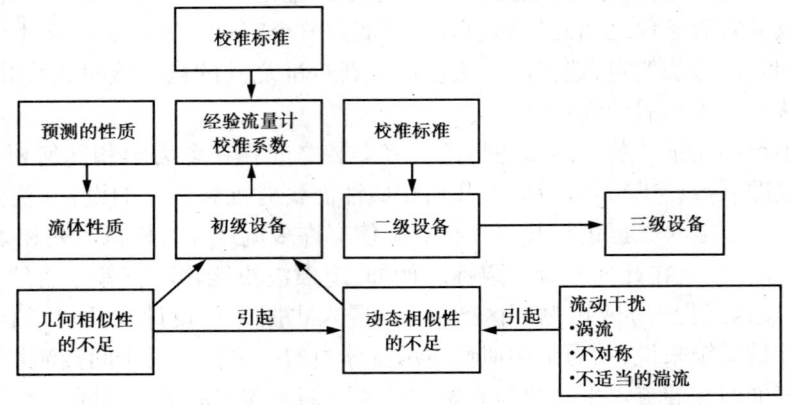

图7.2 气体涡轮流量计不确定度来源示意图(据Savant计量公司,1999年)

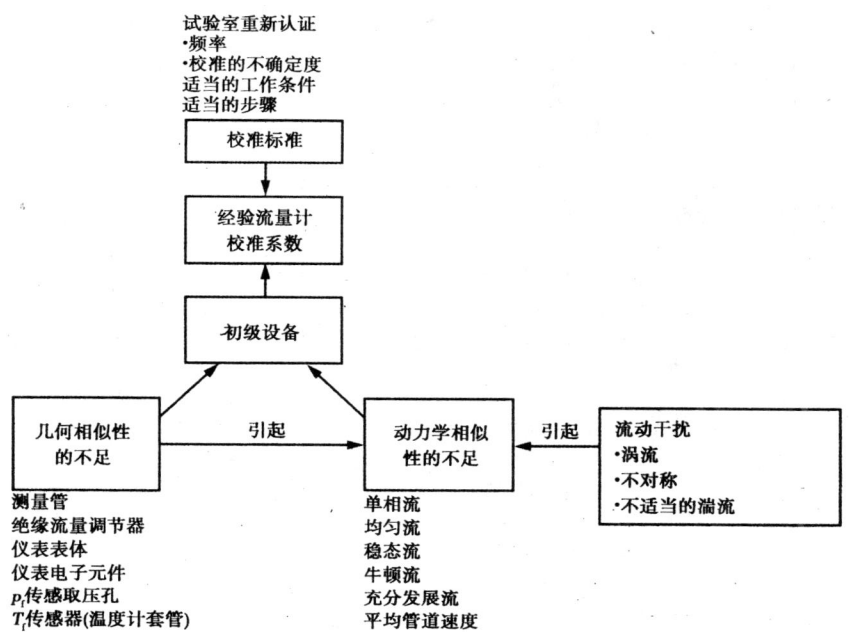

图 7.3 关键设备校准方法的不确定度来源示意图(据 Savant 计量公司,1999 年)

现场或矿场校准条件(几何和动力学相似性)必须代表操作条件,否则因为不知道流量计误差,需要重新校准

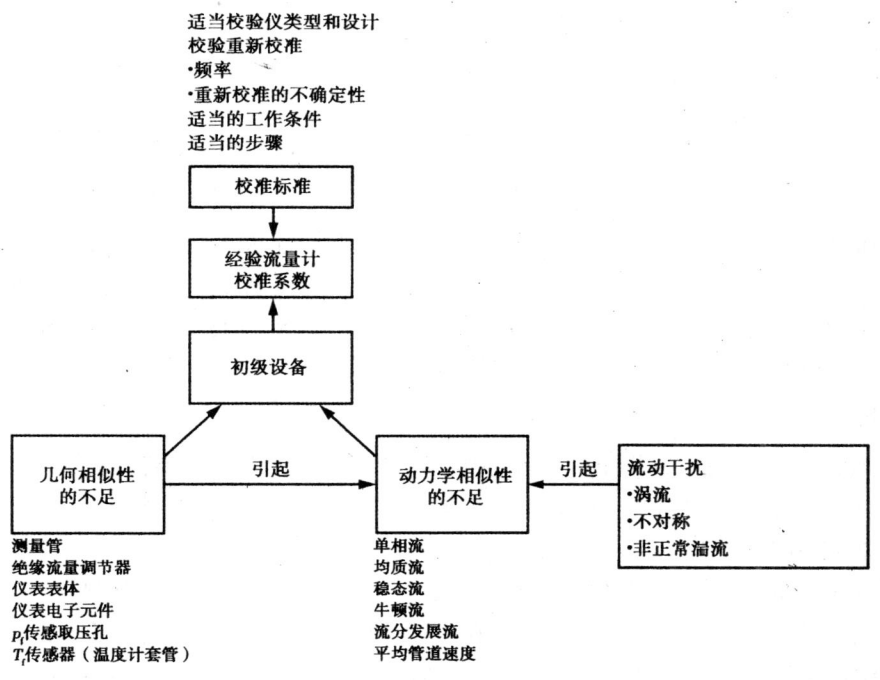

图 7.4 现场校准方法的不确定度来源示意图(据 Savant 计量公司,1999 年)

列出的流体和预测性质对于液体应用是特定的,采用了 A.G.A.8 密度相互关系

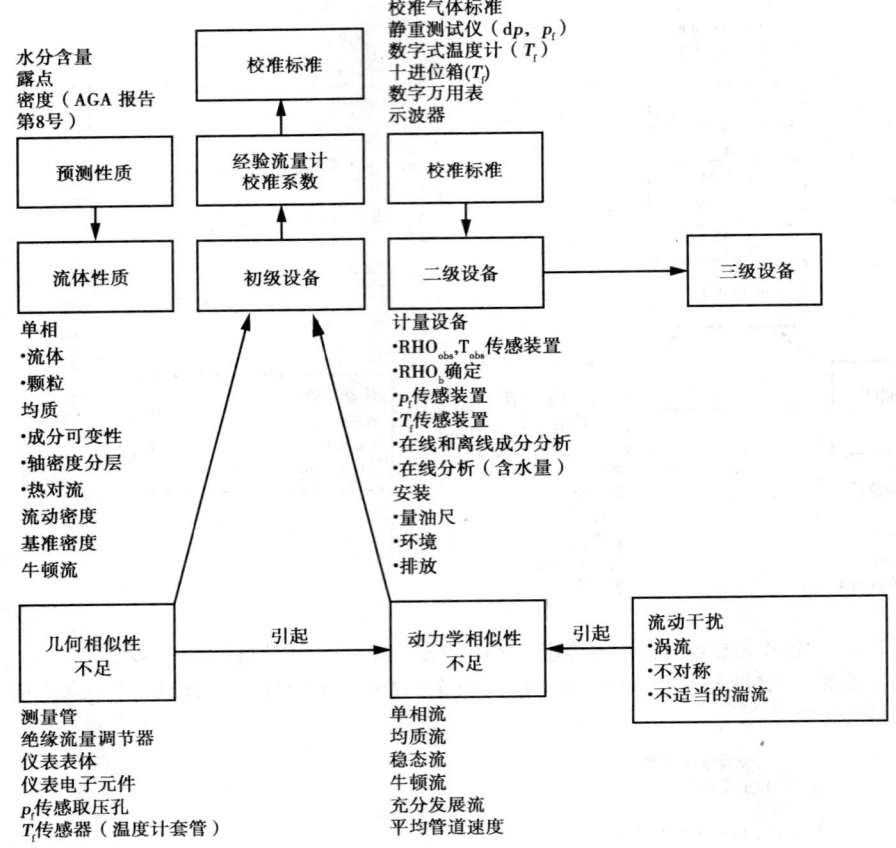

图7.5 气体涡轮流量计不确定度来源示意图(据Savant计量公司,1999年)

如图7.2～图7.7所示,示意图包括流量计、校准方法、流体性质、校准二级和三级设备的合格设备和相似定律。在研究示意图过程中,设计人员和用户能够了解测试设备和物理性质、测试、检定、校准、认证和维护的频率对产生可接受的不确定度水平的影响。几个研究人员进行了有关现实世界未控制变量的影响的灵敏度研究和试验:在流量计转子上颗粒和液体的堆积、转子上的裂痕和擦痕以及操作人员感兴趣的其他领域。

7.6 误差来源

涡轮流量计对矿场环境中的以下未控制参数有高灵敏度:涡流、速度剖面和校准之间相似的湍流;在流量计内表面(换能器和机体)上内膜形成或分解(管锈、油、液体)以及轴承磨损。

7.6.1 涡流、速度剖面和湍流

对于涡轮流量计的一个假设是在密封输送时期内校准时的条件(涡流、速度剖面和湍流)不变。实际上是有差别的,并且误差量取决于在不引入大的误差(2.0%或更多)的情况下补偿这些变化的涡轮流量计。与涡轮流量计结合的高性能流量调节器(HPFC)能够在不引入大误差的情况下补偿变化。Savant计量公司的专利研究表明,误差在试验室的±0.25%或更小不确定度之内。

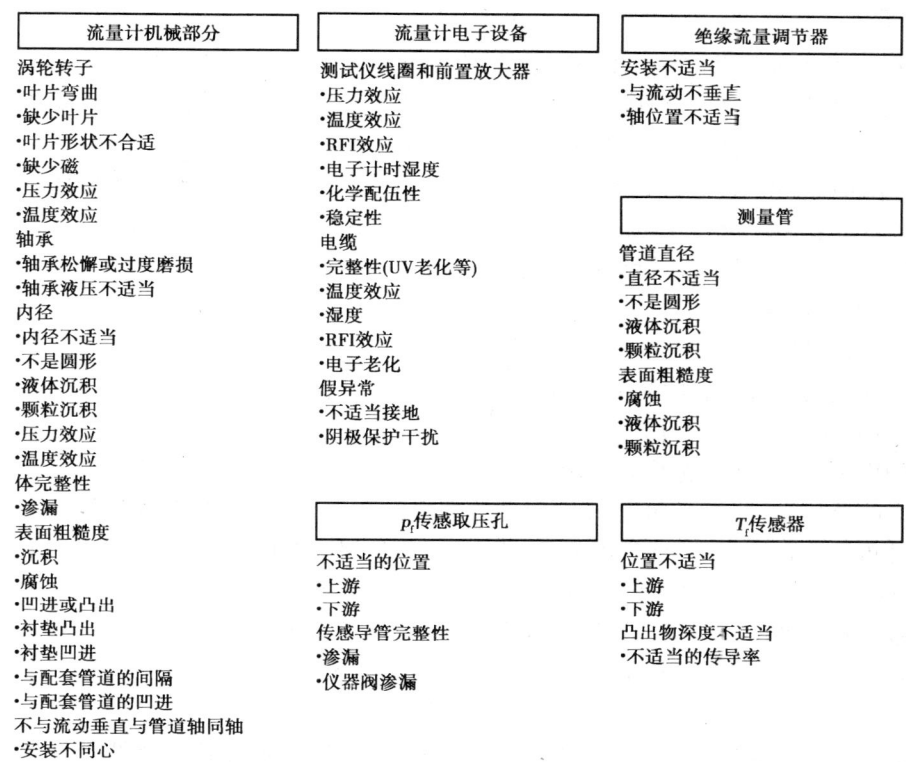

图 7.6 几何相似性不足特征(据 Savant 计量公司,1999 年)

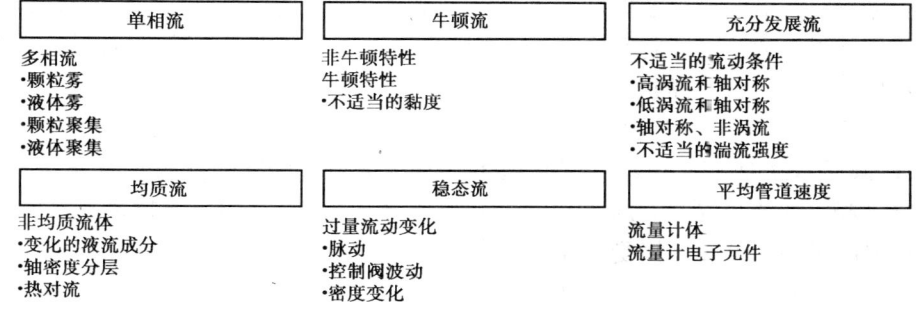

图 7.7 动力学相似性不足特征(据 Savant 计量公司,1999 年)

7.6.2 内膜的形成与分解

对于涡轮流量计的一个假设是在密封输送时期内,校准时的内膜形成或分解不变。对给定内膜形成或分解的灵敏度是涡轮流量计内径(ID)、涡轮叶片间面积和涡轮叶片的边界层形成的函数。

7.6.3 轴承磨损

对于涡轮流量计的一个假设是在密封输送时期内,校准时的轴承条件(和润滑系统)不变。轴承的过度润滑和轴承磨损在转子上产生过度摩擦力(增加了通过流量计的气体损耗)。因此,涡轮流量计过低计量了液体量。

7.7 风险管理

相对于财政管理,风险管理是相对简单的并且被高级管理所支持。对于高财政风险设备(商品价值乘以生产量)来说,分配较高的资本和操作资源以便把风险降低到可接受水平。检验、测试和检定的频率至少每月一次或一年一次。在最低工业标准以上设计和保养设备以便管理财政风险(计量不准、诉讼和仲裁)。对于低财政风险设备(商品价值乘以生产量)来说,分配较少的资本和操作资源以便把风险降低到可接受水平。以最低工业标准设计和保养设备以便管理财政风险(计量不准、诉讼和仲裁)。

7.7.1 初级设备校准

用关键设备或现场方法校准涡轮流量计。

用两种方法之一校准涡轮流量计。

(1)在认可的流动试验室用天然气作为试验介质进行动态校准。

(2)使用便携式或固定标准系统用天然气作为试验介质进行动态校准。

测试的细节应该符合用户的技术要求并且超出了本书的范围。这些测试的文件和结果是涡轮流量计审计追踪的一部分(校准文件)并且在设备的使用期限内保留这些文件和结果。

7.7.2 测试、检定、校准和保养时间间隔

为了减小财政风险,初级、二级和三级设备的测试、检定、校准和保养频率应该由设备操作人员控制。所有安装都需要与 API MPMS 第 21.1 节"气体的电子测量"一致。

7.7.2.1 初级设备

为了保证与关键设备校准技术一致,应该在预定的时间间隔对转子条件、轴承条件、润滑系统、电子元件性能和流量计装置(流量计主体或计量管道)内液体或管锈的出现进行矿场检验和检定。另外,需要保证稳态质量流动,实际上认为在设备的操作条件下,该流动是清洁、单相、均质的牛顿流。初始安装后 5 年,应该在认可的流动试验室对涡轮流量计进行动态重新校准。应该以尽可能接近设备的正常操作压力进行重新校准。

7.7.2.2 二级设备

应该以满足 API MPMS 第 21.1 节的标准要求作为最低标准的时间间隔进行二级设备的测试、检定、校准、认证和保养。对于较高财政风险设备来说,时间间隔通常比 API 标准更频繁,以便把财政风险降低到可接受的商业水平。

7.7.2.3 三级设备

再一次以满足 API MPMS 第 21.1 节的标准要求作为最低标准的时间间隔进行二级设备的测试、检定、校准、认证和保养。对于较高财政风险设备来说,时间间隔通常比 API 标准更频繁,以便把财政风险降低到可接受的商业水平。这些测试的文件和结果是超声波流量计审计追踪的一部分(校准文件)并且在设备的使用期限内保留这些文件和结果。

8 旋转位移流量计

初级设备的选择可能是最重要的设计决策。在财政计量的情况下,这一选择受确定的在实际使用中的动态(工业验收)、该技术的现行测量标准、资本投资(CAPEX)和操作费用(OPEX)的影响。

8.1 基本原理

流体计量应用于一些流体的稳态质量流动条件,实际上,在该设备的操作条件下;认为这些流体是清洁、单相、均匀的牛顿型流体。换句话说,流动应该是稳态质量流动(无压力波动,稳定质量流)。实际上,在该设备的操作条件下,认为这些流体是清洁(没有颗粒状物和管锈)、单相(没有液体)、均匀的牛顿型流体。

如果必要,应该安装段塞流捕集器、分离器、过滤器,以便减少固体颗粒和液态冷凝液的出现。含有大量液体和固体的气体不符合计量标准。甚至少量液体或固体也增加流动计量的不确定度。固体颗粒(砂、焊接熔渣和管锈)对易损坏区域有磨蚀影响,导致过度的转子和轴承磨损或转子的"冻结"。对于旋转位移流量计来说,因为间隙小,需要颗粒过滤器以便保证流量计的完整性。有时,正常油滴能够聚集在转子和计量室壁上并且使流量计过高计量流量。

通过精心加工的组件建立旋转位移流量计。如果计量室的容积不改变,因为内摩擦(叶轮、轴承和齿轮)和通过间隙的滑动(叶轮和外壳),流量计动态会变化。超过其流动或压降能力极限的旋转位移流量计将出现过度轴承磨损。过度轴承磨损使流量计计量流量值过高。因为连接管道在流量计外壳上的异常应力(如果不进行控制)可能造成对旋转位移流量计损坏并且影响其动态。安装流量计应该保证控制这一影响参数(作为适当设计的一部分)。

通过旋转位移流量计的气流应该是亚音速的。旋转位移流量计(流量计主体、转子或叶片、轴承和电子转子速度传感器)是初级设备(图8.1)。把旋转位移流量计分类为能量抽提、间歇流量计量。一般制造商保证线性度误差在±1.00%。

该流量计由图8.1中两个在相反方向旋转的元件(凸角叶轮)组成,与在入口和出口上带有平底板的圆筒形外壳固定。这些叶轮由一组智能型定时齿轮固定就位。

通过流量计的气流动使叶轮转动,建立由叶轮、圆筒和磁头板确定边界的计量室。叶轮转数乘每转驱替的气体确定实际气量。可以采用齿轮减速系统在仪器运转时,用机械方法加出驱替气体体积,并从

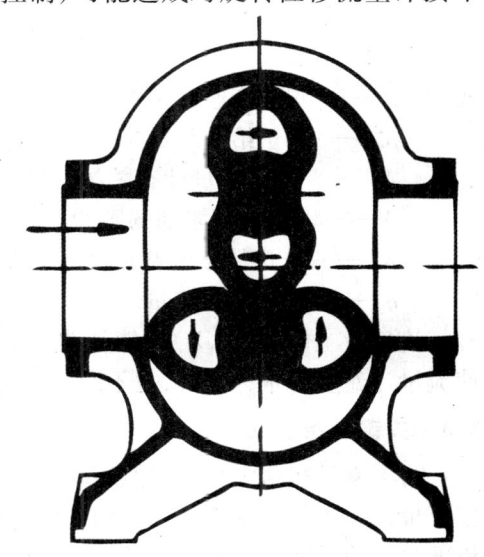

图8.1 旋转位移流量计

计数器上读出。最好应该采用叶轮电子传感,淘汰机械方法。当时在气体处理设备下游广泛采用与颗粒过滤器相结合的旋转位移流量计进行气体和密相流体计量。

对于集气系统来说,出现过量颗粒、管锈和反凝析液对涡轮流量计的动态有负面影响。

在旋转容积式质量流动方程中,流体密度(ρ_{tp})不是平方根函数。因此,对于被认为是组成、p_f 和 T_f 测定造成的质量流动误差的灵敏度来说,旋转位移流量计比孔板流量计、文丘里流量计、亚音速喷嘴流量计高两倍。

流量计装置由以下组件组成:
(1)流量计(流量计主体、定子、单或双转子、轴承)。
(2)转子(或叶片)速度传感器(测试仪和前置放大器)和可应用软件(如果可以应用)。
(3)测量管,由带有颗粒过滤器和下游管段的邻近上游管段组成。

与旋转容积式应用有关的二级设备是:
(1)静压(p_f)变送器。
(2)流体温度(T_f)变送器。
(3)用于确定流动密度的用户选择的技术(A.G.A.第8号报告,在线流体密度计)。

为了保证数量和质量需要安装辅助设备(湿度计、在线GC、取样系统、DB&B阀等)。

三级设备是电子流量计算设备或流量计算机。该设备接收来自初级和二级设备的信息,并且用预编程序的指令计算通过初级设备流动的交接气量。

能够用两种方法之一(关键设备或现场设备)定时对流量计进行校准。需要进行流量计动态校准,并且应该在具有相似组成和压力流体的操作流量范围内或(如果必需)在能够满足操作压力范围内进行校准。

8.2 质量流速方程

对于旋转位移流量计来说,质量流速(q_m)是以下方程为基础的:

$$q_m = \rho_{tp} \times MF \times (N/KF)$$
$$q_{av} = MF \times (N/KF)$$

式中　q_m——质量流速;

ρ_{tp}——对于给定组成来说,在 p_f 和 T_f 下的流体密度;

MF——与该流量计有关的流量计校准系数;

N——该流量计累加的脉冲数;

KF——分配给该流量计的 K 系数;

q_{av}——实际体积流量。

流量计主体内径(D_r)不能补偿流动压力(p_f)和温度(T_f),一般也不能补偿转子间隙。即使流量计建立了永久压降,也不应用膨胀因子(Y)。

8.3 关键设备校准

为了满足相似定律,关键设备概念需要在整个密封输送时期内批量生产的流量计与试验室流量计装置及其安装条件之间几何和动力学相似。整个密封输送时期是流量计装置的重新校准之间的时间。该方法假定,选择的方法显示重新校准之间的操作或机械变化没有很强的灵敏度。此方法已应用于旋转位移流量计。

如果批量生产的流量计装置的安装与试验室安装之间存在动力学和几何相似,在校准时确定的流量计校准系数(MF)是有效的。几何相似性需要对批量生产的设备(流量计装置)在试验室进行校准。不能对数据进行几何外推。即使有许多流量计的机械容差和条件方面的技术要求,流量计设计不能在几何形状上定标。因此,因为堵塞效应、叶片质量或再循环区效应,设计在几何形状上是不相似的。对于流量计量系统来说,动力学相似性表示流体力的一致性。对于间歇流量计量来说,试验室内流动的质量密度和黏度必须与矿场流动的质量密度和黏度相似。

对于旋转位移流量计来说,能够用在实际条件下的体积流量 q_{av}(等效于 v_{avg})建立与旋转位移流量计的动力学相似性的相互关系。制造商的试验图形确定了探测、计量和根据经验调整的敏感区域的位置。适当的流量计设计应该使用户根据参数之一(雷诺数、斯特劳哈数或流量计管道速度)建立与动态的相互关系。假如物理性质不改变,制造商建议的相互关系方法是动态预测的合理根据。

8.4 现场校准

有3种可用于计量设备的现场校准方法:初级校准系统、二级校准系统和混合校准系统(初级和二级系统结合)。可以通过固定或者便携系统实施选择的方法。

为了满足相似定律,现场校准需要在整个密封输送时期内校准流量计装置(批量生产设备)与安装条件之间的几何和动力学相似性。校准的批量生产设备是安装的流量计装置。整个密封输送时期是批量生产设备重新校准之间的时间。这一方法假定,选择的技术没有显示出对重新校准之间的操作或机械变化有很强的灵敏度。此方法已用于旋转位移流量计。

如果在整个密封输送时期内批量生产设备中存在动力学和几何相似性,在校准时确定的 MF 是有效的。几何相似需要对批量生产的设备(流量计装置)在试验室进行校准。不能对数据进行几何外推。即使有许多流量计的机械容差和条件的技术要求,流量计设计也不可以在几何形状上定标。因此,因为堵塞效应、叶片质量或再循环区效应,设计在几何形状上可能是不相似的。对于流量计量系统来说,动力学相似表示流体力的一致性。对于间歇流量计量来说,试验室内流动的质量密度和黏度必须与整个密闭输送期间的流体质量密度和黏度相似。

对于旋转位移流量计来说,能够用实际条件下的体积流量(q_{av})(等效于 v_{avg})建立与旋转位移流量计的动力学相似性的相互关系。

制造商的试验图形确定了探测、计量和根据经验调整的敏感区域的位置。适当的流量计设计应该使用户根据以下参数之一建立与动态的相互关系:雷诺数、斯特劳哈数或流量计管道速度。假如物理性质不改变,制造商建议的相互关系方法是动态预测的合理根据。

8.5 不确定度来源

在估计与计量系统有关的不确定度之前,需要示意图以便识别参数及其灵敏度。

图8.2~图8.7描述了由Savant计量公司建立的超声波流量计不确定度示意图。如图中所示,包括流量计、校准方法、流体性质、校准二级和三级设备的合格设备和相似定律。在研究示意图过程中,设计人员和用户能够了解测试设备和物理性质、测试、检定、校准、认证和维护对产生可接受的不确定度水平的影响。

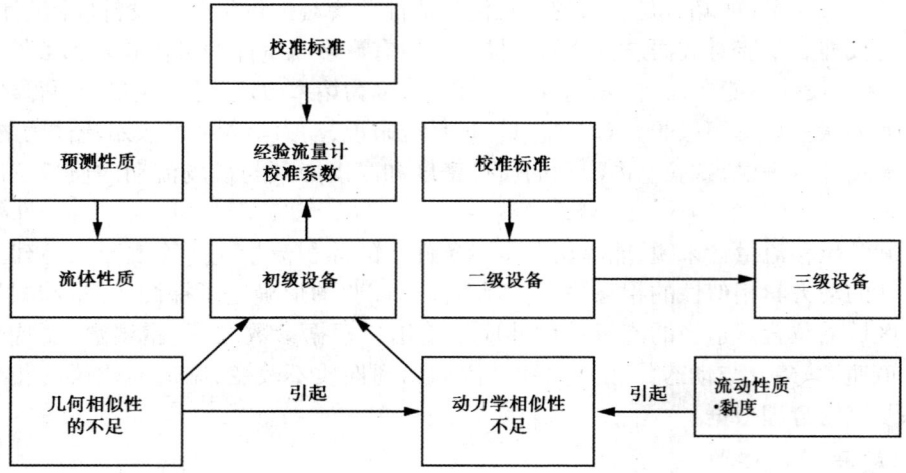

图 8.2 旋转位移流量计不确定度来源示意图（据 Savant 计量公司，2001 年）
试验室校准条件（几何和动力学相似性）必须代表操作条件，否则因为不知流量计误差，需要重新校准

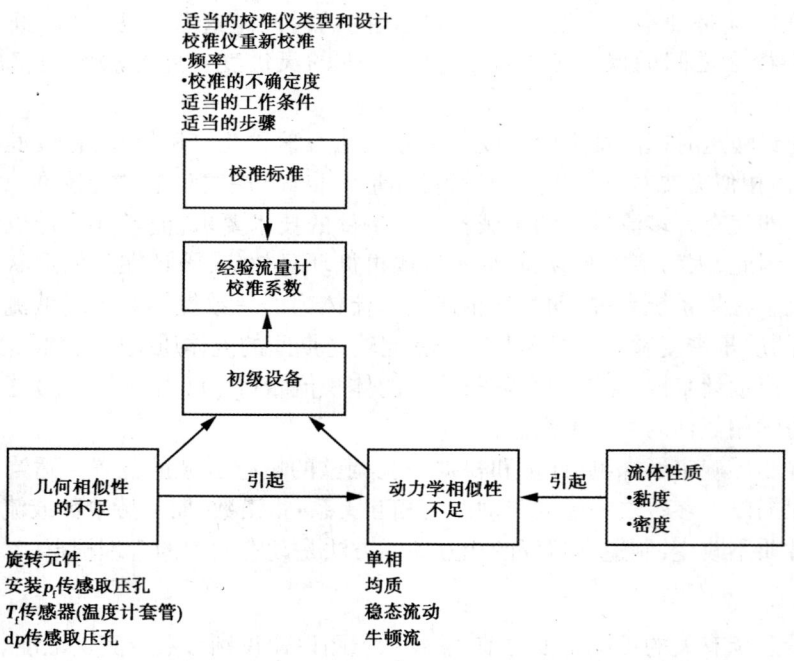

图 8.3 关键设备校准方法的不确定度来源示意图（据 Savant 计量公司，2001 年）
现场或矿场校准条件（几何和动力相似性）必须代表操作条件，否则因为不知道流量计误差，需要进行重新校准

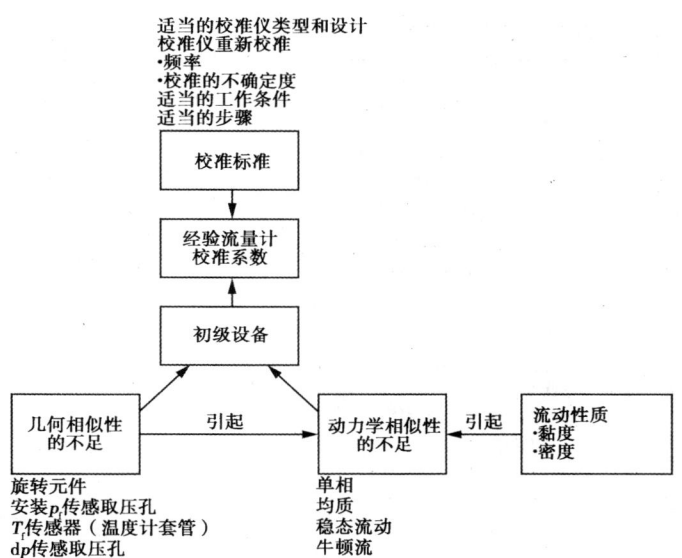

图 8.4　现场校准方法的不确定度来源示意图（据 Savant 计量公司,2001 年）
列出的流体和预测性质对于液体应用是特定的,采用了 A.G.A.8 密度相互关系

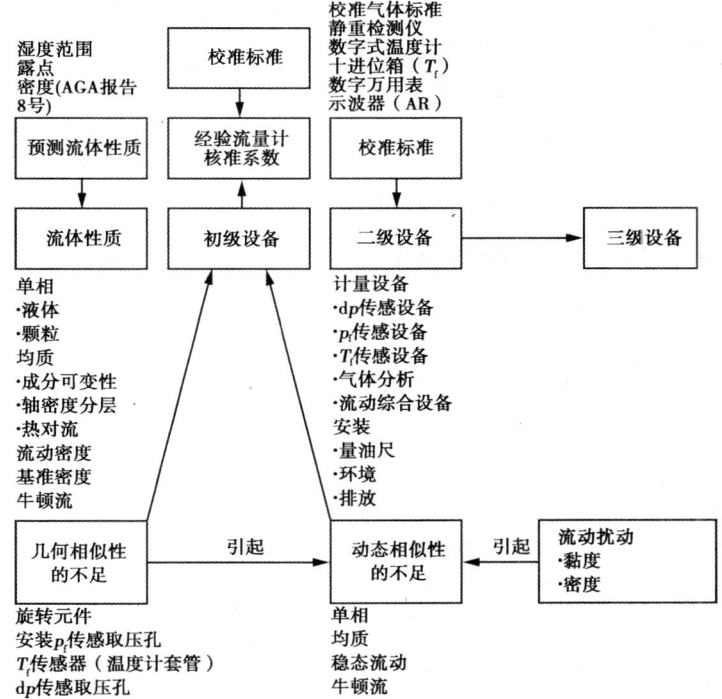

图 8.5　旋转位移流量计不确定度来源示意图（据 Savant 计量公司,2001 年）

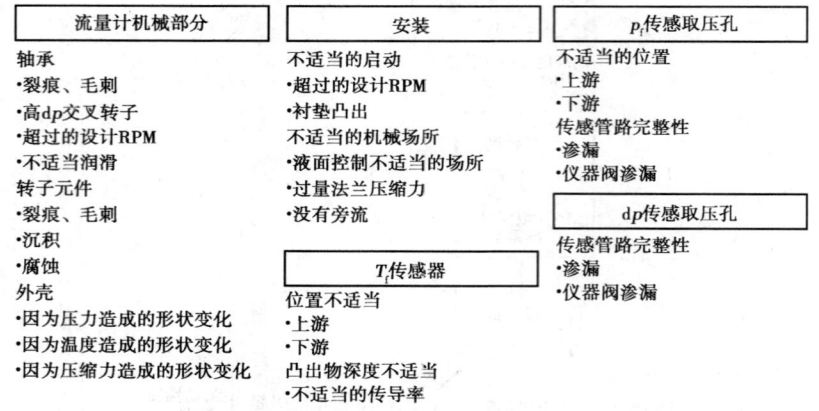

图 8.6　几何相似性不足特征（据 Savant 计量公司，2001 年）

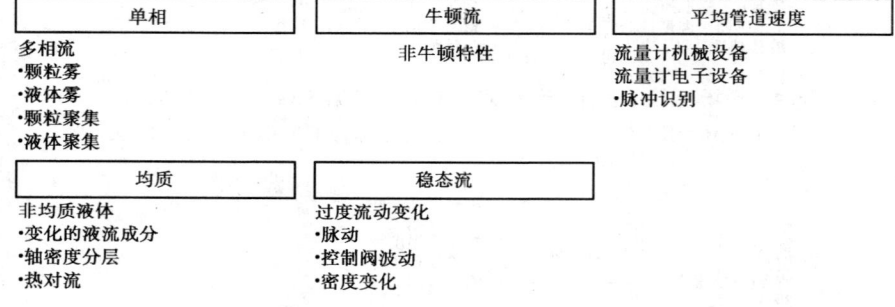

图 8.7　动力学相似性不足特征（据 Savant 计量公司，2001 年）

8.6　误差来源

旋转位移流量计对矿场环境中的以下未控制参数具有高灵敏度：

(1)流动流中的颗粒。

(2)流量计主体上的过度压缩力。

(3)流量计内表面上(叶片和主体)上的内膜形成或分解。

(4)轴承磨损。

8.6.1　颗粒

因为转子(或叶片)之间的间隙以及转子和流量计主体之间的间隙小，需要颗粒过滤器保证流量计的连续运转。如果管锈(氧化亚铁、砂、焊接熔渣等)进入流量计，设备性能受到损害并且可能完全停止旋转(冻结)。

8.6.2　过度压缩力

对于旋转位移流量计的假设是：校准时的条件(压缩力)在密封输送时期内不变。来自连接管道(或与基础有关的问题)的过度压缩力影响叶片的摩擦力，与劣质轴承相似。

8.6.3　内膜的形成及分解

对于旋转位移流量计的一个假设是在密封输送时期内，校准时的内膜形成或分解不变。对给定内膜形成或分解的灵敏度是旋转位移流量计内径(ID)、叶片之间间隙容差的函数。

8.6.4 轴承磨损

对于旋转位移流量计的一个假设是在密封输送时期内,校准时的轴承条件(和润滑系统)不变。轴承的过量润滑和轴承磨损在转子上产生过量摩擦力(增加了流过流量计的气体损耗)。因此,旋转位移流量计计量流体量过低。

8.7 风险管理

相对于财政管理,风险管理是相对简单的并且被高级管理所支持。对于高财政风险设备(商品价值乘以生产量)来说,分配较高的资本和操作资源以便把风险降低到可接受水平。检验、测试和检定的频率至少每月一次或一年一次。在最低工业标准以上设计和保养设备以便管理财政风险(测量不准、诉讼和仲裁)。对于低财政风险设备(商品价值乘以生产量),分配较少的资本和操作资源以便把风险降低到可接受水平。以最低工业标准设计和保养设备以便管理财政风险(测量不准、诉讼和仲裁)。

8.7.1 初级设备校准

用关键设备或现场方法校准旋转位移流量计。应该用两种方法之一校准旋转位移流量计:
(1)在认可的流动试验室用天然气作为试验介质进行动态校准。
(2)使用便携式或固定校准系统用天然气作为试验介质进行动态校准。

测试的细节应该符合用户的技术要求,不在本书的范围之内。

这些测试的文件和结果是涡轮流量计审计追踪的一部分(校准文件)并且在设备的使用期限内保留这些文件和结果。

8.7.2 测试、检定、校准和保养时间间隔

为了减小财政风险,初级设备、二级设备和三级设备的测试、检定、校准和保养的频率应该由设备操作人员控制。所有安装都需要与 API MPMS 第 21.1 节"电子气体计量"一致。

8.7.2.1 初级设备

为了保证与关键设备校准技术一致,应该在预定的时间间隔对流量计的机械条件、渗漏、电子动态和流量计主体内液体或管锈的出现进行矿场检验和检定。另外,需要保证稳态质量流动,实际上认为在设备的操作条件下,该流动是清洁、单相、均质的牛顿型流体。在初始安装后,应该在认证的流动实验室,以协议的时间间隔对旋转位移流量计进行动态重新校准。应该尽可能接近设备的正常操作压力进行重新校准。

8.7.2.2 二级设备

应该以满足 API MPMS 第 21.1 节的标准要求作为最低标准的时间间隔进行二级设备的测试、检定、校准、认证和保养。对于较高财政风险设备来说,时间间隔通常比 API 标准更频繁,以便把财政风险降低到可接受的商业水平。

8.7.2.3 三级设备

再一次以满足 API MPMS 第 21.1 节的标准要求作为最低标准的时间间隔进行三级设备的测试、检定、校准、认证和保养。对于较高财政风险设备来说,时间间隔通常比 API 标准更频繁,以便把财政风险降低到可接受的商业水平。这些测试的文件和结果是旋转位移流量计审计追踪的一部分(校准文件)并且在设备的使用期限内保留这些文件和结果。

9 计　　算

财政测量系统的目的是为了准确地测量流体。在计算流体数量之前必须依靠技术上可靠与工业上认可的方法测定或计算流体物理性质。

与此相关的还有测量设备所确定的以下参数：

(1) 质量流速。

(2) 基准条件下的体积流量。

(3) 流量——质量、基准体积和基本能量。

用下标 b 表示在基准条件或参比条件下的体积单位。

9.1 基准条件

在美国习惯(USC)制单位和国际制单位(SI)之间，天然气温度和压力的基准(或标准)状态不同。在 USC 系统中，通常在等于 14.73psia(101.560kPa)压力和 60.0°F(15.56℃)温度下表示基准(或标准)状态。在 SI 系统中，通常在等于 101.325kPa(14.696psia)压力和 15.00℃(59.0°F)温度下表示基准(或标准)状态。因为政府法规不同，每个地区(国家、州或省)的基准状态可能有变化。

美国天然气标准化委员会(GISB)给出商业气体标准为：以立方英尺为单位时，标准条件为 14.73psia、60.0°F 的干燥气体；以立方米为单位时，标准条件为 101.325kPa、15.00℃ 的干燥气体。

根据组分分析计算质量密度(ρ_b、ρ_{tp})和热值(HHV_b)时，通常把多组分天然气中的水的摩尔百分含量(或分数)当作零。对于密闭输送而言，既然水蒸气的含量基本为零，因此基准体积和热值通常以"干气"为基础。

9.2 物理性质

关税、合同和报道的管理要求规定了基准压力和温度(p_b、T_b)以及适当的计量标准(AGA8、GPA 2172)，以便计算财政应用的基准密度(ρ_b)、流动密度(ρ_{tp})和热值(HHV_b)。在全球石油界把此状态方法叫做 pTZ 法。

由 Lomic 公司开发的 SonicWare 是计算天然气几种关键物理性质的商业软件程序包：在流动(p_f、T_f)和基准状态(p_b、T_b)下给定组成的 Z_b、Z_{tp}、ρ_{tp}、ρ_b、μ、κ_{id}、κ_r 和 SOS_{tp}。由 Lomic 公司开发的 PhasePro 是商业软件程序包，该软件程序包用于计算相界面、反凝析液量和其他性质。

9.2.1 天然气组成

所有密闭输送天然气进行天然气组分分析(在线 GC 或试验室 GC)。气体组成结果的代表物和准确性的可靠程度是所有各方的责任。参数是气体取样系统以及计量气体组成(在线或离线 GC、GC 标准)方法和设备的函数。

气体组成是从有代表性的样品中得到的并且是根据标准确定的。气体组分分析在预测以下参数非常关键：MW_{gas}、RD_{id}、RD、HHV_b、W_s、Z_b、Z_{tp}、ρ_b、ρ_{tp}、μ、κ_r、SOS、水合物的形成、相界面和反凝析液估算。Wobbe 指数 W_s 是传递质量气体（成品）的可交换性的表示。气体组成的任何误差都影响质量流速（q_m）、基准状态下的体积流量（q_{vb}）、MW_{gas}、RD_{id}、RD、HHV_b、W_s、Z_b、Z_{tp}、ρ_b、ρ_{tp}、μ、κ_r、SOS、水合物形成、相界面和反凝析液估算。

对于超声波、涡轮和旋转位移流量计来说，气体组成中的误差对流动密度（ρ_{tp}）有适当影响。在孔板质量流动方程中，流动密度（ρ_{tp}）为平方根函数。因此，与涡轮、超声波和旋转位移流量计相比，孔板流量计对由于气体组成、p_f 和 T_f 确定造成的误差有一半灵敏度。

气体组成方面的任何误差都影响基准条件下的体积流量（q_{vb}）。因此，组成方面的误差对基准密度（ρ_b）有一定影响。气体组成方面的任何误差都影响基准条件（q_H）（即干基基准体积条件下使用高热值（HHV_b））下的能流量。气体组成方面的误差对干基基准体积条件下的高热值有重大影响。

9.2.2 相对分子质量

用以下方程计算多组分气流（MW_{gas}）：

$$MW_{gas} = \Sigma(x_j \times MW_j)$$

式中　MW_{gas}——天然气气流相对分子质量；
　　　x_j——气流 j 组分的摩尔分数；
　　　MW_j——气流 j 组分的相对分子质量。

9.2.3 理想相对密度

理想相对密度（RD_{id}）是气体分子质量与空气分子质量的比值。对于给定气体组成来说，理想相对密度是常数值，与温度和压力无关。根据以下方程计算理想相对密度：

$$RD_{id} = MW_{gas}/MW_{air}$$

代入并且合并，

$$RD_{id} = \Sigma(x_j \times MW_j)/MW_{air}$$

式中　RD_{id}——理想相对密度；
　　　MW_{gas}——天然气相对分子质量；
　　　MW_{air}——空气相对分子质量；
　　　x_j——j 组分的摩尔分数；
　　　MW_j——j 组分的相对分子质量。

用气相色谱测定了该气体组成并且计算出理想相对密度（RD_{id}）。

9.2.4 真实相对密度

真实相对密度（RD）是在相同压力和温度条件下气体密度与空气密度的比值。因为气体性质不理想，这一比值随着压力和温度略有变化。因此，必须在基准条件（p_b、T_b）下引用气体真实相对密度。根据以下方程计算在 p_b 和 T_b 下表示的相对密度：

$$RD = (MW_{gas}/MW_{air}) \times (Z_{b\,of\,air}/Z_{b\,of\,gas})$$

式中　MW_{gas}——天然气相对分子质量；
　　　MW_{air}——空气相对分子质量；

$Z_{\text{b of air}}$——在下 p_b 和 T_b 下的空气可压缩因子；

$Z_{\text{b of gas}}$——在下 p_b 和 T_b 下的气体可压缩因子。

用气相色谱测定了气体组成并且可用于计算 RD 值。

9.2.5 热值

热值是在与气体相同的压力和温度下过量空气中完全燃烧时，在基准压力和温度下给定气体体积释放的热量。在美国，常以国际英制热量单位(Btu_{IT})作为热值单位。在加拿大和墨西哥，通常以焦尔(J)、千焦尔(kJ)和兆焦尔(MJ)作为热值单位。在全球范围内的密闭输送中，以卡(cal)作为热值单位。也可以用千瓦小时(kW·h)表示，以便于与电能进行对比。

可用以下两种方法计算热值(HHV_b)：与组分分析结合的求和因子法(GPA 2172)或与组分分析结合的 A.G.A. 报告第 5 号提到的方法。密闭输送应用大部分采用 GPA 2172 与组分分析(在线 GC、流动—加权取样或有代表性的手工取样)相结合的方法。

采用 GPA 2172 求和因子，在 14.696psia 和 60°F 下用干基基准体积单位表示的总热值(HHV_{id})计算 HHV_b。用气相色谱测定气流组成并且在干基 14.696psia 和 60°F 下计算总热值(总 HHV_{id})。像由 GISB 和 A.G.A. 采用的那样，仅把在 14.73psia 和 60°F 下以干基基准体积单位表示的高热值(HHV_b)用于商业交易。

9.2.6 可压缩因子

用可压缩因子(Z)校正来自理想气体定律的偏差。用状态方程或基于以下相互关系的工业相互关系计算可压缩因子：

$$Z \sim f(\text{组成} \, p, T)$$

式中 Z——在 p、T 下给定组成的可压缩因子；

p——绝对压力；

T——温度。

采用以下方程，用可压缩因子(Z)计算气体质量密度(ρ)或密相流体：

$$\rho = (pMW_{\text{gas}})/(R \times Z \times T)$$

式中 ρ——流体质量密度；

MW_{gas}——气流相对分子质量；

R——通用气体常数；

Z——在 p、T 下给定组成的可压缩因子；

p——绝对压力；

T——温度。

在 USC 系统中，以 $(\text{psia ft}^3)/(\text{lb}_m \text{mol} \, °R)$ 单位表示通用气体常数(R)并且该通用气体常数确切等于 10.73164。必须以 psia 和 °R 表示压力和温度以便与通用气体常数(R)一致。流体质量密度(ρ)以 lb_m/ft^3 为单位。在 SI 系统中，以 $(\text{kPa m}^3)/(\text{kg}_m \text{mol} \, °K)$ 单位表示通用气体常数(R)并且该通用气体常数确切等于 8.314510。压力和温度必须以 kPa 和 °K 为单位以便与通用气体常数(R)一致。流体质量密度(ρ)以 kg_m/m^3 为单位。

9.2.7 基准密度

基准密度(ρ_b)是在基准压力和基准温度(p_b、T_b)下给定组成的流体的质量密度。采用以下方程,用基准可压缩因子(Z_b)计算气体或密相流体的质量密度(ρ):

$$\rho_b = [p_b \times MW_{gas}] / [R \times Z_b \times T_b]$$

式中 ρ_b——在 p_b 和 T_b 下的流体质量密度;

MW_{gas}——气流相对分子质量;

R——通用气体常数;

p_b——绝对压力;

Z_b——基准可压缩因子;

T_b——基准温度。

用以下方法之一确定基准密度(ρ_b):

(1)采用组分分析、p_b 和 T_b 的多组分流体的状态方程预测(A.G.A.8 的详细组成方法)。

(2)采用总热值、理想相对密度、CO_2 的摩尔分数、p_b 和 T_b 的工业相互关系(A.G.A.8 的粗略法1)。

(3)采用相对密度、N_2 的摩尔分数、CO_2 的摩尔分数、p_b 和 T_b 的工业相互关系(A.G.A.8 的粗略法2)。

(4)采用组分分析、p_b 和 T_b 的工业相互关系(GPA2172)。

在后面章节中介绍了 A.G.A.8 和 GPA 2172 方法的详细讨论。

GPA 2172 采用了求和因子法预测理想相对密度(RD_{id})、基本可压缩因子(Z_b)、真实相对密度(RD)、基准密度(ρ_b)和高热值(HHV_b)。用气相色谱测定气流组成并且计算理想相对密度(RD_{id})、基本可压缩因子(Z_b)、真实相对密度(RD)、基准密度(ρ_b)和高热值(HHV_b)。

9.2.8 流动密度

流动密度(ρ_{tp})是在流动压力和温度(p_f、T_f)下给定组成的流体质量密度。采用以下方程用流动可压缩因子(Z_{tp})计算气体或密相流体质量密度(ρ):

$$\rho_{tp} = [p_f MW_{gas}] / [R \times Z_{tp} \times T_f]$$

式中 ρ_{tp}——在 p_f 和 T_f 下的流体质量密度;

MW_{gas}——气流相对分子质量;

R——通用气体常数;

p_f——绝对压力;

Z_{tp}——基准可压缩因子;

T_f——基准温度。

用以下方法之一确定流动密度(r_{tp}):

(1)采用组分分析、p_f 和 T_f 的多组分流体的状态方程预测(A.G.A.8 的详细组成方法)。

(2)采用总热值、理想相对密度、CO_2 的摩尔分数、p_f 和 T_f 的工业相互关系(A.G.A.8 的粗略法1)。

(3)采用相对密度、N_2 的摩尔分数、CO_2 的摩尔分数、p_f 和 T_f 的工业相互关系(A.G.A.8

的粗略法2)。

在后面章节中介绍了A.G.A.8方法的详细讨论。

9.2.9 绝对黏度

绝对黏度是流体内、分子间对剪切应力的阻力的测量值。表示绝对黏度的另一种方式是流体润滑能力的显示。用以下通式建立与绝对黏度的相互关系：

$$\mu = f \sim (组成\ p_f, T_f)$$

对于天然气中孔板流量计的应用来说，绝对黏度的固定值通常为0.0103cP。对于较精确的天然气应用来说，可以用状态方程或工业相互关系预测在流动压力和温度（p_f、T_f）下给定组成的绝对黏度（μ）。

9.2.10 等熵指数

等熵指数（κ）是当流体流过差压式流量计（孔板、文丘里、亚音速喷嘴、V—圆锥、皮托管）时，膨胀流体压力和密度之间相互关系的热力学性质。在计量中应用两种类型的等熵指数：理想等熵指数（κ_{id}）和真实等熵指数（κ_r）。

对于在天然气中使用Buckingham膨胀因子（Y）的孔板应用来说，理想等熵指数（κ_{id}）应该具有API MPMS1.30的固定值（第14.3节）。对于在天然气中使用ISO膨胀因子（Y_{ISO}）的孔板应用来说，在膨胀因子方程中应该应用真实等熵指数（κ_r）。对于其他差压流量计（文丘里、亚音速喷嘴、V—圆锥流量计）来说，由以下通式建立与真实等熵指数（κ_r）的相互关系：

$$\kappa_r = f \sim (组成\ p_f, T_f)$$

对于其他差压流量计（文丘里、亚音速喷嘴、V—圆锥）来说，需要第三个系数（Y）方程并且应该从制造商那里获得。需要状态方程或工业相互关系计算文丘里、亚音速喷嘴、V—圆锥流量计的实际等熵指数（κ_r）。

9.2.11 声速

声速（SOS）是声波通过介质传播的速度。对于超声波流量计来说，测定的SOS是超声波信号通过流体的速度。预测的SOS_{tp}是变化的，是给定组成的流动压力和温度（p_f、T_f）的函数：

$$SOS_{tp} = f \sim (组成\ p_f, T_f)$$

需要用状态方程或工业相互关系计算预测的SOS。

9.2.12 相界面

为了预测相界面，通常使用能够买得到的软件。这些软件包括两个状态方程：Peng-Robinson（PR）或Soave-Redlich-Kwong（SRK）。Peng-Robinson或Soave-Redlich-Kwong方程用与经验相互作用系数相结合的流体组分分析预测相界面。因为经验相互作用系数与这些商业程序有关，所以不同的软件程序包给出了不同的PR和SRK结果。对于相同软件程序包来说，根据作者的以往应用经验，与SRK相比，PR预测的临界凝析温度（约5℉）和临界凝析压力（约100psia）都较低（图9.1）。还用相界面软件预测集气系统的反凝析液生成量（图9.2和图9.3）。

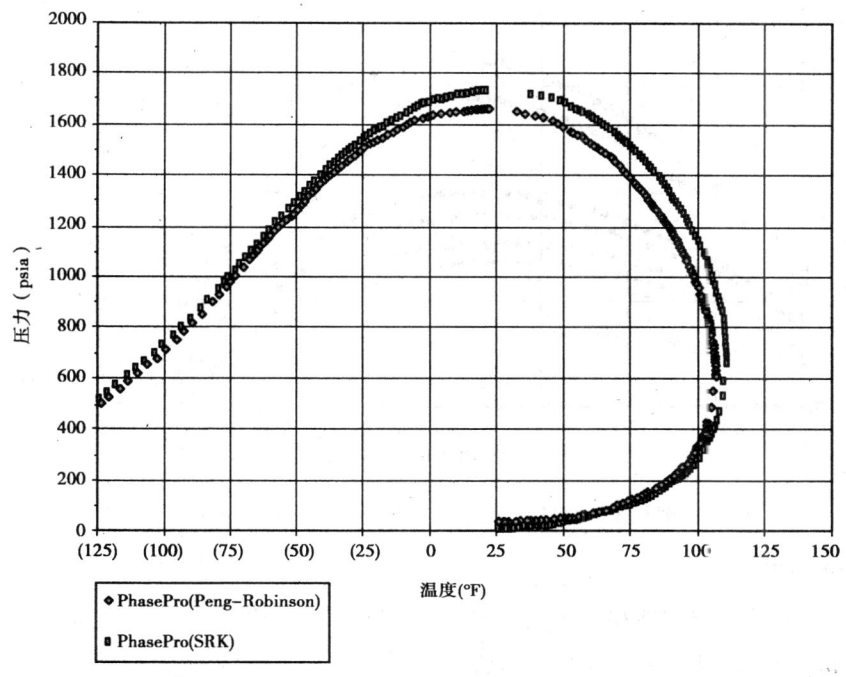

图 9.1 GOM 生产的销售气的相界面

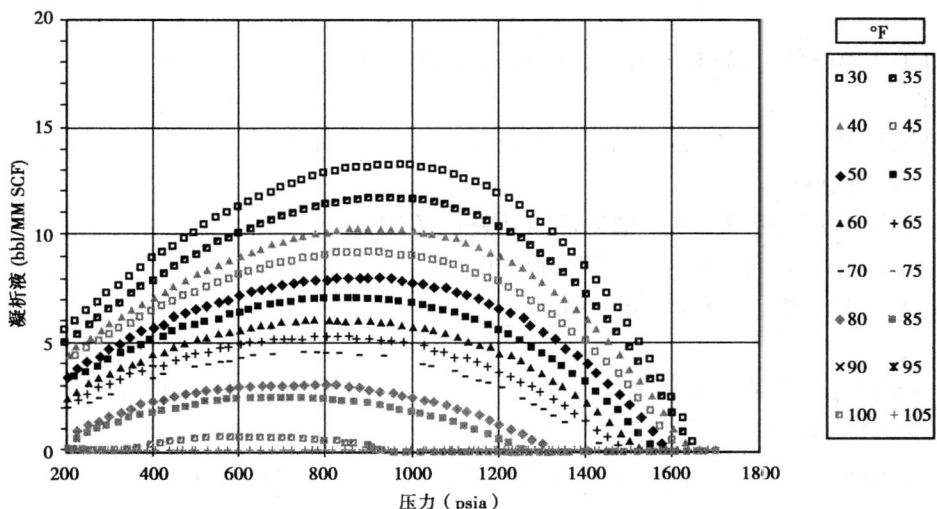

图 9.2 GOM 生产的销售气形成逆向区的 PR 曲线

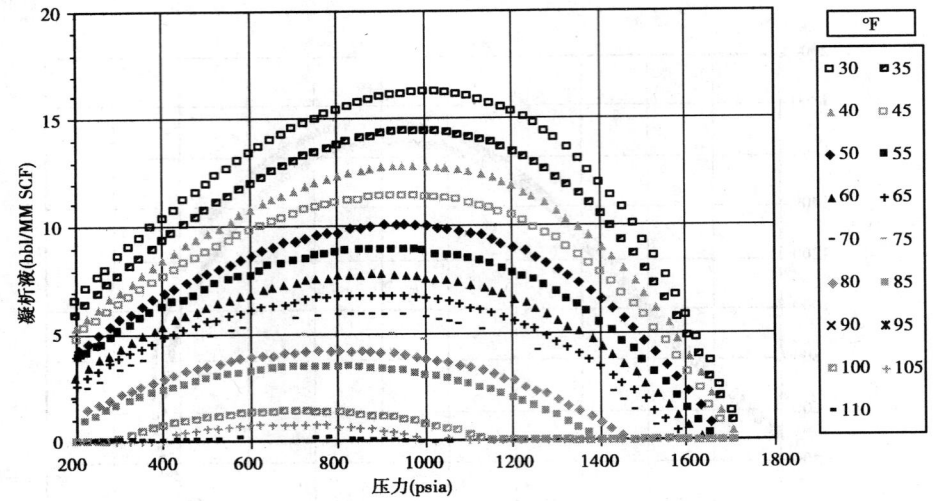

图 9.3 GOM 生产的销售气形成逆向区的 SRK 曲线

9.3 天然气密度

应该根据技术可防御性和认可的商业惯例选择确定基准密度(ρ_b)和流动密度(ρ_{tp})的方法。在全球石油界把状态方法叫做 pTZ 法。

9.3.1 基准密度

用以下方法之一确定基准密度(ρ_b):

(1)采用组分分析、T_b 和 p_b 的多组分流体的状态方程预测(A.G.A.8 的详细组成方法)。

(2)采用总热值、理想相对密度、CO_2 的摩尔分数、T_b 和 p_b 的工业相互关系(A.G.A.8 的粗略法 1)。

(3)采用理想相对密度、N_2 的摩尔分数、CO_2 的摩尔分数、T_b 和 p_b 的工业相互关系(A.G.A.8 的粗略法 2)。

(4)采用组分分析、T_b 和 p_b 的工业相互关系(GPA 2172)。

GPA 2172 采用了求和因子法预测理想相对密度(RD_{id})、基准可压缩因子(Z_b)、真实相对密度(RD)、基准密度(r_b)和高热值(HHV_b)。

9.3.2 流动密度

流动密度(ρ_{tp})是在流动压力(p_f)和温度(T_f)下给定组成的流体的质量密度。用以下方法之一确定流动密度。

(1)采用组分分析、T_f 和 p_f 的多组分流体的状态方程预测(A.G.A.8 的详细组成方法)。

(2)采用总热值、理想相对密度、CO_2 的摩尔分数、T_f 和 p_f 的工业相互关系(A.G.A.8 的粗略法 1)。

(3)采用理想相对密度、N_2 的摩尔分数、CO_2 的摩尔分数、T_f 和 p_f 的工业相互关系(A.G.A.8 的粗略法 2)。

(4)在线流体密度计。

总的来说,只有在气流超过状态方程或工业相互关系限制的时候,证明在线密度计测定流动密度(ρ_{tp})才是正确的。在使用在线密度计的情况下,设计者必须选择确定气流基准密度(ρ_b)的方法。

9.3.3 GPA 2172 的求和因子法

GPA 2172(API MPMS 第14.5节)中"根据组分分析计算天然气混合物的总热值、相对密度和可压缩因子"概述了计算各种性质的求和因子法。用这一方法计算了多组分天然气流的以下性质:

(1)气流的相对分子质量(MW_{gas})。
(2)在14.696psia 和60°F 下的气流可压缩因子(Z_b)。
(3)在 p_b 和60°F 下的气流可压缩因子(Z_b)。
(4)理想相对密度(RD_{id})。
(5)真实相对密度(RD)。
(6)在14.696psia 和60°F 下的气流基准密度(ρ_b)。
(7)在 p_b 和60°F 下的气流基准密度(ρ_b)。
(8)在14.696psia 和60°F 下干基的热值(总 HV_{id})。
(9)在 p_b 和60°F 下干基上的热值(HHV_b)。

关税、合同和报道的管理技术要求通常规定 GPA 2172 用组分分析、基准压力(p_b)和基准温度(T_b)计算热值(HHV_b)。

9.3.4 A.G.A. 第8号报告

用5个天然气混合物(墨西哥湾沿岸、Amarillo、Ekofisk、高 N_2 和高 CO_2—N_2)回归 API MPMS 第14.2节(代替 NX19)。在该回归中也包括单组分(或纯)气体和二元气体混合物以便确定状态方程和混合规则中的可靠程度。A.G.A.8 的回归数据库不包括某些石蜡烃、烯烃或硫化氢。此时还不知道这些组分对密度预测的影响。

20世纪中期采用的 A.G.A.8 是计算天然气几种关键物理和其他烃气可压缩因子和密度的标准、不确定度计算和计算机程序列表。A.G.A.8 使用了混合状态方程,该状态方程综合了来自低质量密度条件的维里形式和来自高质量密度条件的 Benedict-Webb-Rubin-Starling(BWRS)形式的特性。A.G.A.8 使用了两种方法(详细法和粗略法)和3个实施方案。

9.3.4.1 A.G.A.8 的详细方法

在采用的限制内,该详细方法可应用于气体处理设备上游和下游的天然气(原材料和成品)。该方法具有单独的实施方案,该方案需要对气流进行组分分析。该方法可应用于气相(无液或两相区域)并且可在临界点附近应用。该方法的更多限制是:

(1)对于水来说,限制是水露点(无自由水)。
(2)对于烃类和非烃类来说,限制是烃露点(无烃液)或对每个组分规定的限制。
(3)组成限制包括正常和扩展的范围。
(4)有对 RD_{id} 和总 HV_b 的限制。

在图9.4中表示的组成限制内,不确定度是变化的,是操作温度和压力(T_f、p_f)的函数。

A.G.A.8 密度不确定度（±U%）详细表征方法

等温线			压力 (MPa$_a$, bar$_a$, psia)									
(°K)	(°C)	(°F)	3.45 / 34.47 / 500	6.89 / 68.95 / 1000	10.34 / 103.42 / 1500	12.07 / 120.66 / 1750	13.79 / 137.90 / 2000	17.24 / 172.37 / 2500	34.47 / 344.74 / 5000	68.95 / 689.48 / 10000	137.90 / 1378.95 / 20000
144.26	(128.89)	(200.00)	0.50	0.50	0.50	0.50	0.50	0.50	0.50	0.50	1.00
210.92	(62.23)	(80.01)	0.30	0.30	0.30	0.30	0.30	0.30	0.50	0.50	1.00
210.93	(62.22)	(80.00)	0.30	0.30	0.30	0.30	0.30	0.30	0.50	0.50	1.00
264.82	(8.33)	17.01	0.10	0.10	0.10	0.10	0.30	0.30	0.50	0.50	1.00
264.82	(8.33)	17.00	0.10	0.10	0.10	0.10	0.30	0.30	0.50	0.50	1.00
277.59	4.44	40.00	0.10	0.10	0.10	0.10	0.30	0.30	0.50	0.50	1.00
288.71	15.56	60.00	0.10	0.10	0.10	0.10	0.30	0.30	0.50	0.50	1.00
299.82	26.67	80.00	0.30	0.30	0.30	0.30	0.30	0.30	0.50	0.50	1.00
334.82	61.67	143.01	0.30	0.30	0.30	0.30	0.50	0.50	0.50	0.50	1.00
334.82	61.67	143.00	0.50	0.50	0.50	0.50	0.50	0.50	0.50	0.50	1.00
394.26	121.11	250.01	0.50	0.50	0.50	0.50	0.50	0.50	0.50	0.50	1.00
394.27	121.12	250.00	0.50	0.50	0.50	0.50	0.50	0.50	0.50	0.50	1.00
477.59	204.44	400.00	0.50	0.50	0.50	0.50	0.50	0.50	0.50	0.50	1.00

项目	一般范围	扩展范围	
相对密度	0.554 ~ 0.87	0.07 ~ 1.52	@ 60 °F, 14.73 psia
总热值	477 ~ 1150 Btu/scf	0 ~ 1800 Btu/scf	@ 60 °F, 14.73 psia
总热值	18.7 ~ 45.1 MJ/m³	0 ~ 66 MJ/m³	@ 25 °C, 0.101325 MPa

图9.4a　A.G.A.8的详细法：不确定度和限制条件

组分	符号	摩尔百分含量（%）	
		一般范围	扩展范围
石蜡烃			
甲烷	CH_4	45.0 ~ 100.0	0 ~ 100.0
乙烷	C_2H_6	0 ~ 10.0	0 ~ 100.0
丙烷	C_3H_8	0 ~ 4.0	0 ~ 12.0
丁烷	C_4H_{10}	0 ~ 1.0	0 ~ 6.0
戊烷	C_5H_{12}	0 ~ 0.3	0 ~ 4.0
正己烷	$C_6H_{14}+$	0 ~ 0.2	0~露点
正庚烷	C_7H_{16}	己烷以上部分	己烷以上部分
正辛烷	C_8H_{18}	己烷以上部分	己烷以上部分
正壬烷	C_9H_{20}	己烷以上部分	己烷以上部分
正癸烷	$C_{10}H_{22}$	己烷以上部分	己烷以上部分
非烃			
氢气	H_2	0 ~ 10.0	0 ~ 100.0
氦	He	0 ~ 0.2	0 ~ 3.0
水	H_2O	0 ~ 0.05	0~露点
一氧化碳	CO	0 ~ 3.0	0 ~ 3.0
氮气	N_2	0 ~ 50.0	0 ~ 100.0
氧气	O_2	0 ~ 21.0	0 ~ 21.0
硫化氢	H_2S	0 ~ 0.02	0 ~ 100.0
氩	Ar	0	0 ~ 1.0
二氧化碳	CO_2	0 ~ 30.0	0 ~ 100.0

图9.4b　A.G.A.8 的详细法：不确定度和限制条件

9.3.4.2　A.G.A.8 的粗略法

在采用的限制内，该粗略表征方法可应用于气体处理厂上游和下游的天然气（原材料和成品）。对于这种粗略法来说，不确定度是变化的，是在图 9.5 显示的组成限制内操作温度和压力（T_f、p_f）的函数。

在临界点附近范围内，该粗略法可应用于气相（无液体或两相区域）。该方法的更多限制如下：

(1) 对于水来说，限制是摩尔百分含量为 0.05。

(2) 对于烃类和非烃类来说，规定对每个组分的限制。

(3) 组成限制仅在正常范围内。

(4) 对 RD_{id} 和总 HV_b 限制。

该粗略表征方法近似地把天然气混合物看作是 3 个组分的混合物：等效烃组分（例如，拟烃组分）、氮和二氧化碳。用等效烃类 CH 总的表示在气体混合物中发现的所有烃类。氮和二氧化碳是稀释组分。换句话说，根据实施方法（方法 1 和方法 2）的不同输入量，用该粗略法合成了天然气混合物。第一个实施程序——A.G.A.8 的粗略法 1 需要输入总热值、理想相对密度、CO_2 的摩尔分数、p_b、p_f、T_b 和 T_f。第二个实施程序——A.G.A.8 的粗略法 2 需要输入理想相对密度、N_2 的摩尔分数、CO_2 的摩尔分数、p_b、p_f、T_b 和 T_f。

9.4　GPA 2172 标准与 A.G.A.8

对于 4 个天然气组分（GOM 生产销售气（表 9.1）、GOM 气处理厂进口气（表 9.2）、GOM 气处理厂出口气（表 9.3）和 LNG 厂出口气（表 9.4））来说，用 GP 2172 的求和因子法准备了各种物理性质的计算。显示了在 A.G.A.8 和 GPA 2172 中包括的方法的基准密度（ρ_b）结果的差异，以便证明其非常吻合。如表中所示，结果正好在计量标准规定的不确定度内。采用 A.G.A.8 的详细方法，用 SonicWare™ 2.3 版本计算了 4 个组分的基准密度（ρ_b）。

A.G.A.8 密度不确定度(±U^{95})
总表征方法

等温线			压力(MPa_a, bar_a, psia)									
(°K)	(°C)	(°F)	3.45 / 34.47 / 500	5.17 / 51.71 / 750	6.89 / 68.95 / 1000	8.27 / 82.74 / 1200	13.79 / 137.90 / 2000	17.24 / 172.37 / 2500	34.47 / 344.74 / 5000	68.95 / 689.48 / 10000	137.90 / 1378.95 / 20000
264.82	(-8.33)	17.01	NA	NA	NA	NA	NA	NA	NA	NA	NA
273.15	0.00	32.00	0.10	0.10	0.10	0.10	NA	NA	NA	NA	NA
277.59	4.44	40.00	0.10	0.10	0.10	0.10	NA	NA	NA	NA	NA
288.71	15.56	60.0	0.10	0.10	0.10	0.10	NA	NA	NA	NA	NA
299.82	26.67	80.00	0.10	0.10	0.10	0.10	NA	NA	NA	NA	NA
327.59	54.44	130.00	NA	NA	NA	NA	NA	NA	NA	NA	NA
334.82	61.67	143.01	NA	NA	NA	NA	NA	NA	NA	NA	NA

方法	1	总热值, 相对密度, CO_2 摩尔分数
方法	2	相对密度, N_2 摩尔分数, CO_2 摩尔分数

项目	一般范围	扩展范围	
相对密度	0.554～0.87	—	@ 60 °F, 14.73 psia
总热值	477～1150 Btu/scf	—	@ 60 °F, 14.73 psia
总热值	18.7～45.1 MJ/m³	—	@ 25 °C, 0.101325 MPa

图9.5a　A.G.A.8的粗略法：不确定度和限制条件

组成	符号	摩尔百分含量(%)	
		一般范围	扩展范围
石蜡烃			
甲烷	CH_4	45.0 ~ 100.0	-
乙烷	C_2H_6	0 ~ 10.0	-
丙烷	C_3H_8	0 ~ 4.0	-
丁烷	C_4H_{10}	0 ~ 1.0	-
戊烷	C_5H_{12}	0 ~ 0.3	-
正己烷	$C_6H_{14}+$	0 ~ 0.2	-
正庚烷	C_7H_{16}	己烷以上部分	-
正辛烷	C_8H_{18}	己烷以上部分	-
正壬烷	C_9H_{20}	己烷以上部分	-
正癸烷	$C_{10}H_{22}$	己烷以上部分	-
非烃			
氢气	H_2	0 ~ 10.0	-
氦	He	0 ~ 0.2	-
水	H_2O	0 ~ 0.05	-
一氧化碳	CO	0 ~ 3.0	-
氮气	N_2	0 ~ 50.0	-
氧气	O_2	0	-
硫化氢	H_2S	0 ~ 0.02	-
氩	Ar	0	-
二氧化碳	CO_2	0 ~ 30.0	-

图 9.5b A.G.A.8 的粗略法:不确定度和限制条件

表 9.1 GOM 生产的销售气体(GPA 2172 对 A.G.A.8)

GPA 2172			
MW_{air}	28.9625		$lb_m/(lb_m \times mol)$
MW_{gas}	19.1542		$lb_m/(lb_m \times mol)$
p_b	14.73		psia
T_b	60.00		°F
R	10.73164		$(psia \times ft^3)/(lb_m \times mol \times °R)$
$Z_{b\ of\ air}$	0.999632		在 14.696psia 和 T_b 下
$Z_{b\ of\ gas}$	0.997028		在 14.696psia 和 T_b 下
$Z_{b\ of\ gasr}$	0.997022		在 p_b 和 T_b 下
RD_{id}(干气)	0.6613		理想相对密度
RD(干气)	0.6630		在 p_b 和 T_b 下的理想相对密度
ρ_b	0.049284		在 14.696psia 和 T_b 下的 lb_m/ft^3
ρ_b	0.049398		在 p_b 和 T_b 下的 lb_m/ft^3
总 HV_{id}	1168.4		14.696psia 和 60°F 时干气燃烧热值(Btu/ft^3)
HHV_b	1171.1		p_b 和 T_b 时干气燃烧热值(Btu/ft^3)
SonicWare 版本 2.3			
T_b	60.00		°F
p_b	14.73		psia
$Z_{b\ gas}$	0.997090		在 p_b 和 T_b 下
ρ_b	0.050739		在 p_b 和 T_b 下的 lb_m/ft^3
ρ_b	(0.01)		% A.G.A.8 与 GPA 2172

表9.2 GOM气体厂进口物料(GPA 2172 对 A.G.A.8)

GPA 2172			
MW_{air}	28.9625		$lb_m/(lb_m \times mol)$
MW_{gas}	18.6506		$lb_m/(lb_m \times mol)$
p_b	14.73		psia
T_b	60.00		°F
R	10.73164		$(psia \times ft^3)/(lb_m \times mol \times °R)$
$Z_{b\ of\ air}$	0.999632		在 14.696psia 和 T_b 下
$Z_{b\ of\ gas}$	0.997222		在 14.696psia 和 T_b 下
$Z_{b\ of\ gas}$	0.997215		在 p_b 和 T_b 下
RD_{id}(干气)	0.644		理想相对密度
RD(干气)	0.6456		在 p_b 和 T_b 下的真实相对密度
ρ_b	0.049284		在 14.696psia 和 T_b 下的 lb_m/ft^3
ρ_b	0.049398		在 p_b 和 T_b 下的 lb_m/ft^3
总 HV_{id}	1137.1		14.696psia 和 60°F 时干气燃烧热值(Btu/ft³)
HHV_b	1139.7		p_b 和 T_b 时干气燃烧热值(Btu/ft³)
SonicWare 版本 2.3			
T_b	60.00		°F
p_b	14.73		psia
$Z_{b\ gas}$	0.997265		在 p_b 和 T_b 下
ρ_b	0.049396		在 p_b 和 T_b 下的 lb_m/ft^3
ρ_b	0.00		% A.G.A.8 与 GPA 2172

表9.3 GOM气体厂出口物料(GPA 2172 对 A.G.A.8)

GPA 2172			
MW_{air}	28.9625		$lb_m/(lb_m \times mol)$
MW_{gas}	16.7994		$lb_m/(lb_m \times mol)$
p_b	14.73		psia
T_b	60.00		°F
R	10.73164		$(psia \times ft^3)/(lb_m \times mol \times °R)$
$Z_{b\ of\ air}$	0.999632		在 14.696psia 和 T_b 下

续表

GPA 2172			
$Z_{b\ of\ gas}$	0.997845		在 14.696psia 和 T_b 下
$Z_{b\ of\ gas}$	0.997840		在 p_b 和 T_b 下
RD_{id}(干气)	0.58		理想相对密度
RD(干气)	0.5810		在 p_b 和 T_b 下的真实相对密度
ρ_b	0.044365		在 14.696psia 和 T_b 下的 lb_m/ft^3
ρ_b	0.044467		在 p_b 和 T_b 下的 lb_m/ft^3
总 HV_{id}	1031.4		14.696psia 和 60°F 时干气燃烧热值(Btu/ft³)
HHV_b	1033.8		p_b 和 T_b 时干气燃烧热值(Btu/ft³)
SonicWare 版本 2.3			
T_b	60.00		°F
p_b	14.73		psia
$Z_{b\ gas}$	0.997858		在 p_b 和 T_b 下
ρ_b	0.044467		在 p_b 和 T_b 下的 lb_m/ft^3
ρ_b	0.00		% A.G.A.8 与 GPA 2172

表 9.4 LNG 厂出口物料(GPA 2172 对 A.G.A.8)

GPA 2172			
MW_{air}	28.9625		$lb_m/(lb_m \times mol)$
MW_{gas}	16.4399		$lb_m/(lb_m \times mol)$
p_b	14.73		psia
T_b	60.00		°F
R	10.73164		$(psia \times ft^3)/(lb_m \times mol \times °R)$
$Z_{b\ of\ air}$	0.999632		在 14.696psia 和 T_b 下
$Z_{b\ of\ gas}$	0.998016		在 14.696psia 和 T_b 下
$Z_{b\ of\ gasr}$	0.998011		在 p_b 和 T_b 下
RD_{id}(干气)	0.5676		理想相对密度
RD(干气)	0.5685		在 p_b 和 T_b 下的真实相对密度
ρ_b	0.043408		在 14.696psia 和 T_b 下的 lb_m/ft^3
ρ_b	0.043508		在 p_b 和 T_b 下的 lb_m/ft^3
总 HV_{id}	991.7		14.696psia 和 60°F 时干气燃烧热值(Btu/ft³)
HHV_b	994.0		p_b 和 T_b 时干气燃烧热值(Btu/ft³)

续表

SonicWare 版本 2.3		
T_b	60.00	°F
p_b	14.73	psia
$Z_{b\,gas}$	0.998030	在 p_b 和 T_b 下
ρ_b	0.043508	在 p_b 和 T_b 下的 lb_m/ft^3
ρ_b	0.00	% A.G.A.8 与 GPA 2172

9.5 管内质量流速

不同流量计技术之间的主要差别是在实际条件下流量计达到体积流量(q_{av})并且是否液体密度(ρ_{tp})为平方根的方式。根据以下方程得到管线(圆形导管)内的质量流速:

$$q_m = q_{av} \times \rho_{tp}$$
$$q_{av} = V_{avg} \times A_p$$

合并,

$$q_m = V_{avg} \times A_p \times \rho_{tp}$$

式中 q_m——质量流速;
q_{av}——实际条件下的体积流量;
ρ_{tp}——流动条件下的流体密度;
V_{avg}——平均管线速度;
A_p——管线的横截面积。

并且

$$A_p = (\pi/4) \times D^2$$

式中 A_p——在 p_f 和 T_f 下管线的横截面积;
π——国际数值常数,3.141593;
D——在 p_f 和 T_f 下管线的内径。

现在在 p_f 和 T_f 下,

$$A_p = f(D, \alpha_{pipe}, E_{pipe}, p_f, T_f)$$
$$D = D_r \times CTS \times CPS$$

式中 D——p_f 和 T_f 下的管线内径;
D_r——T_r 下的管线内径;
CTS——钢管线的温度校正;
CPS——钢管线的压力校正。

并且

$$CTS = 1 + [\alpha_{pipe} \times (T_f - T_r)]$$

式中 T_f——流动温度；

T_r——参考温度；

α_{pipe}——管线热膨胀线性系数。

并且

$$CPS = 1 + \{1/3 \times [(p_f \times p_{atm}) \times D_r]/(E_{pipe} \times wt)\}$$

式中 p_f——流动压力；

p_{atm}——大气压；

D_r——在 T_r 下的管线内径；

E_{pipe}——管线的弹性模量；

wt——管线的壁厚。

最后，在 p_f 和 T_f 下的 A_p 为

$$A_p = (\pi/4) \times [(D_r \times CTS \times CPS)^2]$$

9.6 孔板流量计的质量流速

对于孔板流量计来说，根据以下方程得到质量流速（q_m）：

$$q_m = N_1 C_d E_v Y d^2 \sqrt{(\rho_{tp} \mathrm{d}p)}$$

式中 q_m——质量流速；

N_1——单位换算系数；

C_d——孔板流量计经验流出系数；

E_v——渐近速度；

Y——经验膨胀因子；

d——流动温度下的孔板孔直径；

ρ_{tp}——流动条件下的液体密度；

$\mathrm{d}p$——孔板传感取压孔之间的差压。

由于需要参数（D、d、β）[而不是流动压力（p_f）]进行适当计算，补偿了流动温度（T_f）下的参比直径（D_r、d_r）。为了求解质量流速（q_m）、流出系数（C_d）和雷诺数（Re_D）方程，需要 Newton-Raphson 迭代解。

9.6.1 流动温度下的直径

对于 q_m、C_d、E_v 和 Re_D 方程来说，必须把参比温度下的孔板孔和管线（或拟合）内径（d_r、D_r）校正成流动温度下的直径（d、D）。

对于在 T_f 下的孔板孔直径（d）来说，

$$d = d_r \times [1 + \alpha_{plate} \times (T_f - T_r)]$$

式中 d——在 T_f 下的孔板孔直径；

d_r——在 T_r 下的孔板孔直径；

T_f——流动温度；

T_r——d_r 的参比温度；

α_{plate}——孔板热膨胀线性系数。

对于在 T_f 下的管线(或拟合)内径(D),

$$D = D_r \times [1 + \alpha_{\text{plate}} \times (T_f - T_r)]$$

式中　D——T_f 下的管线(或拟合)内径;

D_r——T_r 下的管线(或拟合)内径;

T_f——流动温度;

T_r——D_r 的参比温度;

α_{pipe}——管线热膨胀线性系数。

9.6.2　直径比

根据以下方程确定在流动温度下的直径比(β)(对于 q_m、C_d 和 E_v 方程来说是所需的):

$$\beta = d/D$$

式中　d——在 T_f 下的孔板孔直径;

D——在 T_f 下的直径。

9.6.3　渐近速度系数

计算渐近速度系数 E_v 如下:

$$E_v = 1/[(1 - \beta^4)^{0.5}]$$

式中　β——在流动温度下的直径比。

9.6.4　膨胀因子

在气相区域流动的所有流体被认为是可压缩的。对于在密相区域流动的流体来说,如果流动温度等于或大于其临界温度(以℉表示)的 70%,那么认为它是可压缩流体(按照 W. L. Spink 的观点)。

当可压缩流体流过节流装置(孔板)时膨胀。对于实际孔板流量计应用来说,假定膨胀沿着多变、理想、一维声道进行。这一假设把膨胀定义为可逆和绝热的(无热增加或损失)。在差压、流动压力和流动温度的实际操作范围内,膨胀因子方程对等熵指数的值不敏感。因此,对于矿场应用来说,完美或理想等熵指数的假设是合理的。

在 API MPMS 第 14.3 节的限制内,假定对于膨胀因子计算来说,在上游和下游 dp 传感取压孔的流体温度是相同的。

只要遵循以下无因次压力比标准,膨胀因子的应用就是有效的:

$$0.0 < dp/(N_3 \times p_{f_1}) < 0.20$$

或

$$0.8 < p_{f_1}/p_{f_2} < 1.0$$

式中　dp——孔板传感取压孔之间的差压;

N_3——单位换算系数;

p_{f_1}——上游传感取压孔的绝对静压;

p_{f_2}——下游传感取压孔的绝对静压。

由 Buckingham 博士推导出的经验膨胀因子 Y 应用于可压缩流体:

$$Y = 1 - (0.41 + 0.35 \times \beta^4) \times (x/\kappa_{id})$$

如果流动压力位于上游 dp 传感取压孔,

$$x = dp/(N_3 \times p_{f_1})$$

如果流动压力位于下游 dp 传感取压孔,

$$x = dp/[(N_3 \times p_{f_2}) + dp]$$

式中 dp——孔板传感取压孔的差压;

N_3——单位换算系数;

p_{f_1}——上游孔板传感取压孔的绝对静压;

p_{f_2}——下游孔板传感取压孔的绝对静压;

β——流动温度下的直径比;

κ_{id}——可压缩流体的理想等熵指数。

在 0.10~0.75 的 β 范围内可应用法兰取压孔的膨胀因子 Y。

9.6.5 用于法兰取压孔的 RG 流出系数方程

由 Reader-Harris/Gallagher(RG)推导出的同心直角边缘、法兰取压孔板流量计流量系数是在流动温度下管道雷诺数(Re_D)、传感取压孔位置、管线内径(D)和取压孔直径比(β)的函数:

$$C_d = f(Re_D, 传感取压孔位置, D, \beta)$$

假如孔板孔直径(d_r)大于 0.45in(11.4mm)并且管道雷诺数(Re_D)大于或等于 4000,该方程可应用于 2in(50mm)和更大的正常管线尺寸以及 0.10~0.75 的直径比(β)。对于在所示出的限制以下的直径比和管道雷诺数来说,需要考虑更多的不确定度。

安装法兰取压孔的孔板流量计的 RG 流量系数方程为

$$C_d(FT) = C_i(FT) + 0.000511 \times [(10^6 \times \beta)/Re_D]^{0.7} + (0.0210 + 0.0049 \times A)\beta^4 \times C$$

对于法兰取压孔的有限流量系数,

$$C_i(FT) = C_i(CT) + 取压孔$$

对于角接取压孔的有限流量系数,

$$C_i(CT) = 0.5961 + 0.0291 \times \beta^2 - 0.2290 \times \beta^8 + 0.0031(1 - \beta)M_1$$

对于取压孔项,

取压孔 = 上游 + 下游

上游 = $(0.0433 + 0.0712 \times e^{-8.5L1} - 0.1145 e^{-6.0L1})(1 - 0.23 \times A) \times B$

下游 = $-0.0116 \times [M_2 - 0.52(M_2^{1.3})] \times \beta^{1.1}(1 - 0.14 \times A)$

并且,

$$A = [(19000 \times \beta)/(Re_D)]$$
$$B = \beta^4/(1-\beta^4)$$
$$C = [106/Re_D]$$
$$M_1 = \max[2.8 - (D/N_4), 0.0]$$
$$M_2 = 2 \times L_2/(1-\beta)$$

对于法兰取压孔,

$$L_1 = L_1 = (N_4/D)$$

式中　β——直径比;
　　　$C_d(FT)$——特定 Re_D 下法兰取压孔板流量计的流量系数;
　　　$C_i(FT)$——有限 Re_D 下法兰取压孔的流量系数;
　　　$C_i(CT)$——有限 Re_D 下角接取压孔的流量系数;
　　　d——流动温度(T_f)下孔板孔直径;
　　　D——流动温度(T_f)下流量计内径;
　　　e——Naperian 常数,2.71828;
　　　L_1——法兰取压孔的上游取压孔位置;
　　　L_2——法兰取压孔的下游取压孔位置;
　　　N_4——以 in 为单位时,$D=1.0$;以 mm 为单位时,$D=25.4$;
　　　Re_D——管道雷诺数。

9.6.6　管道雷诺数

用以下方程可以计算管道雷诺数:

$$Re_D = [N_2 \times q_m]/[D \times \mu]$$

式中　q_m——质量流速;
　　　N_2——换算系数;
　　　D——流动温度(T_f)下的流量计内径;
　　　μ——流动条件(流体组成、p_f、T_f)下的绝对黏度。

RG 方程用管道雷诺数作为相关系数表示流量系数 C_d 相对于流体质量流速(通过孔板孔直径的速度)、流动密度(ρ_{tp})和流体黏度(μ)的变化。

9.6.7　孔板计算实例

像在 A.G.A. 第 3 号报告(API MPMS 第 14.3 节)中规定的那样,图 9.6 和图 9.7 给出了同心、直角边缘、法兰取压孔板流量计例子。图 9.6 给出了用 GOM 生产销售气组成的计算实例。图 9.7 给出了用 GOM 组成在气体处理厂出口的计算实例。

9.7　超声波流量计的质量流速

对于单声道或多声道超声波流量计来说,根据以下方程得到质量流速(q_m):

$$q_m = MF \times q_{av} \times \rho_{tp}$$
$$q_{av} = A_m \sum_i^n W_i V_i$$

直角边缘孔板流量流程菜单

管子（in）	11.37400		
在T_f下的β	0.5715346	12in Sch 80 流量计	
孔板dr（in）	6.50000	型号：1202Sch 80	
dp（60°F下水柱高度）	20.0000	250.0000	p_t 1385（psig）$-U_p$
			T_f 100.00（°F）
		流量计	ρ_{tp} 5.51190（lb_m/ft^3）
	打印屏幕	流体	ρ_b 0.05074（lb_m/ft^3）
	打印详细情况	主菜单	μ 0.01027（cP）
	低dp	高dp	K 1.3000
	dp OK	dp OK	
q_m	101820.49	358956.09	（lb_m/h）
q_v	2006.71	7074.42	（$10^3ft^3/h$）
Y	0.999823	0.997782	可压缩
C_d	0.603919	0.603417	
Re_D	5505409	19408669	
	ITER OK	ITER OK	（ft/s）
管子速度	7.3	25.6	（psid）
孔板压降	0.5	5.9	（psid）
GFC降压	0.0	0.5	
	β OK		运算序号
q_m位置	407281.96	1435824.36	（lb_m/h）
q_v位置	192.64	679.14	（$10^6ft^3/d$）

图9.6 GOM生产和销售气的孔板计算

方边孔板流量计流程菜单

管子（in）	6.06500		
在T_f下的β	0.5770851	6in Sch 40 流量计	
孔板dr（in）	3.50000	型号：601Sch 40	
dp（60°F下水柱高度）	20.0000	100.0000	p_t 185（psig）$-U_p$
			T_f 70.00（°F）
		流量计	ρ_{tp} 0.60750（lb_m/ft^3）
	打印屏幕	流体	ρ_b 0.04447（lb_m/ft^3）
	打印详细情况	主菜单	μ 0.01027（cP）
	低dp	高dp	K 1.3000
	dp OK	dp OK	
q_m	9831.93	21848.82	（lb_m/h）
q_v	221.11	491.35	（$10^3ft^3/h$）
Y	0.998752	0.993761	可压缩
C_d	0.605385	0.604661	
Re_D	997140	2215877	
	ITER OK	ITER OK	（ft/s）
管子速度	22.4	49.8	（psid）
孔板压降	0.5	2.3	（psid）
GFC降压	0.0	0.2	
	β OK		运算序号
q_m位置	19663.85	43697.64	（lb_m/h）
q_v位置	10.61	23.58	（$10^6ft^3/d$）

图9.7 GOM气体厂出口的孔板计算

合并及重新整理，

$$q_{av} = MF[A_m \Sigma_i^n W_i V_i]\rho_{tp}$$

式中　q_m——质量流速；
　　　MF——超声波流量计校正系数；
　　　q_{av}——实际条件下的体积流量；
　　　ρ_{tp}——流动条件下的流体密度；
　　　A_m——流量计的横截面积；
　　　i——声道；
　　　n——声道数；
　　　W_i——单声道加权因子；
　　　V_i——由声道测定的平均速度；
　　　π——圆周率常数 3.141593。

为了流动压力(p_f)和温度(T_f)的准确，补偿了流量计主体(D_r)的内径。

另外，

$$A_m = (\pi/4) \times (D^2)$$

式中　A_m——流量计主体的横截面积；
　　　D——在 p_f 和 T_f 下的流量计主体内径。

$$D = D_r \times CTS \times CPS$$

式中　D——在 p_f 和 T_f 下的流量计主体内径；
　　　D_r——在 T_f 和 p_{atm} 下的流量计主体内径；
　　　CTS——流量计主体上的温度校正；
　　　CPS——流量计主体上的压力校正。

$$CTS = 1 + [\alpha_{pipe} \times (T_f - T_r)]$$

式中　T_f——流动温度；
　　　T_r——参比温度；
　　　α_{pipe}——管线热膨胀线性系数。

$$CPS = 1 + \{1/3 \times [(p_f - p_{atm}) \times D_r]/[E_{pipe} \times wt]\}$$

式中　p_f——流动压力；
　　　p_{atm}——大气压；
　　　D_r——在 T_r 下流量计主体的内径；
　　　E_{pipe}——流量计主体的弹性模量；
　　　wt——流量计主体的壁厚。

合并及重新整理，

$$A_m = (\pi/4) \times (D_r \times CTS \times CPS)^2$$

显示的流量计速度平均值为：

$$V_{avg} = \sum_i^n W_i V_i$$

式中 V_{avg}——流量计测定的平均管速；

i——声道；

n——声道数；

W_i——单声道加权因子；

V_i——由声道测定的平均速度。

假定流体沿着每个声道的稳定 SOS（均质流体或稳定流体密度），

$$V_i = [(t_u - t_d)/(t_u \times t_d)] \times [L_i/(2\cos\theta)]$$

$$t_u = (L_i)/(SOS_i - V_I \times \cos\theta)$$

$$t_d = (L_i)/(SOS_i + V_I \times \cos\theta)$$

$$SOS_i = [(t_u + t_d)/(t_u \times t)] \times (L_i/2)$$

现在对于超声波流量计，道长度（L_i），

$$L_i = f[D, \theta \text{ 如果需要的话用到换能器夹套深度}]$$

因此，在 p_f 和 T_f 下用流量计主体内径来计算声道的长度。在此，

式中 i——声道；

V_i——由声道测定的平均速度；

t_u——上游传送时间；

t_d——下游传送时间；

L_I——声道长度；

SOS_i——流体沿着声道的声速；

θ——换能器的角度。

9.7.1 平均管线速度

超声波流量计把平均管线速度（V_{avg}）作为相关参数以便线性化沇量计校正系数（MF）。可以用以下方程计算平均管线速度（V_{avg}）：

$$V_{avg} = \sum_i^n W_i V_i$$

式中 i——声道；

n——声道数；

W_i——单声道加权因子；

V_i——由声道测定的平均速度。

9.7.2 超声波流量计计算实例

图 9.8 列出了用 GOM 气体厂出口气组成的计算实例。

9.8 涡轮流量计的质量流速

对于涡轮流量计来说，根据以下方程计算质量流速（q_m）：

$$q_m = \rho_{tp} \times MF \times (N/KF) \quad q_{av} = (N/KF)$$

输入背景中强调的以下变量		
流量计内径, D_r	9.562	in
壁厚, wt	0.594	in
α_{pipe}	6.200×10^{-6}	每°F
E_{pipe}	3.000×10^7	每 psi
压力, p_f	985	psig
温度, T_f	90.00	°F
流体性质 $\rho_{tp}, \rho_b, SOS_{tp}$		
流动密度, ρ_{tp}	3.19990	lb_m/ft^3
基准密度, ρ_b	0.044467	lb_m/ft^3
声速, SOS_{tp}	1409.5	ft/s
用户确定的流量 V_{avg}, Q_{vb}		
用户确定的速度, V_{avg}	65.00	ft/s
用户确定的流量, q_{vb}	4000	MCF/h
用户确定的流量, q_{vb}	200	MM SCF/d
CTS	1.0001	
CPS	1.0002	
D	9.564989	in
A_m	0.498995	ft

典型的K值	
GFC	1.2
pFC	3.0
安全	3.0
其他FC	2.8

图 9.8a　GOM 气体厂出口气的超声波计算(据 Savant 计量公司,2000 年)

式中　q_m——质量流速;

　　　ρ_{tp}——流动条件下的流体密度;

　　　MF——与流量计有关的流量计校正系数;

　　　N——由流量计累积的脉冲数;

　　　KF——分配给流量计的 K 系数;

　　　q_{av}——实际体积流量。

不能补偿流动压力(p_f)和温度(T_f)的流量计主体(D_r)的内径。即使流量计形成了永久压降,也不应用膨胀因子。

9.8.1　管道雷诺数

涡轮流量计可以把管道雷诺数(Re_D)作为相关参数以便线性化 MF。可以用以下方程计算管道雷诺数:

$$Re_D = [N_2 \times q_m]/[D \times \mu]$$

式中　q_m——质量流速;

　　　N_2——换算系数;

　　　D_r——在参比温度(T_r)下的流量计内径;

　　　μ——在流动条件(流体组成、p_f、T_f)下的绝对黏度。

SUSM & MUSM 流量计计算						压降		其他FC
V_{avg} (ft/s)	q_{av} (ACF/h)	q_m (lb$_m$/h)	q_b (MCF/h)	q_{vb} (MM SCF/d)	GFC (psid)	安全FC (psid)		(psid)
2.00	3593	11496	258.54	6.20	0.0	0.0	0.0
5.00	8982	28741	646.35	15.51	0.0	0.0	0.0
10.00	17964	57482	1292.70	31.02	0.0	0.1	0.1
20.00	35928	114965	2585.40	62.05	0.2	0.4	0.4
30.00	53891	172447	3878.10	93.07	0.4	0.9	0.9
40.00	71855	229930	5170.80	124.10	0.7	1.7	1.5
50.00	89819	287412	6463.49	155.12	1.0	2.6	2.4
60.00	107783	344895	7756.19	186.15	1.5	3.7	3.5
65.00	116765	373636	8402.54	201.66	1.8	4.4	4.1
70.00	125747	402377	9048.89	217.17	2.0	5.1	4.7
80.00	143711	459860	10341.59	248.20	2.7	6.6	6.2
90.00	161674	517342	11634.29	279.22	3.4	8.4	7.8
100.00	179638	574824	12926.99	310.25	4.1	10.4	9.7
65.00	116765	373636	8402.54	201.66	1.8	4.4	4.1
30.94	55585	177868	4000.00	96.00	0.4	1.0	0.9
64.46	115803	370558	8333.33	200.00	1.7	4.3	4.0

图9.8b GOM气体厂出口气的超声波计算（据Savant计量公司，2000）

9.8.2 实际体积流量

另一方面,涡轮流量计可以用实际体积流量 q_{av} 作为相关参数以便线性化 MF。用以下方程计算实际体积流量 q_{av}:

$$q_{av} = (N/KF)$$

式中　q_{av}——实际体积流量;

　　　N——由流量计累积的脉冲数;

　　　KF——分配给流量计的 K 系数;

9.8.3 涡轮流量计计算实例

图 9.9 列出了用 GOM 气体处理厂出口气的计算实例。

输入背景中强调的以下变量		
正常 D	12	in
叶片倾角	30	°
最大 q_{av}	230000	ACF/h
模型	AAT-230	
测量管内径,D_r	11.374	in
壁厚,wt	0.688	in
α_{pipe}	6.200×10^{-6}	/°F
E_{pipe}	3.000×10^7	/psi
压力,p_f	985	psig
温度,T_f	90.00	°F
用户确定的密度 ρ_{tp},ρ_b		
流动密度,ρ_{tp}	3.19990	lb$_m$/ft³
基准密度,ρ_b	0.044467	lb$_m$/ft³
用户确定的流量 V_{avg},q_{vb}		
用户确定的速度,V_{avg}	65.00	ft/s
用户确定的流量,q_{vb}	4000	MCF/h
用户确定的流量,q_{vb}	298	MM SCF/d
CTS	1.0001	
CPS	1.0002	
D	11.377609	in
A_m	0.706040	ft²

典型的 K 值	
GFC	1.2
pFC	3.0
安全	3.0
其他 FC	2.8

图 9.9a　GOM 气体厂出口气的涡轮流量计计算(据 Savant 计量公司,2000)

9.9 旋转位移流量计质量流速

对于旋转位移流量计来说,质量流速(q_m)以下列流动方程为基础:

$$q_m = \rho_{tp} \times MF \times (N/KF)$$

$$q_{av} = (N/KF)$$

式中　q_m——质量流速;

涡轮流量计计算						GFC (psid)	压降 安全,pFC (psid)	其他FC (psid)
q_{av} (%max)	V_{avg} (ft/s)	q_{av} (ACF/h)	q_m (g_m/h)	q_b (MCF/h)	q_b (MM SCF/d)			
5	4.52	11500	36798	827.55	19.86	0.0	0.0	0.0
10	9.05	23000	73598	1655.11	39.72	0.0	0.1	0.1
20	18.10	46000	147195	3310.22	79.45	0.1	0.3	0.3
30	27.15	69000	220793	4965.32	119.17	0.3	0.8	0.7
40	36.20	92000	294391	6620.43	158.89	0.5	1.4	1.3
50	45.24	115000	367989	8275.54	198.61	0.8	2.1	2.0
60	54.29	138000	441586	9930.65	238.34	1.2	3.1	2.9
70	63.34	161000	515184	11585.76	278.06	1.7	4.2	3.9
75	67.87	172500	551983	12413.31	297.92	1.9	4.8	4.5
80	72.39	184000	588782	13240.87	317.78	2.2	5.4	5.1
90	81.44	207000	662379	14895.97	357.50	2.7	6.9	6.4
100	90.49	230000	735977	16551.08	397.23	3.4	8.5	7.9
72	65.00	165213	528666	11888.96	285.34	1.8	4.4	4.1
24	21.87	55585	177868	4000.00	96.00	0.2	0.5	0.5
75	67.89	172547	552132	12416.67	298.00	1.9	4.8	4.5

图9.9b GOM气体厂出口气的涡轮流量计计算(据Savant计量公司,2000年)

ρ_{tp}——流动条件下的流体密度;

MF——与流量计有关的流量计校正系数;

N——由流量计累积的脉冲数;

KF——分配给流量计的K系数;

q_{av}——实际体积流量。

不能补偿流动压力(p_f)和温度(T_f)的流量计主体(D_r)的内径,即使流量计形成了永久压降,也不用膨胀因子(Y)。

9.9.1 管道雷诺数

涡轮流量计可以把管道雷诺数(Re_D)作为相关参数以便线性化MF。可以用以下方程计算管道雷诺数:

$$Re_D = [N_2 \times q_m]/[D \times \mu]$$

式中　q_m——质量流速;

N_2——换算系数;

D_r——在参比温度(T_r)下的流量计内径;

μ——在流动条件(流体组成、p_f、T_f)下的绝对黏度。

9.9.2 实际体积流量

旋转位移流量计可以用实际体积流量q_{av}作为相关参数以便线性化MF。用以下方程计算实际体积流量q_{av}:

$$q_{av} = (N/KF)$$

式中　N——由流量计累积的脉冲数;

KF——分配给流量计的K系数。

9.9.3 旋转位移流量计计算实例

图9.10列出了用GOM气体处理厂出口气组成的计算实例。

9.10 基准条件下的体积流量

根据以下公式得到基准条件下的体积流量q_{vb}(也叫做标准体积流量):

$$q_{vb} = q_m/\rho_b$$

式中　q_{vb}——基准条件下的体积流量;

q_m——质量流速;

ρ_b——基准条件下的流体密度。

9.11 基准条件下的能量流速

根据以下公式用干基基准体积条件(HHV_b)下的高热值计算能量流速:

$$q_{Hb} = q_{vb} \times HHV_b$$

式中　q_{Hb}——基准条件下的能量流速;

q_{vb}——基准条件下的体积流量;

HHV_b——在干基基准条件下的高热值。

9.12 数值计算

根据质量流速(q_m)方程的时间积分计算质量(Q_m)。

输入背景中强调的以下变量		
正常 D	6	in
最大 q_{av}	38000	ACF/h
模型	IRM3-G650	
测量管内径,D_r	6.065	in
壁厚,wt	0.280	in
α_{pipe}	6.200×10^{-6}	/°F
E_{pipe}	3.000×10^{7}	/psi
压力,p_f	235	psig
温度,T_f	70.00	°F
用户确定的密度	ρ_{tp}, ρ_b	
流动密度,ρ_{tp}	0.76470	lb_m/ft^3
基准密度,ρ_b	0.044467	lb_m/ft^3
用户确定的流量	V_{avg}, q_{vb}	
用户确定的速度,V_{avg}	40.00	ft/s
用户确定的流量,q_{vb}	500	MCF/h
用户确定的流量,q_{vb}	11	MM SCF/d
CTS	1.0000	
CPS	1.0001	
D	6.065418	in
A_m	0.200654	ft^2

旋转位移流量计计算					
q_{av}(最大) (%)	V_{avg} (ft/s)	q_{av} (ACF/h)	q_m (lb_m/h)	q_{vb} (MCF/h)	q_{vb} (MMSCF/d)
5	2.63	1900	1453	32.67	0.78
10	5.26	3800	2906	65.35	1.57
20	10.52	7600	5812	130.70	3.14
30	15.78	11400	8718	196.05	4.71
40	21.04	15200	11623	261.39	6.27
50	26.30	19000	14529	326.74	7.84
60	31.56	22800	17435	392.09	9.41
70	36.82	26600	20341	457.44	10.98
75	39.45	28500	21794	490.12	11.76
80	42.08	30400	23247	522.79	12.55
90	47.35	34200	26153	588.14	14.12
100	52.61	38000	29059	653.49	16.58
76	40.00	28894	22095	496.90	11.93
77	40.25	29075	22234	500.00	12.00
70	36.90	26652	20381	458.33	11.00

图 9.10　GOM 气体厂出口气的旋转位移流量计计算(据 Savant 计量公司,2004)

$$Q_m = \Sigma^t(q_m)$$

根据以下方程计算基准条件(Q_{vb})下的体积量：

$$Q_{vb} = Q_m/\rho_b$$

根据以下公式用干基基准体积条件下的高热值计算能量(Q_{Hb})：

$$Q_{Hb} = Q_{vb} \times HHV_b$$

10 二级和三级设备

对于具有较高财政风险的设备(其商品价值乘以产量)需要配有更高的资本和操作费用,从而来控制其风险性处于一个可接受的水平以内。例如,对于一个高容量的天然气设备,其投资包括——备用流量计导管和在线气相色谱仪(GC)。测试、检定及校准至少每周进行一次。设备应被设计或维护在最低的工业标准以上从而控制其财政风险(误测、争论、仲裁)。

对于中度财政风险设备,需配有较低的资本和操作费用来控制其风险在一个可接受的水平以内。对于这些设备,无需安装备用流量计导管。为了确定天然气的组成,物流的加权流动组分试样可以在商业性工厂进行分析。

测试、检定及校准至少每月一次。设备应被设计或维护在最低的工业标准以上从而控制其财政风险(误测、争论、仲裁)。

对于低财政风险设备,需配有低的资本和操作费用来控制其风险处于可接受水平以内。对于这些设备,无需安装备用流量计导管。为了确定天然气组成,可在一个商业工厂分析物流中的某个人工试样。设备应被设计或维护在最低的工业标准以上从而控制其财政风险(误测、争论、仲裁)。

第一条关键性设计决议就是选择初级设备及校准方法。第二条关键性设计决议就是选择二级或三级设备。在选择一级、二级、三级设备以前,不能估测流量计装置的不确定度。对于财政测量,这些决议(初级、二级、三级设备)受以下因素的影响:已确定的运行性能(工业允许),工艺测量标准的存在,资本投入(CAPEX),操作费用(OPEX),操作人员的培训费用以及备用零件的清单。

10.1 概述

与流量计应用相关的二级设备有:
(1)用于孔板流量计的差压(dp)变送器。
(2)静压(p_f)变送器。
(3)流体温度(T_f)变送器。
(4)取样系统:
①湿度分析器。
②在线气相色谱仪。
③在线热量计。
④在线密度计。
⑤其他在线分析器。
⑥加权流量组份样品。
⑦人工(或现场)样品。
(5)分析器,用于测定数量及质量(气体组成,水分含量,硫含量等)。
①用户选择确定流动密度(ρ_{tp})的技术——A.G.A.8或在线密度计。

②用户选择确定基准密度(ρ_b)的技术——A. G. A. 8 或 GPA2172。

③用户选择确定干基上能值(HHV_b)的技术——GPA2172 或 A. G. A. 5。

一些设备应被设置在合适的位置从而不对流体流过流量计的流动产生影响,最好把它们设置在初级设备的下游管段。安装的位置要与所选流量计的相关标准相符。

在每个流量计装置中都应安装压力换能器、温度换能器及样品排放管。经过选择,在初级流量计装置中应安装一个在线密度计,或者当密度计与流量计之间的气体密度差很小时,可在其中心点设置一在线密度计。压力传感器(变送器及仪表)及在线密度计的最大允许操作压力(MAOP)应至少等于测量设备的最大 MAOP。考虑到压力传感器及在线密度计的检定、校准和更换,应安装设备阀门。

三级设备是电子计算设备(流量计算器,主机)。三级设备接受来自初级和二级设备的信息,并且通过预先设定的指令来计算流体流过初级设备时的一些数量值(q_m, q_{vb}, Q_m, Q_{vb}, Q_{Hb})。

二级和三级设备的性能严重影响着测量设备的质量流动速率的不确定度。二级设备对质量流速不确定度的影响变化介于压头类流量计(孔板、文丘里、流动喷嘴流量计)与其他流量计(涡轮、超声波、位移流量计)之间。二级及三级设备的检验、测试、检定及校准应该采用已认证的参考标准并在规定区间内进行。

10.1.1 选择、设计及操作事宜

在选择、设计及操作过程中必须注意以下几项,从而确保精确性及可靠性:

(1)二级和三级设备的选择及恰当安装。

(2)信号传输系统——模拟或数字信号的选择和设计。

(3)取样系统的选择和设计:

①湿度分析器。

②在线气相色谱仪。

③在线热量计。

④在线密度计。

⑤其他在线分析器。

⑥加权流动组份样品。

⑦人工(或现场)样品。

(4)合适的技术员及操作人员培训。

(5)在预定的时间间隔内,对二级和三级设备的检验,测试,检定和校准。

对取样系统要特别注意以确保获取分析均匀、单相、具有代表性的气体样品,并证实结果的重复性和再现性(此处结果指组成,水分含量以及流动质量密度)。

10.1.2 信号传输系统

二级和三级设备有三种基本的信号传输:模拟信号传输,数字信号传输,启闭式传输(或触点闭合)。基于普遍的观点,一般恰当的设备信号应属于以下几类:

(1)模拟。

dp:智能型差压变送器。

p_f:智能型静压变送器。

T_f:智能型温度变送器。
GC:在线气相色谱仪。
C:在线热量计。
H_2O:在线湿度分析器。
DT:在线密度计。
H_2S:在线 H_2S 分析器。
S:在线硫元素分析器。
(2)数字。
dp:智能型差压变送器。
p_f:智能型静压变送器。
T_f:智能型温度变送器。
Dp,p_f,T_f:智能型多变量变送器。
GC:在线气相色谱仪。
C:在线热量计。
H_2O:在线湿度分析器。
DT:在线密度计。
H_2S:在线 H_2S 分析器。
S:在线硫元素分析器。
(3)状态。
On/Off:取样器的激活。
Open/Closed/Travel:DB&B 阀的位置。
On/Off:各种报警器的激活。

模拟信号操作于 4~20mA 的范围内(0~5V,伴有 250Ω 高准确度负载电阻器)。为了确保模拟信号辨别的准确性,三级设备应至少配以 12 字节的 ADC 变频器。在准确度上,数字信号要优于模拟信号,无论如何,三级设备必须能够利用一种普通的信息协议与二级设备进行信息传输。状态信号主要用于指示截断阀的状态(全开,全关,移动)产生指令以获取样品(取样器的激活)以及指示报警状态。

在操作单元中的变送器室内,变送器应配有当前读数显示器,还应配有向三级设备传输信号的模拟及数字输出系统。

为了向三级设备进行模拟通信,需要 4~20mA 的信号和一个高准确度的 250Ω 负载电阻器(转换于 0~5V 之间)。阻尼参数应该关闭或设置在其最低下限值。为了向三级设备进行数字通讯,变送器的更新间隔应小于或等于 1s。变送器应配以合适的通讯协议并且阻尼参数应该关闭或设为其最低下限值。

10.1.2.1 配线及屏蔽

所有的电子配线应该符合国家电子规定(最新版)的要求,电子设备安装位置的分类应依照特定的标准。

设备及控制配线应被单对屏蔽并且套以光纤线。例外就是智能型温度变送器是 RTD 铅包线。配线应与功率电缆,如交流电机分离开来。屏蔽线应直接接到地面(无拼接)并且使用绝缘材料进行屏蔽,如绿色聚四氟乙烯管,屏蔽物不应置于地面设备上。

10.1.2.2 接地

在开工初期,应该决定选择地面接地系统还是移动接地系统(基于示波器分析)。设备控制面板上应该装有地面交流功率系统以及地面仪器系统。

接地母线之间的间隔应为 3~6in。每个接地母线应是 0.125in 厚、0.750in 宽、8.000in 长的固体铜块,在接地线末端该铜块钻有几个小孔并钉上 8~32 个螺丝钉。

交流电系统接地母线应该通过一个 No.8 AWG(最小)铜质地面导体与变送器架结构物相连。仪器系统接地母线应接到直流普通功率机上并且使用绝缘支架金属物与转播架结构相隔绝。

10.1.2.3 贮气钢瓶和试样存储器

在所有的情况下,在贮气钢瓶和试样存储器的设计、操作、运输,存贮及处理的过程中常常涉及到以下一些参考资料:

(1)美国运输部(DOT)49 条,囊括了贮气钢瓶和试样存储器的生产,处理及运输的相关规则及条款。

(2)DOT 39 条 CFR390~397,"联邦汽车运输安全规则。"

(3)国家防火协会标准 55,"在分置式油缸中储存,使用及处理可压缩及可液化气体的标准。"

(4)可压缩气体产业协会,压缩气体手册。

(5)可压缩气体产业协会,"容器中压缩气体安全操作。"

DOT 规则包含了以下条款:危险物质的定义,设备的货运票据,包装要求,市场需求,商标要求及布告要求。气体钢瓶及试样存储器的预热技术及极限应该与可压缩气体产业协会的声明相一致,并能使机器处于最佳的实际操作状态。

10.1.2.4 气体组成

所有的财政设备都采用天然气的组分分析装置(在线气相色谱仪或是实验室气相色谱仪)。气体组成可由代表性试样获取并由相关的应用标准确定其数值。根据流动关联式,流动物流代表试样的精确组组成析不能加以夸虚。在计算及预测 MW_{gas}、RD_{id}、RD、HHV_b、W_s、Z_b、ρ_b、ρ_{tp}、μ、κ_r、SOS、水合物生成、相界面及反凝析估测中,气体组组成析极其关键。

对于超声波、涡轮及旋转位移流量计来说,气体组成上的误差对流动密度(ρ_{tp})的影响比较严重。在孔板质量流动方程中,流动密度(ρ_{tp})是平方根函数,这导致与涡轮、超声波及旋转位移流量计相比,孔板流量计在确定气体组成、p_f 及 T_f 方面其对质量流动误差的灵敏度是前者的一半。

在基准条件下任何气体组成的误差(q_{vb})都会影响到体积流速。在允许范围之内,气体组成误差对基准密度(ρ_b)有较大的影响。在使用干基基准体积条件(HHV_b)下的高热值时,任何气体组成的误差同样影响到基准条件下的能量流速(q_H)。气体组成的误差将会严重影响干基基准条件下的高热值(HHV_b)。此外,气体组成的任何失真估测与水合物生成,相界面及反凝析相关联。

10.1.2.5 气体密度,pTZ 方法

利用组分分析通过状态方程来预测质量密度(ρ_{tp},ρ_b)的方法在行业中也称为 pTZ 方法。

较好地,应该通过气相色谱的分析结果并选择一恰当的方法(A.G.A.8,GPA2172)来确定质量密度。质量密度(ρ_{tp}, ρ_b)与气体取样系统 pTZ 方法(或工业关联)、气体组成的测量设备及方法(GC,GC 标准)、温度和压力传感器(p_f, T_f)有关。

对于高经济风险系统(商品价值乘以产量)应该选用加权平均组分试样并配以一个在线气相色谱仪作为备用。在线气相色谱分析确定了气体组成的实时值或者是流动加权气体组成值。对于中度财政风险系统(商品价值×产量),应该安装一自动取样系统来获得加权平均组分试样。该试样稍后被送入中心实验室进行分析,再确定其组成(实验室取样系统;GC,GC 标准)。对于低财政风险设备(商品价值×产量),气体组成变化不明显,在该系统中通常进行某点的人工取样,再通过分析确定其组成。

可压缩因子(Z)修正了理想气体定律的偏差,通过状态方程或基于以下关系的工业关联式来确定 Z 值:

$$Z \sim f(组成, p, T)$$

式中　Z——给定组成在 p, T 下的可压缩因子;
　　　p——绝对压力;
　　　T——温度。

可压缩因子(Z)通常通过下列方程用于计算气体或密相流体的质量密度(ρ):

$$\rho = [p \times MW_{gas}]/[R \times Z \times T]$$

式中　ρ——流体的质量密度;
　　　MW_{gas}——气体相对分子质量;
　　　R——气体常数;
　　　p——绝对压力;
　　　T——温度。

当采用组分分析时,流动密度(ρ_{tp})可由下列任意方法确定:

(1)状态方程预测(A.G.A.8 中的详细法),适用于多组分流体,使用到组分分析,T_f 及 p_f。

(2)工业关联(A.G.A.8 中的粗略法1),用到总热值,相对密度,CO_2 的摩尔分数,T_f 及 p_f。

(3)工业关联(A.G.A.8 中的粗略法2),用到相对密度,N_2 的摩尔分数,CO_2 的摩尔分数,T_f 及 p_f。

流动密度(ρ_{tp})由下列方程计算得到:

$$\rho_{tp} = [p_f \times MW_{gas}]/[R \times Z_{tp} \times T_f]$$

当采用组分分析时,基准密度(ρ_b)可由下列方法中的任意一种决定:

(1)状态方程预测(A.G.A.8 中的详细方法),适用于多组分流体,使用到组分分析,T_f 及 p_f。

(2)工业关联(A.G.A.8 中的粗略法1),用到总热值,相对密度,CO_2 的摩尔分数,T_f 及 p_f。

(3) 工业关联（A.G.A.8 中的粗略法 2），用到相对密度，N_2 的摩尔分数，CO_2 的摩尔分数，T_f 及 p_f。

(4) 加和因子法（GPA2172），用到组分分析，T_f 及 p_f。

利用气体组成，二级和三级设备就能计算出一些物性参数如流动密度（ρ_{tp}），基准密度（ρ_b），能值（HHV_b），黏度（μ）及等熵指数（κ）。基准密度（ρ_b）可由下列方程计算得到：

$$\rho_b = [p_b \times MW_{gas}]/[R \times Z_b \times T_b]$$

10.1.2.6 气体密度，在线密度计

只有气体不符合状态方程或工业关联极限时，才利用在线密度计来测量流动密度（ρ_{tp}）。对于集气系统，大量颗粒、管线铁锈及逆向冷凝液的出现会对密度计的性能产生负面影响。

在线密度计只能测量流动密度（ρ_{tp}），而测不到基准密度（ρ_b）。设计者必须选取一种方法来确定基准密度（ρ_b），这就需要一个流动加权组成试样系统的组分分析或联合 A.G.A.8.（或 GPA2172）方法的代表性现场试样的组分分析。

10.1.2.7 热值

热值（HHV_b）可以由下列方法来确定：

(1) 联合气体组成（在线或离线气相色谱）的加和因子法（GPA2172，A.G.A.5）。

(2) 在线热量计法。

(3) 离线或实验室热量计，与代表性试样相结合法。

不能通过热量计来确定气体组成、流动密度（ρ_{tp}）及基准密度（ρ_b）。在线热量计测量气流的实时热量值。便携式热量计需要很高的维修费。因此，在当今的商业环境中不具有实际的应用价值。对于代表性试样可利用实验室热量计测量其热值。

10.1.2.8 质量流速

某一管道中的质量流速（q_m）可表示为：

$$q_m = f\{D_r, wt, E_{pipe}, \alpha_{pipe}, T_r, T_f, p_f, p_{atm}, \rho_{tp}\}$$

各种流量计技术之间的主要差异就在于通过何种方式来确定质量流速（q_m）及流体密度是否是平方根项。

对于孔板流量计，质量流速（q_m）为：

$$q_m = f\{d_r, D_r, \alpha_{plate}, \alpha_{pipe}, T_r, T_f, dp, p_f, \kappa, Re_D, \mu, \sqrt{\rho_{tp}dp}\}$$

对于单声道或多声道超声波流量计，质量流速（q_m）为：

$$q_m = f\{MF, D_r, wt, E_{pipe}, \alpha_{pipe}, T_r, T_f, p_f, p_{atm}, t_u, t_d, \theta, SOS_i, W_i, \rho_{tp}\}$$

对于涡轮流量计，质量流速（q_m）为：

$$q_m = f\{MF, N, KF, \rho_{tp}\}$$

对于旋转位移流量计，质量流速（q_m）为：

$$q_m = f\{MF, N, KF, \rho_{tp}\}$$

对于所有流量计来说,流动密度(ρ_{tp})的修正如下:

$$\rho_{tp} = f(p_f, T_f, 气体组成)$$

式中 q_m——质量流速;
ρ_{tp}——基准条件下的流体密度;
d_r——T_r 下的孔直径;
D_r——T_r 下的流量计主体、管道、填料的内径;
α_{plate}——孔板的线性热膨胀因子;
α_{pipe}——管道(或填料)的线性热膨胀因子;
wt——管道壁厚;
E_{pipe}——管子的弹性模量;
T_r——D_r,d_r 的参比温度;
T_f——流动温度;
t_u——上游运送时间;
t_d——下游运送时间;
θ——换能器角度;
SOS_i——θ 条件下流体沿着声道方向的声速;
W_i——单一声道的加权因子;
p_f——流动压力;
p_{atm}——大气压;
κ——压缩流体的等熵指数;
Re_D——管道雷诺数;
μ——绝对黏度;
ρ_{tp}——流动密度;
dp——差压。

气体组成的任意误差都会影响到质量流速(q_m)。气体的组成与下列因素有关:气体取样系统,测量气体组成的方法及设备(在线或离线 GC,GC 标准)。

10.1.2.9 基准条件下的体积流速

基准条件下的体积流速 q_{vb} 也称为标准体积流速,其计算式为:

$$q_{vb} = q_m/\rho_b$$

基准密度 ρ_b 的关联式如下:

$$\rho_b = f(p_b, T_b, 气体组成)$$

式中 q_{vb}——基准条件下的体积流速;
q_m——质量流速;
ρ_b——基准条件下流体的密度;
p_b——基准压力;
T_b——基准温度。

气体组成的任何误差会影响到基准条件下的体积流速(q_{vb})。在允许范围内,气体的偏差随基准密度(ρ_b)的影响比较严重。

10.1.2.10　基准条件下的能量流速

利用基准体积条件下的高热值(HHV_b)可以计算出基准条件下的能量流速,计算式如下:

$$q_{Hb} = q_{vb} \times HHV_b$$

式中　q_{Hb}——基准条件下的能量流速;

　　　q_{vb}——基准条件下的体积流速;

　　　HHV_b——在干基基准条件下的高热值。

能值(HHV_b)关联式如下:

$$HHV_b = f(p_b, T_b, 干气组成)$$

利用基准体积条件下干基的高热值(HHV_b)计算出来基准条件下的能量流速(q_H)受气体组成偏差的影响。气体组成的偏差对基准条件下干基的高热值(HHV_b)的影响非常严重。

较好地就是通过气相色谱分析结果并联合恰当的方法(GPA2172,A.G.A.5)来确定HHV_b的值。干基的(HHV_b)是气体取样系统、所选的方法(GPA2172,A.G.A.5)及测定气体组成的方法和设备(GC,GC 标准)的函数。

10.2　差压(dp)

对于孔板流量计的应用,精确的差压测量是非常重要的。这里提到了一些智能型差压变送器(图10.1)。此处考虑到了它们对总体质量流动测量不确定度的影响及其在现场条件下的较差的移动性。"手动的"或"半智能型"差压变送器具有较低的准确度(较高的不确定度),因此不能满足在不确定度方面的要求。

对于孔板流量计,考虑到流动的混乱度,60℉下最小的 dp 值应限制在20in 水柱高度。尽管有比上述极限值更小的差压变送器出现,但由于不可能区分孔板处与流动场中的混乱度的差别,还是应该尽量避免使用它们。对于双室及单室孔板流量计来说,考虑到密封环的性能极限,60℉下 dp 的最大值应控制在250in 水柱高度。

为了监控涡轮及旋转位移流量计的操作性能,需安装一个差压变送器进而估测轴承和微粒对流量计产生的多余阻力(dp 对 q_{av})。

智能型差压变送器通常配以程序化的模拟或数字输出信号,这些信号通过一模拟回路被传递到三级设备。

10.2.1　模拟信号

对于输出模拟信号的智能型差压变送器来说,其准确度通常被定义为模拟度的百分数。不确定度作为输出信号的一个比例分数,随着输出量的降低而增加。因此,在选择和排列变送器的过程中应格外谨慎。在低读取量的情况下针对差压敏感的流量计(如孔板式、文丘里、超声波流量计),该不确定度极其重要,该值与质量流速及差压呈平方根关系。

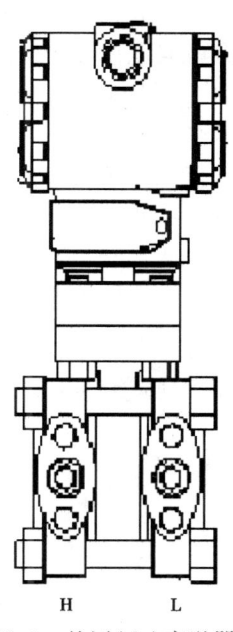

图10.1　差压(dp)变送器

对于采用模拟信号与三级设备进行信息传输的孔板流量计,单个的 dp 范围应限制在约10:1 倍的总差压以内。根据适用于差压流量计的平方根函数该值也等于3:1 倍的流速。必要的情况下,通常习惯使用两个精确的囊括高低差压范围的 dp 值来减小总质量流动的不确定度

（近似6:1倍的质量流速）。流量计算器可以实现 dp 值之间的转换。

通过这种方法使用两个 dp 值，每一范围都被限制在4:1倍差压范围之内，在流动范围超过8:1时，也可以达到较低的不确定度。

10.2.2 数字信号

对于输出数字信号的智能型差压变送器，其准确度通常被定义为读取量的百分数。该数字输出属于一种签定的协议（如 Modbus 协议，Hart 协议，现场总线及其他通信协议）。该协议实现了 dp 与三级设备的数字或信息传输。

对于孔板流量计，当采用数字信号使其与三级设备进行信息传输时，正如其前面提到的，单个的 dp 范围应被限定在 dp 传感器的最大与最小值之间。

10.2.3 检定及校准

根据 API MPMS 21.1节"气体的电子测量"中提出的要求，传感器具有不确定度，因此，应利用被认证过的静重测试仪（PK）对智能型变送器进行定期检定或校准。

用于认证智能型变送器的设备的准确度应符合 API MPMS 21.1节"气体的电子测量"中提出的要求。

10.2.4 安装

差压取压孔应非常清晰地穿透管线，从而免于受到毛刺及线缘的影响。取压孔的轴线方向应该与流量计管线的轴向相垂直。任意一对取压孔都可以安装在同一个流量计管线的轴向平面上。对于洁净的气体，取压孔的轴线方向应是水平的，但对于干气或湿气，该轴线应倾斜于水平方向，从而保证取压孔具有自动排泄功能。

差压变送器应尽量安装在取压孔附近，从而提高其响应速度并降低脉冲管线上的共振或衰减的可能性。管线梯度的大小应达到防止任何固体或液体进入变送器的要求。

直接式安装管汇可以保证传感导管的长度很小。当使用管汇时，从取压孔到压力传感器之间的传感导管应在条件允许的情况下尽可能地短。传感导管应具有自排泄功能，从而使任何液体都能流回流量计装置。

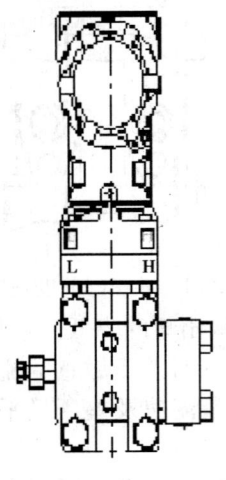

图10.2　静压（p_f）变送器

如果差压变送器暴露于外界温度变化显著的环境中时，应该在其表面安装一控温外壳。这样，在外壳的内部就可安装隔离阀、平衡阀及校准阀。

10.3 静压

在使用流量计的过程中，对静压进行精确的测量是非常重要的。"智能型"变送器的选择反映了 p_f 测量对总质量流速测量的不确定度的影响。本文提到了一些智能型 p_f 变送器（图10.2），这里考虑到了它们对财政测量不确定度及现场条件下的低"漂移"的影响。手动或半智能型 p_f 变送器具有较低的准确度（亦具有较高的不确定度），很难达到不确定度方面的要求。流动压力（p_f）影响到流动密度（ρ_{tp}）的计算及流量计因次（d_r，D_r）和线密度计的补偿。

智能型 p_f 变送器被装配了程序化的模拟输出信号或数字输出信号，这些信号通过一模拟回路传输进入三级设备。

10.3.1 模拟信号

对于装有模拟输出信号的智能型 p_f 变送器来说,其准确度通常定义为其模拟度的百分数。作为输出信号的一个比例分数,该不确定度随着输出信号的减少而增加。因此,在变送器的选取及排列过程中应格外谨慎。

10.3.2 数字信号

对于输出数字信号的智能型 p_f 变送器来说,其准确度通常定义为读取量的百分数。数字输出是某一签定好的协议(如 ModBus 协议、Hart 协议、现场总线及其他通信协议),这些协议使得 p_f 变送器可以与三级设备进行数字式信号传输。当使用一数字信号与三级设备进行传输时,单个的 p_f 范围应限制在变送器的 p_f 最大变化范围值以内。

10.3.3 检定及校准

根据 API MPMS 21.1 节"气体的电子测量"中提出的要求,传感器具有不确定度。因此,应利用被认证过的自重测试仪对智能型变送器进行定期校准。

用于检定和校准智能型变送器的已认证的标准设备的准确度应符合 API MPMS 21.1 节"气体的电子测量"中提出的要求。

10.3.4 安装

对于孔板流量计,压力变送器(p_f)应与上游的 dp 取压孔及差压变送器处于同一平面内。对于涡轮流量计、超声波流量计及旋转位移流量计,其测量静压的位置应满足相关标准。智能型压力变送器应安装在取压孔的最近处,进而防止振动及环境的影响。为了便于检验、检定、校准及更换,"智能型"压力变送器在安装时应处于竖直平面内。

静压取压孔应非常清晰地穿透管子。从而免受到毛刺及线边缘的影响、取压孔的轴线方向应与流量计管线的轴线方向相垂直。从取压孔到 p_f 变送器的传感导管应尽可能地短,传感导管要安排成自动排泄式,这样就可以保证任何流体都可以流回流量计。

如果 p_f 变送器暴露于外界温度变化显著的环境中,那么就应将其安装于一控温外壳内。因此,也就可以在该外壳内安装隔离阀和校准阀。

10.4 温度

在流量计的应用过程中,精确的温度测量是极其重要的。"智能型"变送器的选取(图 10.3)应反映 T_f 测量对总质量流速测量不确定度的影响。本文提到的智能型 T_f 变送器,考虑到了它们对财政测量不确定度及现场条件下低"漂移"的影响。"手动"或"半智能型"T_f 变送器具有较低的准确度(亦具有较高的不准确度),不能满足不确定度方面的要求。流动温度影响到流动密度(ρ_{tp})的计算,孔板及超声波流量计因次(d_r, D_r)的补偿以及线密度计的补偿。

根据 API MPMS,智能型温度变送器通常采用热电阻温度计(RTD),该种温度变送器通常用于温度测量。此处提到的传感器功率为 100W 或 500W,电阻是 0℃(32 ℉)下的铂电阻大小。该传感器通常也称为 RTD 探针。

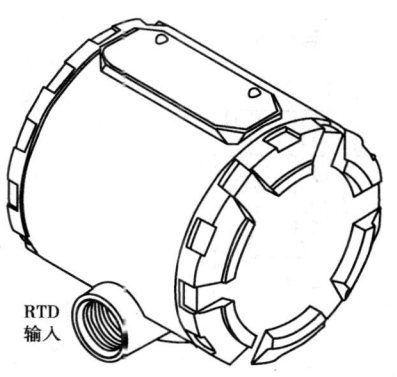

图 10.3 温度变送器

智能型 T_f 变送器通常配以程序化的模拟或数字式输出信号,这些信号通过一模拟回路与三级设备进行信息传输。

10.4.1 模拟信号

对于输出模拟信号的智能型 T_f 变送器,其准确度被定义为模拟度的一个百分数。作为输出信号的一比例分数,其不确定度会随着输出信号的减少而增加。因此,在变送器选取和排列时应加以注意。

10.4.2 数字信号

对于输出数字信号的智能型温度变送器来说,其准确度通常定义为读取量的百分数。数字输出是某一签定好的协议(如 ModBus 协议,Hart 协议,现场总线及其他通信协议),这些协议使得温度变送器可以与三级设备进行数字式信号传输。

10.4.3 检定及校准

根据 API MPMS 21.1 节"气体的电子测量"中提出的要求,传感器具有不确定度。因此,应利用认证过的自重测试仪对智能型变送器进行定期检定或校准。用于检定和校准智能型变送器的已认证标准设备的准确度应符合 API MPMS 21.1 节"气体的电子测量"中提出的要求。

10.4.4 安装

为了能对智能型温度变送器进行方便的检验、检定、校准及更换,应将该变送器安装于竖直平面内的一合适的温度计套管中。在温度计套管与 RTD 探针之间,温度计套管孔应有一适当的间隙。温度计套管中使用传热流体,其目的是确保热量从流动的气流向感应探针进行恰当的传递。温度计套管应尽可能近地安装在流量计的下游,并且满足相关标准的要求。在流量计下游 6~12in 的位置附近应再安装一温度计套管,该温度计套管也称为检测温度计套管,从而允许利用认证过的温度计(数字式或玻璃温度计)对变送器进行检定和校准。

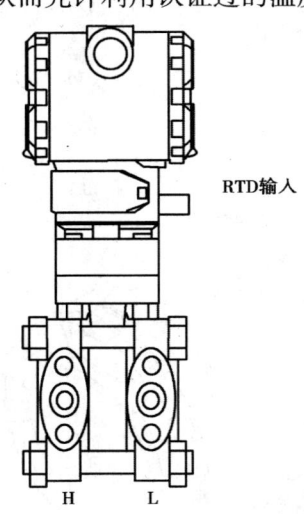

图 10.4 多元变送器

10.5 多元变送器

智能型多元变送器(图 10.4)通常采用了精确的 dp,p_f 及 T_f 感应技术。编入多元变送器的输出信号为数字式输出信号,该信号通过一模拟回路传入三级设备。注意:作者比较喜欢使用单独的智能型变送器。如果该单独的变送器在使用过程中造成部分或全部的操作故障,那么在正当的财政数量调整过程中要对其审计追踪。

10.5.1 数字信号

智能型多元变送器只配以数字式输出信号,其准确度为读取量的百分数。数字输出是一签定好的协议(如 ModBus 协议,Hart 协议,现场总线及其他通信协议),这样 dp,p_f 及 T_f 就可以在变送器与三级设备之间进行数字化传输。当使用数字信号与三级设备进行传输时,单个 dp,p_f 及 T_f 的范围应限制在传感器 dp,p_f 及 T_f 的最大变动范围以内。

10.5.2 检定及校准

根据 API MPMS 21.1 节"气体的电子测量"中提出的要求,传感器具有不确定度。因此,对智能型多元变送器进行定期检定或校准。用于检定和校准智能型变送器的已认证标准设备的准确度应符合 API MPMS 21.1 节"气体的电子测量"中提出的要求。

10.5.3 安装

为了能够对多元变送器进行方便的检验、检定、校准及更换,在安装时应符合前面提到的相关要求。

10.6 在线密度计

前文提到的确定流体质量密度(ρ_{tp})的方法称为 pTZ 方法或与组分分析、流动温度(T_f)及流动压力(p_f)相结合的 A.G.A.8 方法。

通常,在线密度计应用于以下情况:pTZ 方法(A.G.A.8)极限范围以外的气体或高压气体,尤其是接近临界点的气体,在这些情况下用 pTZ 方法测定密度值其不确定度非常大。

为了精确测定气体的密度,可以使用在线密度计。在这些密度计中振动元件型密度计要优于其他类型的密度计(浮力密度计和核密度计)。振动元件型密度计测定气体密度的不确定度很低,为 ±0.20%。该密度计必须进行恰当安装并且要对其进行压力和温度方面的校准。振动元件型密度计具有频率信号的电子输出,并且与数字流量计算器有着非常合适的信息接口。

输出信号应该进行连续比较和监控以避免偏差超过一系列警示极限。当低成本变得极为重要时,应安装一单独的设备并检验其读数值,该值与通过 pTZ 方法计算出来的流动质量密度(ρ_{tp})相反。

在大量颗粒或液体存在的情况下,不能使用在线密度计。上述的颗粒及物体包括压缩机润滑油、重烃冷凝液、甲醇、杀虫剂及脏气。并且密度计也不能在温度接近烃或水的露点的情况下使用,液滴及大量的颗粒会降低设备的性能。

密度计的校准由厂商实施,所采用的标定气体为一定范围的纯气体如 N_2 或 Ar,或者是与常用气体有着相似组成的气体。该密度计包括振动中空元件,试样气体流动穿过该元件。该元件通过一电磁铁以固有频率进行振动。振动频率随气体密度的增加而减小。气体密度则由密度对频率的特征曲线计算得到,该特征曲线由厂商在密度计校准的过程中建立。

振动元件型密度计可以被直接嵌入主体气流中,也可以由主体气流中选取一定量试样气体注入密度计中。直接嵌入式的优点是密度测量处于真实的管线条件下。然而,由于体积小精度高,直接嵌入型密度计会受到气体中的液体或固体颗粒的损坏。因此该类密度计最好用于洁净、干燥气体的密度测量。除非安装一个特殊的收缩机构,否则在主体气流没有排放的情况下,不能为了检验或校准就移动直接嵌入式密度计。

振动元件型密度计的校准受温度和流体声速的影响。如果操作温度或气体组成变化显著的话,就要对设备的读取器进行一系列连续的修正。如果条件的变化很小或几乎没有,操作条件与实验室校准条件之间的差别可采用常值修正。如果密度计是由纯氮气或纯氩气进行校准,这点就非常重要,也具有实际应用性。

密度计安装时要注意密度计测量点的气体温度及压力要尽可能地与初级设备处(流量计)的相近。

根据流量计的相关标定,应该在流量计的下游安装一袖珍型密度计。然而,在流量计测量管的直径小于 3in 而又要确定其穿过管线的整个流动界面的情况下,采用上述安装布置是不符合实际的。在上述情况下,密度计应安装在出口总管处或捆扎在管子的外面,或者可以将密度计安装在管子的延伸面处或控制阀的横截面上。

密度计的安装要便于其维修和测试,而上述操作要在不影响主体流动或流量计不排空的情况下进行。安装在一个表壳中的密度计或安装在管子外面的密度计或嵌入式密度计可以满足上述要求。

取样系统及密度计的气体流速应与厂商的规定相一致。流速过大可引起密度计内产生信号噪音,缩短旁通滤波器的寿命,并在系统中产生不可接受的压力和温度差别。

用隔离阀和试验接线可以对设备进行校准检查。

10.7 湿度分析器

腐蚀的可能性随着气体中水含量的增多而增加,尤其是气体中含有酸性组分(如 CO_2,H_2S)时,同时也为了防止水合物的形成就必须安装在线湿度(水蒸气含量)分析器。

如果烃露点比气体中水的露点高,那么直接测定水的露点就变得不太现实。在冷却表面上烃类液体的冷凝液,尤其是重质烃类,使得液态水在事实上不可能存在。在上述情况下,就需直接测定温度。水的露点值取决于气体的压力和组成。

当把水的测量结果转化为合同中的规定形式时,所涉及的部分内容预先都应与转换关联式相一致。

大量的工艺技术都适用于直接测定气体中的湿度,这些技术包括:

(1)激光法。

(2)振动石英晶体法。

(3)氧化铝(Al_2O_3)法。

(4)氧化磷(P_2O_5)法。

直接测量气体中水的露点的一项单独的技术,称为冷镜式智能型露点仪法。尽管冷镜式智能型露点仪技术被视为湿度分析器的参考标准,但是它不是湿度及水露点实时测量的最优方法。

湿度分析器能直接测量水含量,单位为 mg/L,但是在给定压力和气体组成的情况下,我们通常去读取水的露点来衡量所测水含量的大小。

湿度分析器通过膜过滤器来除去乙二醇、甲醇、液态烃、压缩机油、颗粒堆积物及注入的化学物质中的污染物。

设备的生产者应反复考虑取样系统的设计及其组成部分,从而使其具有更优良的性能。

10.7.1 激光法

一稳定的智能型湿度分析器通常采用激光检测技术,该技术最初由美国宇航局(NASA)发明。该技术已申请光谱传感器专利,并已获取天然气工业钱德勒公司 LLC 的使用许可。该方法包括传输并检测穿过天然气的光的某种波长范围,并将检测到的光谱与参考光谱进行比较。该设备测量某种波长的吸收值,该吸收值与天然气中的湿度值成一定比例。湿度器的操作压力接近常压。在取样系统中安装一膜过滤器可除去颗粒和液体污染物。

10.7.2 振动石英晶体法

一稳定的智能型湿度分析器还可采用具有特殊涂层并且温度稳定的石英晶体。该晶体受感应信号的控制,是电子频率测量线路中的一部分。干燥条件下晶体的特征频率是已知的。

当气体中的水被特殊涂层吸收时,该特征频率就会减小,进而也就给出了水含量的测量值。该种类型的湿度分析器在近常压下操作。由于测量是在低压下进行,所以必须仔细地获取具有代表性的试样。在取样系统中安装一膜过滤器可消除气体中的颗粒及液体污染物。

10.7.3 氧化铝法

电容传感器通常包含聚合物电容、氧化硅及超薄膜传感器。最常见的电容传感器是氧化铝(Al_2O_3)传感器。该传感器由一阳极极化的铝带构成,该铝带表面镀有一薄的、多孔的金属层。夹在两个金属层中间的是一氧化铝膜。这三层金属构成一电容器,其中氧化铝是绝缘体。

对于氧化铝电池,水蒸气被电池的结构所吸收和解吸,这会引起其介电常数的变化。通过测量电池的导纳量,介电常数与水含量之间的关系可以被测量出来。在给定的压力下,通常通过标定露点来对设备进行校准。

该类型的测试仪受到固体颗粒污染物及液体污染物,如乙二醇的影响。该传感器也会日益老化,因此需要经常对其进行校准。

10.7.4 氧化磷测试仪

电子传感器包括两种贵金属电极,电极上涂有一薄层氧化磷(P_2O_5)吸湿层。一定量的天然气定量流过传感器。P_2O_5涂层吸收气流中的湿气,然后将其送往电极。两个电极间会产生一电压,水蒸气被涂层吸收,这也就产生了电解现象。联合穿过传感器气流的已知流速,湿气含量就和排出的物流量关联起来。

电子传感器的两种结构有:相对测量结构(RC)和总电解结构(TC)。RC结构在感应气流中的湿含量中会有相对的变化,而并不是绝对值。TC测量气流中的总湿度。为了进行恰当的测量,RC和TC都需要已知气流的流速。然而,流速的微量变化并不会对RC构造产生负面影响。

导电的颗粒及液体会对电子传感器产生负面影响,进而引起传感器产生错误及读数错误。该传感器也会日益老化,因此也需要对其经常进行校准。

10.7.5 智能型冷镜露点仪

智能型冷镜露点仪法为:气流穿过一冷表面,当在该冷面上形成一露滴时对温度进行精确测量。该方法通常也被矿物质探测局所提及。

智能型冷镜露点仪的关键组成部分是压力室、控制流量和压力室压力的控制阀、一小块镜片或抛光表面、一测量冷镜表面温度的湿度传感器、一制冷设备及一镜片观察点。

如果环境温度低于气流中水的露点温度,那么有必要对试样管线进行加热,从而防止试样在到达冷镜表面之前其内部的水产生冷凝液。

该设备的类型决定了水的露点,但可以利用水蒸气压力数据及一些常见数据转变为读取水含量,单位为 mg/L。

10.7.6 湿度分析器的校准

除了智能型冷镜露点仪,其他湿度分析器的检定和校准必须在现场进行。其检定和校准通常采用以下一种或多种技术:

(1)气流在进入分析器之前,使其穿过一种干燥剂,然后对湿度分析器进行"零点"检定,读数单位为 mg/L。

(2)低压下,在进入分析器之前,使干燥的气流(涉及到上述条款)穿过一渗透池(规定了水含量),然后对分析器的水含量读数进行检定,读数单位为 mg/L。

(3)在常规操作条件下,将一矿物局的设备置于湿度分析器的出口处,然后对湿度分析器的水含量读数进行检定,读数单位为 mg/L。在给定气体组成的情况下,可将智能型冷镜露点仪中水的露点的读数转变为操作压力下 mg/L 读数。

智能型冷镜露点仪及渗透池成为文献中的相关标准。

10.8 在线气相色谱仪

色谱仪的现代定义是:利用两相(移动相和静止相)吸引力的不同将组分进行分离。移动相为载气,静止相位于色谱柱内。两种常见的色谱仪为实验室色谱仪和在线色谱仪。为了简单起见,我们把在线色谱仪的检查仅限定在天然气线路的维修过程中(图 10.5)。

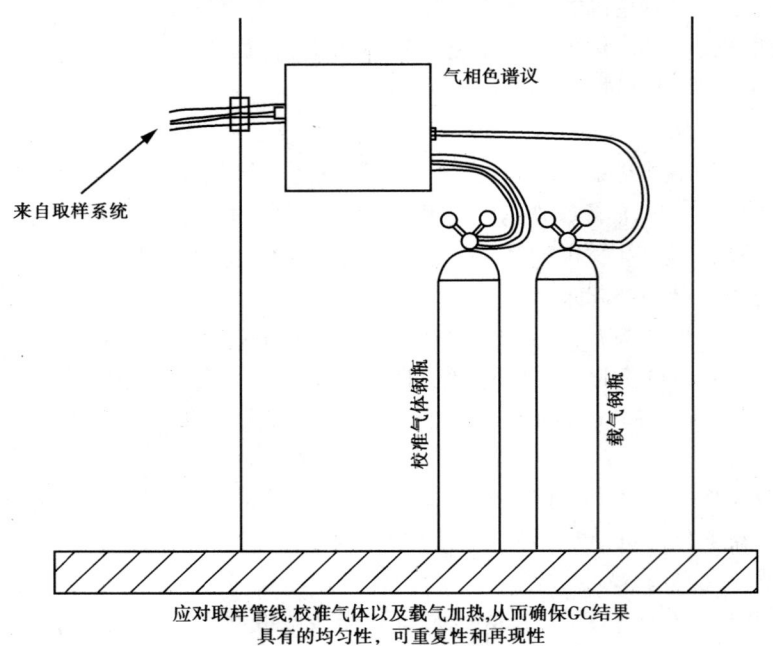

图 10.5 在线气相色谱仪

现代的气相色谱仪(GC)由一个微处理器、控制器、色谱柱、精确的取样阀、一个反冲系统、计时回路、测试仪、试样与载气混合物的流量控制器、载气流量控制器以及一安全放空阀构成。一个色谱仪有四个基本的组成部分:一个取样阀(或注入器)、一个炉子、一个色谱柱以及一个测试仪。

10.8.1 取样阀

精确的取样阀必须具有高度的重复性,以获取 ±0.5Btu 或更好的准确度。色谱控制器限制了试样的流动,并使试样压力与附近的大气压相平衡。这也就确定了试样在体积大小方面的精确度。

取样阀常分为 4 通阀、6 通阀、8 通阀或 10 通阀,当阀处于正常的位置时,其允许干燥且高纯度的载气流穿过其本身。气体试样经两路传递进入进样环管。为了使结果具有重复性,在填充试样气体之前,取样环管通常可由载气进行净化并且使环管的压力接近其附近的大气压。

10.8.2 炉子

在对色谱仪进行操作的过程中,温度的控制是非常关键的。取样阀、色谱仪以及测试仪通常被附在一个芯轴式加热器(真空炉)上,并且被高度隔绝,从而使其温度恒定或实现温度的程序化。组分的恒定温度或程序化温度可由金属与金属之间的热传导而获取。恒温炉可能很难分辨出重质烃类,大部分在线 GC 是在绝热条件下(恒定温度)进行操作的。一个具有适宜升温速率的程序化温度(双平台)能够提高色谱仪对重烃的分辨率。

10.8.3 色谱柱

色谱柱通常分为填充柱和毛细管柱。填充柱是填充静止相的中空管子。填充柱包含一涂有液体相的固体支撑物。填充柱的直径范围为 0.53~6.35mm(0.021~0.250in)。与填充柱相比,毛细管柱具有更高的分辨率。分辨率是衡量色谱柱分离两个接近组分峰的尺度。毛细管柱的直径范围为 0.10~0.53mm(0.004~0.021in)。两种常见的色谱柱为涂壁管(WCDT)和多孔层开管(PLOT)。WCOT 是将液体相涂于毛细管壁上。PLOT 是将一多孔的聚合物附着在毛细管管壁上。

10.8.4 测试仪

这里给出3种主要的测试仪:

(1)火焰光度测试仪,用于检测微量的硫化物。

(2)火焰离子测试仪,用于检测少量的烃类物质。

(3)热导率测试仪,用于检测 100mg/L 含量的所有化合物。

在天然气使用过程中在线 GC 通常采用热导率测试仪(TCD)检测技术。TCD 技术涉及到化合物的导热能力。大部分 TCDs 采用球状热敏电阻,该电阻布于惠斯通电桥上,作用是产生一信号。该球状热敏电阻要暴露于洁净的载气中,感应球状热敏电阻位于柱子的出口处来感应试样与载气的气体混合物。电阻珠在恒温下工作。当化合物流经感应珠时,根据出现在色谱柱中化合物的热传导性,该感应珠被冷却或加热。这也就改变了惠斯通电桥的电阻大小。TCD 的温度应比最高炉温高出 25~50℃。

10.8.5 操作

使用一气体注入阀可以把天然气(或试样)注入到载气中。试样注入阀通常配有一 0.10~2.00cc 的试样环路。载气移动相推动天然气(或试样)穿过色谱柱(静止相)。由于天然气混合物中的组分与静止相发生反应,各种组分就会分离成不同的谱带并在柱子出口处被检测出来。上面提到的分离原理就是利用了各组分之间的表面吸附力、分子大小以及极性的不同而将各组分进行分离。当今的 GC 一般采用干燥、洁净、高纯度的惰性气体作为载气。这些载气(He,Ar,N_2)的纯度应达到分析级或 GC 级(99.999%)。

载气具有以下3种作用:

(1)在试样气体不出现的情况下,使测试仪具有基本的导热性能。

(2)使试样气体流穿分析器的色谱柱、TCD 并排放进入大气。

(3)冷却 TCD。

由于色谱仪是在近大气压下进行操作,所以需要在设备的出口处安装流量控制器(带有针型阀的转子流量计),从而维持分析器内压力的梯度处于一个常值状态。载气的流速通常为 30cc/min。微处理器则控制计时回路、阀、反冲系统,测量测试仪出口的气流量,并产生一色谱图。

10.8.6 气体校准标准

气体校准标准应该利用质量对其进行表征,并且由供应商利用实验室色谱对其进行验证。校准气体的组成应尽量接近现场气体的组成。

校准气体必须至少加热24h,使其温度达到140°F,从而确保该气体是单相并且是均匀的。气缸顶部与底部10°F的温差对于保证试样的恰当混合都非常重要。

气体校准标准应每年更换一次,或者当气缸压力低于其原始压力值的50%或50psig,二者取其较低值,此时也需要更换气体校准标准。

10.8.7 分析与校准

色谱图是由测试仪信号所形成的一种轨迹图,它要求对载气的流速以及柱体(静止相)的温度进行仔细的控制,从而产生可再现性良好的结果。流速和温度的控制对于通过保留时间来确定气体的组成非常关键。保留时间又称为每个气体组分穿过色谱柱的持续时间。气体组分的含量可通过将未知气体试样的峰面积与已知标准试样(标定气体)的峰面积进行对比而确定。换言之,标定气体在分析者的操作条件下(流速、压力及温度)对色谱图进行了校准。

谱图的影响因子应该由校准气体来进行校准,正如GPA2177中所规定的,每一个标准组分的分子质量对其相对影响因子的对数图展现出了谱图的线性关系。不同谱图的对数图不同,但是对于相似的色谱仪应具有相近的斜率。对于一给定的谱图,斜率的变化表明谱图的非线性或者错误的气体校准标准。

10.9 其他分析器

在许多测量系统中,酸性污染物的监控和测量是一个非常重要的方面,其原因是在许多商业合同中,都规定了H_2S和硫的化合物的最大可接受极限。对于传质气体,常见的H_2S及总硫含量分别是0.25grain/100SCF和10grain/100SCF。总硫包括H_2S、羰基硫及硫醇。含硫化合物通常作为有味物质被加入到气体供应管线中,在这些情况下就需要进行硫量分析从而去检验正确的计量水平。

大部分气体杂质——含硫化合物都是剧毒的。空气中H_2S的含量超过10mg/L就会对健康产生危害。在H_2S含量有可能超过此值的地方,必须加以高度注意从而提供给操作人员足够的设备及训练(监控器、呼吸机装置、恰当的撤离路线及步骤)。

实验室气相色谱能够对一些污染物进行测量(H_2S、S)。

10.9.1 硫化氢分析——醋酸铅法

最常用的方法就是利用H_2S与醋酸铅反应生成醋酸硫。醋酸铅置于滤纸上,并裸露在一定计量的湿气中,根据H_2S含量的不同,会使纸的颜色变为米色、褐色或者黑色。

连续分析法是利用一标准的醋酸铅纸带穿过一气体爆光点,总着色量或其变化速率由光学反射率测定。这可由一光电池进行检测,总的模拟信号被放大从而用于记录、预警以及传输。

10.9.2 硫化氢分析——紫外线吸收法

最近比较有前景的分析硫化氢的方法是气体穿过一氨溶液,根据其中的硫化氢的含量,一束紫外线(UV)成比例的衰减。在分析过程中必须加以注意,进而确保不存在污染物以致干扰到测量,或导致错误读取结果。

10.9.3 硫化氢分析——电化电池方法

该法是利用电化电池内电导的变化给出一些信号,该信号比例于硫化氢的含量。该技术具有相对较低的成本费用以及较高的不确定度(性能较差)。

10.9.4 总硫量——加氢方法

有机硫化物,如硫醇、羰基硫可以加氢生成硫化氢,然后利用恰当的试验对其进行检测。气体与氢气进行混合然后在一裂解管内加热到约900℃,从而保证其全部转化。

10.9.5 总硫量——电化学方法

该方法利用硫化物与溴或碘之间的反应。气体以一定的速率穿过一装有电解液,如溴化钾的反应电池,横穿电池的过程中会产生一个小的位差,这样就会产生足够的溴进而被硫还原,生成速率由一感应电极控制。该位差比例于气体中的硫含量。另外,可以使用化学过滤器来选取特定的硫化物来给出辅助的分析数据。

10.10 流量计算器

三级设备被编以程序进而用于正确计算规定极限内的流量大小,该三级设备接收来自一级、二级设备的信息。该三级设备可能是一个电子流量计算设备——流量计算器(图10.6),一个 SCADA,或任意其他用于记录现场数据并计算流体数量或质量的设备。该计算设备从一级和二级设备获取信息并采用程序化的指令,从而去计算气体流过初级设备的自动交接量。流量计算器应满足 API MPMS 21.1 节"气体的电子测量"部分的要求。

与在线气相色谱仪进行数字传输的流量计算器应该计算出下面一些或全部关键的物性参数:RD_{id}, RD, Z_{tp}, Z_b, ρ_{tp}, ρ_b, μ, κ_r 和 SOS_{tp}。人工输入计算器的组分数据可以用于计算下面一些或全部的物性参数:RD_{id}, RD, Z_{tp}, Z_b, ρ_{tp}, ρ_b, μ, κ_r, SOS_{tp}。

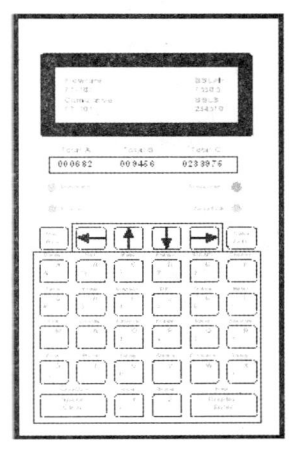

图 10.6 流量计算器

10.11 气体取样系统

对于每个二级设备,其取样系统都必须进行单独设计,设计如下:

(1)湿度(水蒸气)分析器。
(2)在线气相色谱仪。
(3)在线热量计(如果适用)。
(4)在线密度计(如果适用)。
(5)其他在线分析器(如果需要)。
(6)加权流动组分试样。
(7)人工(或现场)试样。

在一些设计中,众多分析器可能只是对试样的一部分进行分析,但是它们却要求具有不同的排水管线,从而在保证试样在进入分析器之前其条件得到进一步优化。

在取样点处,我们假设气体试样是均匀、单相的流体,取样点位于管子1/3的中心处,从而满足 API MPMS 14.1 节为密闭输送而进行的"天然气试样的收集及处理"中的要求。在应用中,取样点处会存在液体(烃类或水),因此有必要在取样点处安装一静态混合器从而确保流体是均匀的。

气体试样要满足以下几点（图 10.7）：

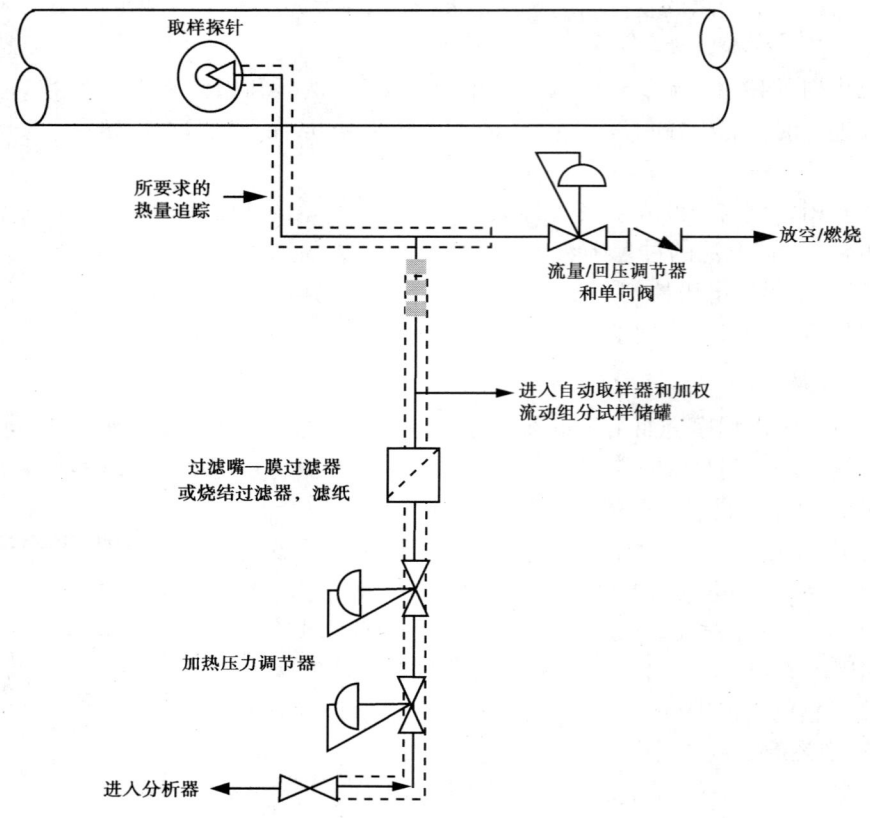

图 10.7　取样系统总图

(1) 流体是单相、均匀、洁净的（无过量的颗粒）。

(2) 试样的萃取，不对初级设备产生负面影响。

(3) 使试样满足条件要求从而确定其在分析器中或试样储罐入口处是单相、均匀、无颗粒的。

(4) 试样的分析具有重复性和再现性。

(5) 对于在常压下操作的二级设备（分析器），要把尾气进行安全排放或使其燃烧进入大气中。

(6) 对于在管线压力下操作的二级设备（分析器），要使流体安全地返回进入管线，并对初级设备（流量计）不产生负面影响。

根据物理吸收和化学吸收，合成物和人工试样的气缸在使用过程中必须加以清洁从而确保任何试样都是无污染的。由于我们假设在现场环境下气缸在使用前是洁净的，使用者应该了解并认同第三部分所采用的净化工艺。

10.11.1　在线湿度分析器

通常来讲，在线湿度分析器取样系统包括以下几个部分：

(1)加热压力调节器,使湿度分析器在接近常压下操作。
(2)试样加热管线,确保分析器的进口处气体是单相的。
(3)在分析器的入口前端过滤出任何颗粒(烧结过滤器)。
(4)在分析器的入口前端过滤出任何液态烃(膜过滤器)。
(5)控制流量,确保与厂商规定的内容相一致(带有针型阀的转子流量计)。

不允许液态烃(乙二醇、甲醇、胺、压缩机油、逆向冷凝液)或颗粒进入在线湿度分析器。膜过滤器的安装避免了液态烃或主要颗粒物质的存在,也就确保了设备的性能不会降低或装置单元及试样管线不受损坏。为了使流速达到一定的标准,可以在分析器的出口(或入口)处安装一转子流量计,这也是厂商所要求的。设备的生产者应该反复考虑试样系统的设计及其各个组成部分,以确保其具有良好的性能。

10.11.2 在线气相色谱仪

气相色谱仪要在近常压下操作,并且不允许液体(烃类或游离水)及颗粒物质进入气相色谱仪。

通常讲,在线气相色谱仪试样系统包括以下几个部分:
(1)加热压力调节器,用于达到所希望的分析器的操作压力。
(2)过滤器,用于在进入分析器前试样中颗粒物质的脱除,固体物对仪器性能产生负面的影响并会增加设备的维修费用(GC阀或色谱柱)。
(3)过滤器,用于在进入分析器前试样中液态水的脱除(该过滤器为膜过滤器),液体对仪器的性能会产生负面影响并会增加设备的维修费用(色谱阀或色谱柱)。
(4)过滤器,用于在进入分析器前试样中液态烃的脱除(该过滤器为膜过滤器),液体对仪器的性能会产生负面影响并会增加设备的维修费用(色谱阀或色谱柱)。
(5)试样加热管线,该管线从取样探针延伸到分析器入口,它使试样呈单相气体。
(6)流量控制器,其目的是使试样气体及校准气体满足色谱厂商所规定的范围要求(在试样气体流出口处安装带有针型阀的转子流量计即可实现流量控制)。
(7)流量控制器,其目的是使载气满足色谱厂商所规定的范围要求(在试样气体流出口处安装带有针型阀的转子流量计即可实现流量控制)。

安装膜过滤器,防止液态烃与主要颗粒物质的出现,从而也就避免了上述物质对设备操作性能的削弱以及对设备单元及试样管线的损坏。分析器的生产厂商应该为了应用而考虑到最为适宜的膜过滤器。

通常,GC中载气试样系统要求分为以下几个组成部分:
(1)压力调节器,使压力达到分析器的操作压力。
(2)过滤器,脱除载气在进入分析器前其中的水分或湿气(该过滤器可以为干燥好的干燥剂或膜过滤器)。
(3)流量控制器,用于确保试样气体的流量在色谱生产商所规定的范围之内(可在载气出口处安装一带有针型阀的转子流量计来实现流量控制)。

通常,用于色谱分析的校准气体的试样系统包括以下几个组成部分:
(1)总气缸的加热包层,作用是混合气体并使气体呈单相。
(2)加热压力调节器,获得分析器的操作压力。

(3)过滤器,除去分析器入口前端气体中的颗粒物质。

(4)过滤器,除去分析器入口前端气体中的液态水(该过滤器为膜过滤器)。

(5)过滤器,除去分析器入口前端气体中的液态烃(该过滤器为膜过滤器)。液体会削弱设备的性能并增加其维修费用(这里的设备指色谱阀及色谱柱)。

(6)加热试样管线,该管线从校准气体储罐延伸到分析器入口,该管线的作用是确保气体呈单相。

对于气相色谱来说,校准气体线路上通常配有加热压力调节器和加热试样管线,作用是使其以单相气体的形式进入分析器。

为了达到标准流速,可以在气相色谱的气体试样、校准气体以及载气的出口处安装两个转子流量计(每个厂商都提出该建议)。固体和液体会削弱设备零件部分的性能并增加其维修费用(该设备指 GC 阀及色谱柱)。对于在线色谱试样系统(分析器、校准气体及载气),通过加热可实现代表性气体试样以均匀单相的形式进入分析器的入口(或试样存储罐)。API MPMS 14.1 节的规定标准提到气体试样的温度必须高于烃类露点 20~50 °F。

当存在压降时,根据等焓变化,气体会自然冷却(焦耳—汤姆逊效应)。因此,气体试样系统需要被额外补充热量,该热量要使气体进入正确的相界面内从而使烃类与水的露点在任意时刻都不能密切接近。给定组成的气体的入口压力、入口温度以及压力降大小限定了其出口温度(或温差)。压力降越大,温差也就越大。

设计者与操作者必须对相界面有彻底的了解,从而保证流体在试样系统的任意点处都不能进入两相区。

气相色谱仪(GCs)的标准同样适用于热量计。设备(GC 或热量计)的厂商应该反复考虑试样系统的设计及其组成部分从而保证其具有更良好的性能。

10.11.3 在线密度计

为了达到一定的精确度,必须减小一级设备与密度计出口之间的 p_f 差和 T_f 差。密度计对于液体及少量的颗粒物也是很灵敏的。为了实现某种特定的设计,密度计附近需要安装一个烧结过滤器,以确保操作单元的性能不被降低和不受到损坏。

密度计在安装时应便于其维修及测试,并且不影响气体的主体流动状态,最好是流量计无排空操作。一个安装在夹套内的密度计或安装在外部的密度计或嵌入型密度计都可以满足上述要求。对于密度计的安装,取样系统应尽可能地短,取样系统及密度计与流量计之间不应该存在热量传递。

流速标准应该使设备具有厂商规定的良好性能。设备的厂商也应反复考虑试样系统的设计及其组成部分从而使其具有更突出的性能。

10.11.4 自动取样

自动取样系统(或加权流动组分试样系统)应该与 API MPMS14.1 节"为实现密闭输送进行的天然气收集及处理"中所提出的要求一致。取样探针(见图 10.8)应安装在管子 1/3 的中心处。特殊的是,试样储罐的安装不能超过其工作体积的 80%。这就导致了试样的流动间隔取决于密闭输送量的大小以及试样储罐的体积。如果两相流体(气体及液体)存在于试样储罐的入口处时,组分试样就不能作为流动物流的代表性试样了。

实验室中试样储罐所处的周围条件要确保气相色谱(或热量计)的入口气体必须是单相

的。同样,加热、加热、再加热是在分析时得到的单相试样的秘诀。设备的厂商应反复考虑取样系统的设计及其构成从而使其具有更优良的性能。

10.11.5 人工取样

人工取样系统应与 API MPMS14.1 节"为密闭输送进行的天然气收集及处理"中提出的要求相一致。取样探针(见图 10.9)应安装在管子 1/3 的中心处。如果储罐中存在两相流体时,人工试样就不能作为流动物流的代表性试样了。

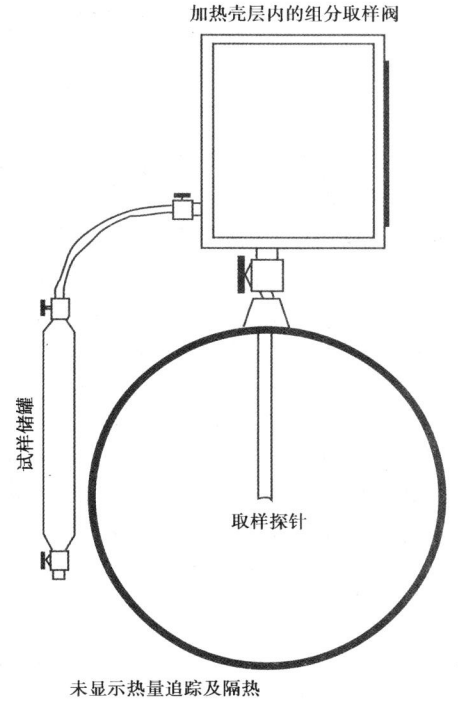

图 10.8　自动加权流动取样系统

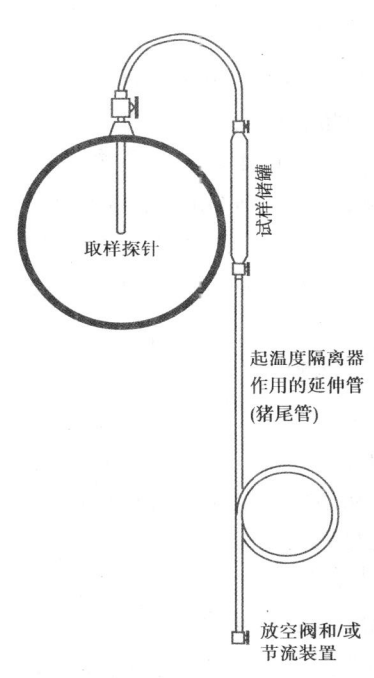

图 10.9　人工(或现场)取样系统

实验室中试样储罐所处的周围条件要确保气相色谱(或热量计)的入口气体必须是单相的。同样,加热、加热、再加热是在分析时得到的单相试样的秘诀。设备的厂商应反复考虑取样系统的设计及其构成从而使其具有更优良的性能。

11 气体的电子测量

API MPMS 标准第 21.1 节"气体的电子测量"对用于天然气生产和密闭输送的气体的电子测量(EGM)系统的操作规范作了简要说明,EGM 系统是用来计量和记录气相烃类产品及其他相关流体的流动参数。

11.1 气体的电子测量系统说明

EGM 系统由初级、二级和三级设备组成。基本类型的流量计作为初级设备,例如孔板流量计、转子流量计、薄膜流量计等。二级设备向三级设备提供作为输入信息的数据,例如静压(p_f)、温度(T_f)、差压(dp)、相对密度(RD_i)、取样系统等。三级设备则为一台电子计算机,由初级和二级设备发出的输出信号作为限定条件,在此条件下三级设备进行准确计算。按照规定,安装的各级设备应在线应用。不过,有些用户则选择对三级设备流量计算机的使用进行离线操作。

11.2 系统准确度

EGM 系统的设计应当满足这样一个条件:在预期操作范围内,95% 的置信区间内,流体速率的不确定度为 ±1.00%,与同类计量系统相比,计算结果也是如此。这条准则不适用于流出系数或者初级设备的不确定度(注:作者认为,API 文件中对 EGM 系统二级与三级设备设定的公差标准总和为 ±0.5%,或是在 95% 的置信区间内小于流速的不确定度,与同类计量系统相比,计算结果也是如此)。

从系统总准确度的角度出发,一级、二级和三级设备必须是互不影响的。必须深刻认识到,应尽量减小每级设备的测量误差:

(1)设备的性能。
(2)符合安装要求。
(3)传送数据信号的方法(模拟、频率、数字化)。
(4)传感器到三级设备入口信号声道的完整性。
(5)计算方法。
(6)采集与计算频率。
(7)检定与计算频率。
(8)认证频率。

根据选择的单一计量系统元件(二级和三级设备),该标准为计算不确定度提供程序。

11.3 概念

作为对本书后面词汇表的补充,以下为 EGM 标准所规定的内容。

(1)平均流动压力是指在实际流动的某一时段内测量的气相静压平均值(通过换能器、变送器或者固定参数),其值与用平均法计算的结果一样。

(2)平均流动温度是指在实际流动某一时段内气相的流动温度平均值(通过换能器、变送器或者固定参数)。

(3) 校准是指在 EGM 系统规定的操作范围内,对系统内流体组成进行测试与调整以符合参考标准,从而提供精确数值的一个过程(静压/差压和温度变送器、在线水质分析仪、在线密度计、A/D 及 D/A 转换器等)。校准的最后一步是在整个操作范围内,确定二级、三级设备以及数据传输方法理论是否在允许的公差范围内运行。

(4) 认证是指在整个设备运行范围(多量程仪表、十进位箱、数字温度计、净重测试仪、PK 测试仪等)内,对 NIST 系统进行测试、调整和认证,从而使之与标准设备相一致的过程。

(5) 流量计算机作为运算单元和存储设备,它能够接收电子信号(模拟信号或数字信号)以及计算流速和总量大小,其中这些信号表示来自气体计量系统的入口参数。

(6) 性能不确定度是指在操作条件的预期范围内,一台设备或系统具有测试参数的良好重复性的能力。

11.4　流体取样参数

孔板流量计的动态输入变量(dp, p_f, T_f)最小取样频率应为每秒一次,涡轮流量计、超声波流量计、转子流量计和薄膜流量计则为 5 秒一次(H_z, p_f, T_f)。每秒一次的取样,可取样多次,然后利用平均法取平均值。而在线相对密度分析和气体组分分析的最小取样频率由二级设备(气相色谱)的更新情况所决定,通常为几分钟一次(每个 GC 周期内约为 7~14min 一次)。

11.5　低流量检测

对孔板流量计来说,根据对场地条件(一般为 60 ℉下 3in 的水柱高度)的真实评定,低流量断点可由其相关部分来确定。在非流动条件下,通过平均法不用采集输入参数即可定量分析。

11.6　平均技术

对孔板流量计而言,采集流速参数或者输入参数有两种平均法,这些参数用来计算流量或为检查、报告提供具体数值:一种平均法是取决于流量的时间加权平均法,另一种是流量加权平均法。流量加权平均法要优于时间加权平均法。

11.7　可压缩性、密度与热值

当进行定量计算时,参数值大小是以质量、能量以及体积的单位表示,此时需要知道流体的可压缩性、密度以及热值的大小。需要时可用认定的计算标准获得,也可按照协议通过相近的流动方程或其他认定标准获得。计算时将常数与采集的输入参数相结合,从而流体的可压缩性、密度及热值在运算时可作为常数、输入参数或者计算值引入。参数更新频率的最大化使二者的不确定度达到最小。

11.8　定时定量计算

定量计算时为满足检查与报告的要求,需用到下列公式:

$$Q_{\text{period}} = \Sigma_0^t Q_{\text{imp}} \text{ 或 } Q_{\text{period}} = \Sigma_0^t Q_{\text{bmp}}$$

11.9　数据可用性

数据的可用性要求利用孔板流量计进行准确计算,并对系统操作和定量计算进行全程跟踪时,保证所需的数据最少。

11.9.1 在线计算

进行孔板流量计密闭输送系统在线计算时,以下信息可用便携式数据采集设备进行在线应用或在线收集:

(1)自上一个完整的数据采集期采集的数据包括(但不仅限于这些):

①至少要每隔一小时测定的流动温度、静压及差压的平均值,若相对密度、能值、组成流动密度和基准密度作为实时输入,则这些参数也需进行实时测定。

②至少要每隔一小时测定的总量。

③测定平均值与总量的日期与时间。

④每个特定计量期内累计的总量。

(2)影响计量的输入参数包括(但不仅限于这些):

①流量计运行参比直径(D_r)、孔板孔参比直径(d_r)、差压的校准量程、静压以及流动温度换能器。

②相对密度、能值、流体组成、流动密度、基准密度或用于计算其他项,如果是非常通输入,则需将其值输入。

(3)压力、差压、流动温度、流速、累计量的任意时刻读数、还有报警或误差条件应为可在线使用。若相对密度、能值、流体组成、流动密度及基准密度为非实时输入,则同样应为可在线使用。

(4)电子记录或拷贝记录包括(但不止这些):

①如静压、差压、流动温度、流动密度、基准密度、能值、流体组成以及相对密度为实时输入,则在设备调整前后应记录这些参数的校准结果。

②影响定量计算的输入参数的新旧数值的替换。

③对影响计量的所有报警或误差条件的完整概要,包括对每个报警条件的叙述。

④表示流动或非流动时间或时间百分比的日志。

⑤记录中所有事件的时间与日期按年代记录。

(5)定量计算包括,但不限于:日常密闭输送的总量、平均静压、平均差压以及平均流动温度等。如气体组成、相对密度、能值、平均流动密度以及基准密度为实时输入,也应包括在内。该过程在操作单元的存储器内完成,要不就是在线完成,由运算板块控制。

(6)计量系统的唯一标识号应可在线使用。

(7)在当前数据采集期内,所有原始数据及随后对数据进行的局部编辑应为可在线使用的。长期数据在线使用或离线使用均可,要与审计追踪要求相一致。

11.9.2 离线计算

进行孔板流量计密闭输送系统离线计算时,以下信息在离线区域应当为可用的:

(1)局部在线瞬时的静压、差压及流动温度应为可用的。如气体组成、相对密度、能值、流动密度以及基准密度为实时输入,则它们也应该是可离线使用的。

(2)自上一个完整的数据采集期采集的数据包括(但不仅限于这些):

①至少要每隔一小时测定的流动温度、静压及差压的平均值,若相对密度、能值、组成流动密度和基准密度作为实时输入,则这些参数也需进行实时测定。

②至少要每隔一小时测定的总量。
③测定平均值与总量的日期与时间。
④每个特定计量周期内累计的总量。

(3)影响计量的输入参数包括(但不仅限于这些):
①流量计运行参比直径(D_r)、孔板孔参比直径(d_r)、差压的校准量程、静压以及流动温度换能器。
②相对密度、能值、流体组成、流动密度、基准密度或用于计算其他相(如非实时输入),则需将其值输入。

(4)电子记录或拷贝记录包括(但不止这些):
①如静压、差压、流动温度、流动密度、基准密度、能值、流体组成以及相对密度为实时输入,则在设备调整前后应记录这些参数的校准结果。
②影响定量计算的输入参数的新旧数值的替换。
③对影响计量的所有报警或误差条件的完整概要,包括对每个报警条件的叙述。
④表示流动或非流动时间或时间百分比的日志。
⑤记录中所有事件的时间与日期按年代记录。

(5)定量计算包括日常密闭输送的总量、平均静压、平均差压、以及平均流动温度等。如,气体组成、相对密度、能值、平均流动密度以及基准密度为实时输入,也应包括在内。该过程在操作单元的存储器内完成,要不就是在线完成,由运算板块控制。

(6)在当前数据采集期内,所有原始数据及随后对数据进行的局部编辑应为可在线使用的。长期数据在线使用或离线使用均可,要与检查追踪要求相一致。

(7)计量系统的唯一标识号应当既可在线使用又可离线使用。

(8)报警或误差条件的警示能够离线使用。

11.10 审计与报告要求

EGM 系统能编译和保存足够的信息并以此建立审计追踪对密闭输送进行质量检验。保留历史数据的主要原因是它能为报告中有关测量的当前与先前情况提供例证,同时也为在已知的会计周期内的数据表提供例证。当 EGM 设备不发挥作用时,也就是说确定其不在误差允许范围内或是记录的测量参数不正确时,此时根据所保留的数据显示的信息即可对其进行合理调节。

EGM 系统的审计追踪应当包括:
(1)输送量记录(QTRs):每天的 QTRs,每小时的 QTRs 以及修正后的 QTRs。
(2)算法识别。
(3)配置日志(智能型变送器、流量计算机、GC 等)。
(4)事件日志。
(5)现场测试记录设备(智能型变送器、流量计算机、GC 等)。
(6)检定证书(现场校准标准、玻璃温度计等)。

除非规定,否则所有审计追踪的数据最短保存期限为两年。

这部分的记录和报告可在线生成或者离线生成,也可二者均有。

11.10.1 输送量记录

输送量记录(QTRs)是对有关流体质量、体积、能量等参数的一系列连续记录。该过程由指定的电子计量设备(流量计算机)和一级设备(流量计)进行采集记录。

11.10.1.1 孔板流量计的日输送量记录

它是指在一日内采集到或计算的数据平均值或总和。当一个合同日结束或者恒定的流动参数改变时,该记录终止,新的输送量记录开始。稳定流动参数仅仅是指那些不依赖于任何测量数据平均值的已测或已知参数。每次一个或多个参数改变时,除了日输送量记录外,还要有一个附加的输送量记录。

日输送量记录中应包括以下数据:

(1)日期。
(2)时间。
(3)流量。
(4)流动时间。
(5)差压(孔板流量计差压)。
(6)未修正的数值(超声波流量计、涡轮流量计、旋转位移流量计)。
(7)流动温度。
(8)静压。
(9)气体组成(如果需要)。
(10)相对密度(如果需要)。
(11)能值(如果需要)。

人们已确定:流体整体状况在恰当的位置才能提供有效信息。

11.10.1.2 孔板流量计日常输送量记录

它是指每过一小时所采集和计算的数据平均值或总和。当每过一小时或者恒定的流动参数改变的任意时刻,日常 QTR 终止,新的日常 QTR 开始。这些恒定参数仅仅是指那些不依赖于任何测量数据平均值的已测或已知参数。每次参数改变时,除了24个实时数据记录外,还包括一个附加的日输送量记录。

日常数据记录应包括以下数据:

(1)日期。
(2)时间。
(3)流量。
(4)流动时间。
(5)差压(孔板流量计差压)。
(6)未修正的数值(超声波流量计、涡轮流量计、旋转位移流量计)。
(7)流动温度。
(8)静压。
(9)气体组成(如果需要)。
(10)相对密度(如果需要)。
(11)能值(如果需要)。

人们已确定:流体整体状况在恰当的位置才能提供有效信息。

11.10.1.3 输送记录修正

修正的输送记录来识别原始数据的改变。该过程用来反映初始参数或动态流动参数的变化,而这些参数则用于数据计算处理。如下情况需对气体的电子测量结果进行校准:

(1)当计算时恒定的流动参数不可用、输入错误或者随后出错。

(2)由于校准、运行失败或者计量设备运行条件异常时需对动态流动参数进行校准。

以上情况的发生致使需对初始参数进行修正并计算修正后的数据记录。该过程的目的在于给出修正的原因,为修正数据记录提供原始参数和常量及修订后的输送量记录,并记录调整后的流量计参数及数据计算状态。

11.10.2 算法识别

气体的电子测量系统进行计算时应提供算法识别,如相应版本的软件。大多数用户在配置日志中提供该信息。

11.10.3 配置日志

配置日志是计量周期内检查软件包中的一部分。该日志包括了数据记录中所有常量数据。

11.10.3.1 差压流量计的配置日志

该日志(孔板流量计)应包含以下数据,但不仅限于这些数据:

(1)流量计编号。
(2)时间和日期。
(3)合同时间。
(4)大气压(如果可能)。
(5)基准压力(p_b)。
(6)基准温度(T_b)。
(7)孔板流量计测量管的参比内径(D_r)。
(8)孔板流量计参比孔径(d_r)。
(9)静压取压孔位置(上游或下游取压孔)。
(10)取压孔构造(法兰或管接取压)。
(11)孔板材料(300系列不锈钢,蒙乃尔合金)。
(12)流量计测量管的材料(碳钢,300系列不锈钢)。
(13)校准差压范围(0~满量程)。
(14)校准静压范围(0~满量程)。
(15)校准流动温度范围(0~满量程)。
(16)低差压切断。
(17)气体组成(如为非实时输入)。
(18)相对密度(如为非实时输入)。
(19)能值(如为非实时输入)。

11.10.3.2 线性流量计配置日志

线性流量计配置日志(超声波、涡流或旋转位移流量计)应包含以下数据,但不仅限于以下信息：

(1) 流量计编号。
(2) 时间与日期。
(3) 合同时间。
(4) 大气压（如果需要）。
(5) 基准压力（p_b）。
(6) 基准温度（T_b）。
(7) 流量计因子。
(8) 流量计 K 因子。
(9) 校准差压范围（0~满量程）。
(10) 校准静压范围（0~满量程）。
(11) 校准流动温度范围（0~满量程）。
(12) 气体组成（如为非实时输入）。
(13) 相对密度（如为非实时输入）。
(14) 能值（如为非实时输入）。

11.10.4 事件日志

事件日志是计量周期内审计程序包中的一部分。该日志用来记录流动参数的变化与异常或配置日志中的固定参数，参数变化或异常是由设备、操作和软件变化引起，并影响数据记录。事件日志包括配置日志的改变，但不仅限于此。该日志应按照时间日期的顺序记录新旧参数的变化（配置日志中）。

除了配置日志的改变外，还应包括以下数据：
(1) 系统关机与开机时间。
(2) EGM 硬件错误信息。
(3) 登陆与注销 EGM 时间。
(4) 冲突导致的默认值取代了日常输入/输出值。
(5) 更新程序或日志时产生的未校准数据。

11.10.5 现场测试记录

该测试为审计程序包中的一部分，由流量计测试和操作过程中产生的文件和记录组成，这些数据影响测量值的计算。产生的该文件应包括校准报告或检定报告（参照《设备校准与检定》）、孔板及设备更换标签、外围设备的评估报告，但不仅限于这些。文件还包括：

(1) 检定报告（以三级设备的显示值为参照）：

二级设备（以三级设备的显示值为参照）。

三级设备（以三级设备的显示值为参照）。

(2) 校准报告（以三级设备的显示值为参照）：

最少三个校验点。

二级设备（dp, p_f, T_f, GC）。

三级设备（流量计算机）。

(3) 孔板变化与检测报告。

(4)设备更换标签:
一级设备(涡轮流量计、前置放大器、测试仪、脉冲信号发生器等)。
二级设备(dp,T_f,p_f,校准气体标准)。
中间设备。
三级设备(流量计算机)。

11.10.6 校准认证

为保证仪器的性能及数据的可靠性,需要对仪器进行校准认证。用于校准认证的标准仪器(静重测试仪、PK 仪、十进位箱、部分浸没式温度计,数字温度计、校准气体标准、数字万用表等)误差不应大于设计准确度的一半或 ±0.05% 这两个值中的任意一个。按照这条原则,现场装配智能型变送器的典型标准仪器的最大允许误差为:

dp——差压,±0.05%。
p_f——流体压力,±0.10%。
T_f——流体温度,±0.1 ℉。
N——脉冲数(脉冲发生器及脉冲计数器),±0.005%。

所有用于认证的标准设备及标准一般为 60 ℉ 下的值,可由国际标准化组织如美国国家标准与测试研究院(NIST)提供。

用于认证的标准仪器应当:

(1)具有足够的可信度,符合 NIST(或其他合适计算科学组织)用作相应标准仪器的标准。
(2)贴有校准标签并标明了校准时间、校准单位、下次校准时间。

数据保存:除非特别指定(如行业标准,有关规定或合同要求),流量测定的电子数据最少应保存两年。

11.11 仪器的检定、校准与认证

下面给出密闭输送 EGM 系统设备检定与校准的最低要求。电子流量测量系统(流量计算机与换能器)的最大误差在操作温度和压力范围内不应超过实际值的 ±1.00% 或 ±0.50%。这不包括基准流量系数的误差和初级设备(流量计)的误差。在恶劣的操作条件下,如脉冲流、多相流或极低压条件下,可能会产生更大的误差。EGM 系统初级设备、二级设备和三级设备有检定、校准和认证三个级别的检测。

检定是将三级显示设备的显示值与实际值(由校准后的仪器测得)进行比较。检定是为了确认二级设备、三级设备及数据处理方法是否在允许误差之内,或者这些设备需要校准、维修还是淘汰。

校准是对 EGM 系统进行测试和调节,使其(一级设备、二级设备、三级设备)在指定操作条件下与参照标准一致,提供足够的测量准确度。校准的最后一步是确认二级设备、三级设备及数据处理方法在 3 个极限操作条件下是否能满足允许误差。

认证是对现场试验设备(数字万用表、十进位箱、部分浸没式玻璃温度计、数字温度计、固态恒温浴、静重测量仪、PK 仪等)按 NIST 标准在操作范围内进行测试、调节和认证。

11.11.1 需检定或校准的设备

以下 EGM 设备需要检验、校准:

(1) 差压（dp）变送器。
(2) 智能型压力（p_f）变送器。
(3) 智能型温度（T_f）变送器。
(4) 脉冲发生器及脉冲计数器。
(5) 在线检测仪——GCs,H_2O,H_2S,S(及其他需要的检测仪)。
(6) 在线显像密度仪。

11.11.2 检定频率

通常二级设备和三级设备（dp、p_f、T_f、GC、在线水分析仪、流量计算机等）的检验周期为一季度。对大型生产装置，为减少可能的错误数据，检验周期常规定为每月或每星期。

11.11.3 校准频率

二级设备和三级设备（dp、p_f、T_f、GC、在线水分析仪、流量计算机等）一般只在初装、配件更换或检验发现现场标准设备与流量计算机显示的差值超过允许值时进行。对大型生产装置，为减少可能的错误数据，常规定每季度、每月或每星期进行一次校准。

11.11.4 认证频率

现场电子设备的认证周期取两年和生产商推荐期限中的较小时间。现场水压、气压表和玻璃温度计的测试认证周期常为五年。标准仪器一旦摔落或损坏就不能继续使用，除非经过检定或重新认证。

11.12 安全

EGM系统的安全包括以下方面的内容。

11.12.1 权力

由于流量测量系统没有上锁，也没有用栅栏围上，因此，正常操作条件下没有查看限制。但只有所有者和合同设计方有校准、修改流量计系统参数的权限。并且，所有者和合同设计方的权限也应在合同的权力、责任和现场可操作的限制下。

11.12.2 有限权力

系统应确保可能影响测量的参数不会被无授权用户修改。这可通过设置最少四个字符的安全码来实现。所有者可将统一的安全码或安全措施告知相关人员使其具有相应权限，但有权限的人员应在一定范围内。对测量系统还可用一些其他的保护措施。包括机械防护设备、电子防护设备，数据采集时使用安全码，修改参数和改变测量时使用安全码等。

11.12.3 日志数据的完整性

每次修改系统的常量参数时，旧参数值、新参数值及修改日期、时间都应记入日志（记录本或电子数据）。这就是说检查文件或单独的校准报告中应有完整的校准报告。

对原始数据和计算值的调整和修正应单独保存，而不是覆盖原数据。原始数据和调整后的数据都应保存。这些调整应在检查文件中给出，并应给出旧参数值、新参数值、修改日期和时间及调整影响的时间范围。还应给出决定调整时间的因素。

11.12.4 算法保护

用于计算相关数据的算法应不受现场校准和财务核算的影响，即使是拥有安全码的需要处理其他日常事务的人员。

11.12.5　原始数据

原始数据应保持不被修改。

11.12.6　内存保护

为最大限度地保护数据的安全性和完整性,EGM 设备应有备用电源,或有断电记忆功能的内存能将一个数据采集周期内所有数据记录下来。主电源断电时,断电时的数据能在恢复正常时从检查文件中正确加载。

11.12.7　误差检验

数据从一个数据存储系统传输到另一个数据存储系统时,误差检验系统能检测出错误的数据,并将错误的数据剔除。

12 不确定度

流量测量过程适用于稳态流动条件下的流体,为了能应用于实际生产,在设备的运行条件下将该流体看做是纯净、单相、均匀的牛顿型流体。石油工业、石油化工与天然气工业中的所有气体、大部分液体和大部分密相流体均认为是牛顿型流体。所有测量系统是以质量测量方法和质量守恒定律为依据的。

精确流量计的设计与操作应用要求对流体的物理性质有很好的了解。同时对于运行(或操作)条件掌握清楚。在领会流量计的工作原理基础上,掌握其对环境与操作条件的敏感程度是十分重要的。更重要的一点是,想要设计一台精确的流量计装置并使用其准确测量则需要遵循相似定律。

计量设备存在两类不确定度。多次测量结果的平均值偏离了真值(系统误差);而测量结果又由于偶然因素产生测量误差(随机误差)。

设计人员和使用者必须全面地、整体地考虑密闭输送设备。使用者应将设备建造、运行、维护中可能存在的不确定度告知设计人员。不管是短期还是长期,计量误差都会影响利润。计量不准确会引起客户的流失,负面的公共影响,刑事处罚,法律责任等。短期来说,公平、准确地计量是交易的基本原则。它将影响财务报告和运行报告的效力,进而影响公司的声誉(现金流、利润和损耗、资金平衡表、矿区使用费、税款)。

以最小的误差准确计量物料的量是最基本的要求。并且,密闭输送设备应符合国内和国际的相关标准。只有这样,供应商和用户的资金流动才能保持公平。

计算总投入的资金流动时,投入资金(CAPEX)和运行费用(OPEX)应同时计算:技术的投入、操作的投入、工业实验及标准、调节、总财务风险(商品价值乘以产量)、投资策略、竞争策略等。不确定度受制于资源的投入(CAPEX 和 OPEX)、计量方法固有的不确定度和总财务风险及投资风险。

对于密闭输送,风险管理相对简单,一般进行高级管理。对于财务风险高的设备(商品价值乘以产量),配置较高的的资金和操作资源以便把风险控制在较低的水平上。例如,对一套高产量的设备,应有两个并行的流量计,一台正常运行,一台备用。设备由所有者或有关单位管理。至少每周或定期地检验、测试、检定、校准设备。设备应按照工业标准来设计和维护,以使风险(财务风险)最小化。

对财务风险低的设备,分配在用来控制风险的资金资源和操作资源相对较少。对这些设备,无需备用的设备,而是在出现故障时将设备停用。每月对这些设备用便携式校准仪器进行校准。这种设备按最低的工业标准进行设计和维护。对维护较好的管输系统,年损失量通常控制在 $\pm 0.10\% \sim \pm 0.50\%$。

对维护较好的集气系统,年损失量是管线内凝析量的函数(逆向冷凝液和流入冷凝液)。

12.1 有关不确定度的基本概念

对不确定度进行统计分析时,有些概念和术语容易混淆。为使概念明确,消除混淆,下面给出一些术语的定义。更多的术语可在本书的开头查阅。

读者应掌握统计学中用来描述不确定度的两个术语:相关(或部分相关)和不相关。不确定度的度量中,一般先将有关因素看作环境变量,再计算不确定度(U_{95}或U^{95})。

相关或部分相关:指控制量和被测量(或计算量)间与不确定度有关的依赖关系。如实验中,孔板流量计的流出系数(C_d)和经验膨胀因子(Y)存在依赖关系。测定膨胀因子的实验中,膨胀因子是通过对不可压缩流体的流出系数C_d和可压缩液体的C_d进行对比得出。

线性度:指仪器在一定测量范围内测量值的偏离程度。没有进行线性化的涡轮流量计在指定测量上限或关小流量(实验室一般为10:1,现场一般为5:1)测量时,线性度一般为±0.50%。进行线性化的涡轮流量计在指定测量范围内或关小流量(现场一般为5:1)测量时,线性度一般为±0.25%。

随机误差:测量点相对均值的误差符合几率法则(高斯分布)。随机误差指测量值没有规律地分布在平均值附近。按相关标准校验、校准后的设备的误差是随机误差。

仪器测量范围:指在指定性能条件下进行测量的范围。例如,制造商给出的流量计的测量范围受制于线性度,可重复性及不损坏仪器的流量上限。涡轮流量计的典型测量范围为5:1,此时不可重复性小于0.05%,线性度在±0.50%,最大允许流量为测量上限的120%。典型的用100-ΩRTD为智能型温度变送器的测量范围为20:1,±0.20°F(此时满足可重复性和线性度要求)。

系统误差(或偏差):指测量值偏离真值的程度,不同于偏离平均值的随机误差。系统误差或偏差是对操作人员影响最大的因素。系统误差或偏差可分为三类:(1)可知偏差,通过校准消除(流量计校准),(2)可知的可忽略偏差(不重要),(3)不可知偏差,通过对参数的控制消除(测试、检验、检定、校准和认证)。引起密闭输送设备的偏差的因素有未控变量引起错误的测量,部门间的不协调,设备性能的损坏等。

不相关:指控制量和被测量(或计算量)间不存在与不确定度有关的依赖关系。如流量计中的温度、压力、气体组成等测量量与状态方程A.G.A.8的不确定度无关。

12.2 测量的不确定度

不确定度(或准确度)有两类,即系统误差及随机误差。即使最精确的设备也存在不确定度。对同一个测量点,不确定度取决于资本投入(CAPEX和OPEX),测量方法固有的不确定度及财务风险承受程度(或风险)。

在流量计的使用中,多个因素同时影响总的不确定度。不确定度不仅取决于硬件(或设备)条件,同时也受到对硬件和软件的操作,计算方法,校准方法,校准设备,校准程序及人为因素等方面的影响。计算流量计不确定度的方法有根和平方法(Root Sum Square, RSS)和蒙特卡罗(Monte Carlo)法。经过合理的假设,两种方法计算得到的不确定度结果相近。

最常用的方法为RSS法,详见ISO 5168。ISO 5168中简单介绍了Monte Carlo法,这种方法需要用高性能计算机进行模拟计算。在天然气有关的应用中,推荐使用RSS法。我们认为这种方法能清晰地给出引起测量设备不确定度的因素。

12.2.1 不确定度来源

对所有流量计而言,不确定度的产生都可找到根源。不同类型的流量计,其根源也不同,但基本特征一致,如图12.1。

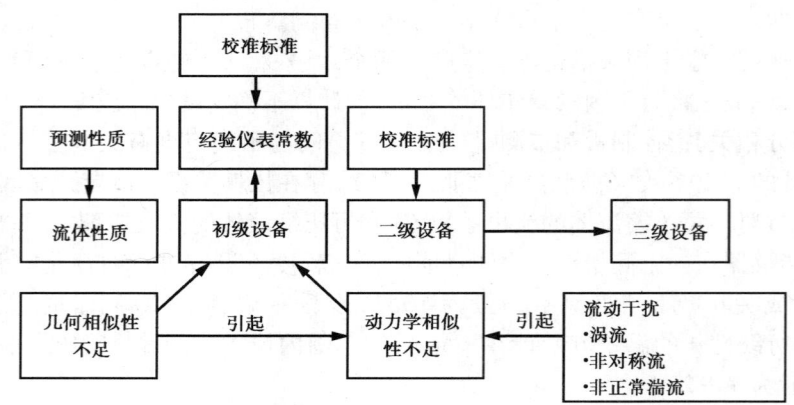

图 12.1 流量计不确定度来源示意图(据 Savant 计量公司,2001)

孔板流量计的不确定度产生原因见第 6 章;超声波流量计见第 7 章;涡轮流量计见第 8 章;旋转位移流量计见第 9 章。

12.2.2 流量计校准方法的不确定度

流量计校准(仪器校准,关键设备校准,现场校准)的不确定度可能为以下方面:
(1)流量计的工作特性。
(2)与管内流体有关的测量异常。
(3)流体性质预测及测量的误差。
(4)与流动状态有关的测量异常。
(5)之前参照标准的不确定度。
(6)校准设备的设计及使用。
(7)校准过程。

所有设备及过程都存在的共同的不确定度源于不能完全实现以下条件:
(1)流量计的稳定安装和维护(位置和时间都恰好合适)。
(2)无误差的质量流速测量。
(3)准确区别流动的稳定性误差和流动的标准差。
(4)流动过程噪音的消除(对间接流量计可用 HPFCs)。
(5)保持流体为单相、均一的牛顿型流体。
(6)测量或预测流体的有关物性。

对不同的技术、设计及计量过程,不确定度的类型和大小差别很大。

12.2.2.1 关键设备的不确定度

对世界一流的校准设备,用于天然气测量的流量计校准时给出的不确定度(U^{95})范围为 ±0.15%~0.25%(见图 12.2)。实验室偏差必须比世界一流校准设备的小。实际上,连续评估中设备操作员和使用者都是以实验室性能为基础得到置信度。最好的关键校准设备一般通过室内安装的流量计(仪器控制)来显示对变量的控制。

对安装的流量计用多台中心校准装置进行物质循环调试测试是减小偏差的可行方法。对仪器校准的结果进行分析可找出未控制的偏差。图 12.2 给出了两个实验室对超声波流量计

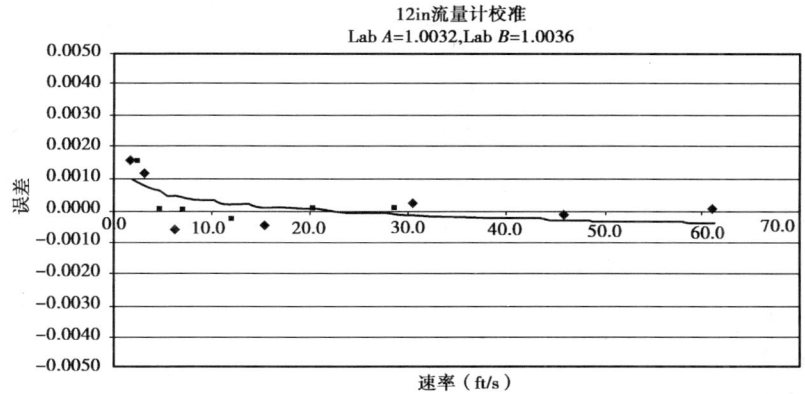

图 12.2 MUSM 流量计装置的实验结果（人工）

的评价结果，显然，仪器控制条件下两个结果（最小误差）一致。

12.2.2.2 现场校准设备的不确定度

对现场校准设备，用于天然气测量的流量计校准时给出的不确定度（U^{95}）范围为 ±0.25%。同关键校准设备一样，现场校准也应该体现主流量计的最小误差。一般来说，主流量设备在实验室校准中已经给出了最小误差（循环调试测试）。为保证对变量的控制，现场校准设备按时直观地对流量计进行重新校准，保证了误差最小。主流量设备又称为控制设备。

12.2.3 二级设备及流体密度的不确定度

二级设备的厂家评估不确定度或给使用者提供评估不确定度为 U^{95} 时的置信区间的方程。二级设备（p_f，T_f，GC，流体称重取样）用于计算流体的密度（ρ_{tp}，ρ_b），二级设备的 U^{95} 并不用于质量流速的不确定度方程（$\delta q_m / q_m$）。用于质量流速的不确定度方程的是与各二级设备相关的流体密度的误差（$\delta \rho_{tp} / \rho_{tp}$）。为确定流体密度的误差，一般用标准组成的天然气在标准 p_f 和 T_f 条件下进行灵敏度分析。

12.2.4 并联式流量计

统计学上，通常假定误差呈正态分布。此假设认为并联式流量计中任意一个的误差是不受控制的。也就是说，任意两个的误差大小和方向不同。通常，由于存在部分有关或无关的被测量，并联式流量计的不确定度低于单一流量计。

12.3 流量计不确定度实例

为使读者更清晰地了解不同技术、并联式流量计设计及操作条件（p_f，T_f，气体组成）对天然气输送品质的影响，下文给出了几个不确定度的例子（GOM 天然气处理厂出口）。表 12.1 为 $p_f = 1385\text{psig}$，$T_f = 100\text{°F}$ 的结果；表 12.2 为 $p_f = 985\text{psig}$，$T_f = 70\text{°F}$ 的结果 表 12.3 为 $p_f = 585\text{psig}$，$T_f = 70\text{°F}$ 的结果；表 12.4 为 $p_f = 185\text{psig}$，$T_f = 70\text{°F}$ 的结果。

p_f 在 500psig 以上时作者推荐 $\delta p_f / p_f$ 为 ±1.30psig（表 12.1 ~ 表 12.3）。

p_f 在 500psig 以下时作者推荐 $\delta p_f / p_f$ 为 ±0.50psig（表 12.4）。

任意条件下（p_f，T_f），作者推荐 $\delta T_f / T_f$ 为 ±0.2°F。

表 12.1　流量计不确定度计算综述（$p_f = 1385\text{psig}, T_f = 100\text{°F}$）

流量计类型	并联式流量计数	U^{95}(%)
孔板[1]	1	0.48
孔板[1]	2	0.41
孔板[1]	3	0.37
孔板[1]	4	0.35
超声波[2]	1	0.76
超声波[2]	2	0.65
超声波[2]	3	0.60
超声波[3]	1	0.39
超声波[3]	2	0.35
超声波[3]	3	0.33
涡轮[4]	1	0.58
涡轮[4]	2	0.50
涡轮[4]	3	0.46
旋转位移[5]	1	1.04
旋转位移[5]	2	0.88
旋转位移[5]	3	0.81

注：该表计算结果是以下面假设条件为依据的：GOM 天然气处理厂出口气体组成；$p_f = 185\text{psig}$ 和 $\partial p_f/p_f = \pm 1.3\text{psig}$，则 $\partial \rho_{tp}/\rho_{tp} = \pm 0.11\%$；$T_f = 100\text{°F}$，$\partial T_f/T_f = \pm 0.2\text{°F}$，则 $\partial \rho_{tp}/\rho_{tp} = \pm 0.06\%$；安装在线 GC 或者流体测重取样系统，则 $\partial \rho_{tp}/\rho_{tp} = \pm 0.25\%$。

1：假定双室孔板流量计的 $\partial C_d/C_d$ 由 A.G.A.3 计算。
2：假定多声道超声波流量计的 $\partial MF/MF = \pm 0.70\%$（用未线性化的 A.G.A.9 方程算出）。
3：假定多声道超声波流量计的 $\partial MF/MF = \pm 0.25\%$（用线性化的 A.G.A.9 方程算出）。
4：假定气体涡轮流量计的 $\partial MF/MF = \pm 0.50\%$（用未线性化的 ISO 9951 算出）。
5：假定旋转位移流量计的 $\partial MF/MF = \pm 1.00\%$（未经线性化）。

表 12.2　流量计不确定度计算综述（$p_f = 985\text{psig}, T_f = 70\text{°F}$）

流量计类型	并联式流量计数	U^{95}(%)
孔板[1]	1	0.49
孔板[1]	2	0.41
孔板[1]	3	0.37
孔板[1]	4	0.35
超声波[2]	1	0.77
超声波[2]	2	0.65
超声波[2]	3	0.60

续表

流量计类型	并联式流量计数	U^{95}(%)
超声波[3]	1	0.40
超声波[3]	2	0.35
超声波[3]	3	0.33
涡轮[4]	1	0.59
涡轮[4]	2	0.51
涡轮[4]	3	0.47
旋转位移[5]	1	1.05
旋转位移[5]	2	0.89
旋转位移[5]	3	0.81

注:该表计算结果是以下面假设条件为依据的。GOM 天然气处理厂出口气体组成;$F_f=985\text{psig}$,$\partial p_f/p_f=\pm1.3\text{psig}$,则$\partial\rho_{tp}/\rho_{tp}=\pm0.15\%$;$T_f=70℉$,$\partial T_f/T_f=\pm0.2℉$,则$\partial\rho_{tp}/\rho_{tp}=\pm0.06\%$;安装在线 GC 或者流体测重取样系统,则$\partial\rho_{tp}/\rho_{tp}=\pm0.25\%$。

1:假定双室孔板流量计的$\partial C_d/C_d$用 A.G.A.3 计算。
2:假定多声道超声波流量计的$\partial MF/MF=\pm0.70\%$(用未线性化的 A.G.A.9 方程算出)。
3:假定多声道超声波流量计的$\partial MF/MF=\pm0.25\%$(用线性化的 A.G.A.9 方程算出)。
4:假定气体涡轮流量计的$\partial MF/MF=\pm0.50\%$(用未线性化的 ISO 9951 算出)。
5:假定旋转位移流量计的$\partial MF/MF=\pm1.00\%$(未经线性化)。

表 12.3 流量计不确定度计算综述($p_f=585\text{psig}$, $T_f=70℉$)

流量计类型	并联式流量计数	U^{95}(%)
孔板[1]	1	0.50
孔板[1]	2	0.42
孔板[1]	3	0.38
孔板[1]	4	0.35
超声波[2]	1	0.80
超声波[2]	2	0.67
超声波[2]	3	0.61
超声波[3]	1	0.46
超声波[3]	2	0.39
超声波[3]	3	0.36
涡轮[4]	1	0.63
涡轮[4]	2	0.53
涡轮[4]	3	0.49
旋转位移[5]	1	1.07
旋转位移[5]	2	0.90
旋转位移[5]	3	0.82

注:该表计算结果是以下面假设条件为依据的。GOM 天然气处理厂出口气体组成;$p_f=585\text{psig}$,$\partial p_f/p_f=\pm1.3\text{psig}$,则$\partial\rho_{tp}/\rho_{tp}=\pm0.27\%$;$T_f=70℉$,$\partial T_f/T_f=\pm0.2℉$,则$\partial\rho_{tp}/\rho_{tp}=\pm0.056\%$;安装在线 GC 或者流体测重取样系统,则$\partial\rho_{tp}/\rho_{tp}=\pm0.25\%$。

1:假定双室孔板流量计的$\partial C_d/C_d$用 A.G.A.3 计算。
2:假定多声道超声波流量计的$\partial MF/MF=\pm0.70\%$(用未线性化的 A.G.A.9 方程算出)。
3:假定多声道超声波流量计的$\partial MF/MF=\pm0.25\%$(用线性化的 A.G.A.9 方程算出)。
4:假定气体涡轮流量计的$\partial MF/MF=\pm0.50\%$(用未线性化的 ISO 9951 算出)。
5:假定旋转位移流量计的$\partial MF/MF=\pm1.00\%$(未经线性化)。

表 12.4 流量计不确定度计算综述($p_f = 185\text{psig}, T_f = 70℉$)

流量计类型	并联式流量计数	$U^{95}(\%)$
孔板[1]	1	0.53
孔板[1]	2	0.44
孔板[1]	3	0.40
孔板[1]	4	0.37
超声波[2]	1	0.81
超声波[2]	2	0.68
超声波[2]	3	0.62
超声波[3]	1	0.48
超声波[3]	2	0.40
超声波[3]	3	0.36
涡轮[4]	1	0.64
涡轮[4]	2	0.54
涡轮[4]	3	0.49
旋转位移[5]	1	1.08
旋转位移[5]	2	0.91
旋转位移[5]	3	0.82

注:该表计算结果是以下面假设条件为依据的。GOM 天然气处理厂出口气体组成;$p_f = 185\text{psig}, \partial p_f/p_f = \pm 0.5\text{psig}$,则 $\partial p_{tp}/p_{tp} = \pm 0.30\%$;$T_f = 70℉, \partial T_f/T_f = \pm 0.2℉$,则 $\partial p_{tp}/p_{tp} = \pm 0.046\%$;安装在线 GC 或者流体测重取样系统,则 $\partial p_{tp}/p_{tp} = \pm 0.25\%$。

1:假定双室孔板流量计的 $\partial C_d/C_d$ 用 A.G.A.3 计算。
2:假定多声道超声波流量计的 $\partial MF/MF = \pm 0.70\%$(用未线性化的 A.G.A.9 方程算出)。
3:假定多声道超声波流量计的 $\partial MF/MF = \pm 0.25\%$(用线性化的 A.G.A.9 方程算出)。
4:假定气体涡轮流量计的 $\partial MF/MF = \pm 0.50\%$(用未线性化的 ISO 9951 算出)。
5:假定旋转位移流量计的 $\partial MF/MF = \pm 1.00\%$(未经线性化)。

12.4 统计加权

统计加权是投资中优化投资资源(CAPEX 和 OPEX)和保证资金风险在可接受范围内的一种手段。或者说统计加权是优化投资资源(CAPEX 和 OPEX)降低损耗率达到经营目标的手段。

合适的统计加权下,合理的计量系统其损耗率低于单一流量计的不确定度。为推定系统的不确定度,统计员或工程师将与之有关的全局测量点分为 3 类:收货,交货和库存。对输气系统、集气系统、配气系统和气体处理装置,总体上为 3 类不同的子类:流入系统、输出系统及库存。

为得到合理的结果,统计员或工程师必需具有统计加权和不确定度评估的能力。因为一级设备、二级设备、三级设备的选择影响不确定度,这就要求统计员或工程师了解每处的现场仪器、仪器数量、仪器性能及流量设备数量。

在下面步骤之后,就可用统计加权法对测量设备的不确定度进行合理的评估了。

12.4.1 流入子群

(1)统计员汇总所有的流入点组成一个子群(生产井,管线,气体处理厂,LNG 厂)。

(2)统计员根据选择的设备的性能(一级、二级、三级设备)计算每个流入点的 U^{95} 及并联式流量计的数量。统计员假设变量是可控的,每个测量点的误差都可忽略。也就是说假设设备符合相应的测量标准。

(3)统计员取得每个流入点的月质量流速或年质量流速。

(4)根据月质量流速或年质量流速占总质量流速的比重,统计员计算加权因子。

12.4.2 流出子群

(1)统计员汇总所有的流出点组成一个子群(生产井,管线,气体处理厂,LNG 厂)。

(2)统计员根据选择的设备的性能(一级、二级、三级设备)计算每个流出点的 U^{95} 及并联式流量计的数量。统计员假设变量是可控的,每个测量点的误差都可忽略。也就是说假设设备符合相应的测量标准。

(3)统计员取得每个流出点的月质量流速或年质量流速。

(4)根据月质量流速或年质量流速占总质量流速的比重,统计员计算加权因子。

12.4.3 库存子群

(1)统计员汇总所有的库存设备组成一个子群(管线,管线段,储存设备)。

(2)统计员库存点的 U^{95}。统计员假设变量是可控的,每个库存点(管线,管线段,储存设备)的误差都可忽略。

(3)统计员取得每个库存点质量(管线,管线段和储存设备)。

(4)根据库存量占总质量流速的比重,统计员计算每个库存点(管线,管线段,储存设备)的加权因子。

下面举个关于统计加权的例子。这个例子也说明了怎样通过统计加权来预计损耗率和合理分配资源(CAPEX 和 POEX)以达到控制风险、实现高级管理的目的。如图 12.3 所示,管线中有 7 个输入点,7 个输出点。为简化问题,忽略系统的库存、内部燃料的消耗误差(燃气压缩机)及维修、燃烧引起的损失。假定选用线性化的孔板流量计、超声波流量计和未线性化的涡轮流量计。虽然有些不符实际,我们选择表 12.2 为例($p_f = 985\,\text{psig}$, $T_f = 70\,°F$)来简化问题。每个流量计量装置的流量计数目不同,因此每个流量计量装置的不确定度 U^{95} 也不同。

如表 12.2 所示,这些点已经按预期损耗(MM lb_m/s)排序。这是由于每个流量计量装置的不确定度不同。

如果一个变量不可控,损耗率会超过不确定度,但这受到加权因子的影响。也就是说,最大生产能力装置的不可控变量对系统的损耗率影响最大;最小生产能力装置的不可控变量对系统的损耗率影响最小。

如果 OPEX 资源按加权因子列分配,我们可将损耗率控制在接近 $\pm 0.26\%$ ($0.37\sqrt{2}$)。

如第 6、7、8、9 章所述,对线性流量计(超声波流量计、涡轮流量计、旋转位移流量计),流体密度(ρ_{tp})不用开平方。因此,组成、p_f 和 T_f 对线性流量计灵敏性的影响是压头式流量计(孔板流量计、文丘里管流量计,亚音速喷嘴流量计)的两倍。这样,下一个问题就转折成如何提高性能。

对孔板流量计,现场校准是降低测量装置(R-2,R-3,R-4,D-4 和 D-2)不确定度(U^{95})的一种方法。校准后,3 个孔板流量计的不确定度(U^{95})可从 $\pm 0.37\%$ 降到 $\pm 0.25\%$。

对线性化的超声波流量计,降低不确定度(U^{95})的方法是安装好的 GCs、取样系统及灵敏

月流入量

节点	流量计 类型	流量计 编号	流量计 标准直径	U^{95} (%)	Q_{vb} (MMSCF)	Q_m (MMlb$_m$/s)	加权因子	U^{95} (MMSCF)	U^{95} (MMlb$_m$/s)	日流量 Q_{vb} (MMSCF)
R-4	孔板流量计	4	12in（300mm）	0.35	14618	650	0.43	51.16	2.28	487.25
R-3	孔板流量计	3	10in（250mm）	0.37	7871	350	0.23	29.12	1.30	262.37
R-2	孔板流量计	3	10in（250mm）	0.37	4947	220	0.15	18.31	0.81	164.92
R-5	多声道超声流量计	1	10in（250mm）	0.40	2924	130	0.09	11.69	0.52	97.45
R-6	多声道超声流量计	1	6in（150mm）	0.40	1687	75	0.05	6.75	0.30	56.22
R-1	多声道超声流量计	1	6in（150mm）	0.40	1124	50	0.03	4.50	0.20	37.48
R-7	多声道超声流量计	1	4in（100mm）	0.40	562	25	0.02	2.25	0.10	18.74
				0.37	33733	1500		123.78	5.50	

月流出量

节点	流量计 类型	流量计 编号	流量计 标准直径	U^{95} (%)	Q_{vb} (MMSCF)	Q_m (MMlb$_m$/s)	加权因子	U^{95} (MMSCF)	U^{95} (MMlb$_m$/s)	日流量 Q_{vb} (MMSCF)
D-4	孔板流量计	4	12in（300mm）	0.35	13156	585	0.39	46.05	2.05	438.53
D-3	多声道超声流量计	2	10in（250mm）	0.35	9558	425	0.28	33.45	1.49	318.59
D-5	多声道超声流量计	1	10in（250mm）	0.40	5397	240	0.16	21.59	0.96	179.91
D-2	孔板流量计	2	10in（250mm）	0.41	3936	175	0.12	16.14	0.72	131.18
D-6	多声道超声流量计	1	4in（100mm）	0.40	787	35	0.02	3.15	0.14	26.24
D-7	多声道超声流量计	1	4in（100mm）	0.40	562	25	0.02	2.25	0.10	18.74
D-1	涡轮流量计	1	4in（100mm）	0.59	337	15	0.01	1.99	0.09	11.24
				0.37	33733	1500		124.61	5.54	

系统预期月损耗特性

U_{95} (%)	损耗 (MMSCF)	损耗 (MMlb$_m$/s)	损耗 (USD)	(USD/MSCF)
0.26	88.11	3.92	1057345	12.00

图12.3 统计加权实例

压力变送器。操作者可监测 SOS_i 的预测值和通过 MUSM 对 GC 分析得到的 SOS_i 的测量值。当然,这假定了换能器和流量计内部无内膜形成。为确保控制这个变量,操作者需在预定的时间间隔内检测流量计量装置。当 SOS_i 值偏离 ±0.25% 时,就应检查 GC 和流量计量装置,查出未控制变量(偏差)。

综合不确定度的成因(或不确定度来源),流量设备的不确定度评价(U^{95})及统计加权因子的使用,我们可以确定以下方面。

(1)确定一级、二级和三级设备的误差类型及大小。
(2)确定现有设备的改进方法(升级或更新)。
(3)给投资资源(CAPEX)设定损耗率控制目标。
(4)确定每个流量计的 OPEX。
(5)给每个装置设置 OPEX 优先级。
(6)设置损耗分析过程的优先级。

高级管理通过对资金的预算来分配 CAPEX 资源。选定一级、二级、三级设备后,这些设备运行过程中有不确定度,同时,也需要适当的 OPEX 资源。每个流量计的 CAPEX,OPEX 和 U^{95} 不同。高级管理可根据加权因子表分配 OPEX 资源,并定期检验、测试、检定、校准和认证设备,以确保对变量的控制。

13 测量系统设计

对测量系统的合理设计应当考虑到设计者与操作人员各方面的影响。用于密闭输送系统的人力、物力资源须占总计量成本的一部分:技术成本、运行费用、工业实践或校准费用、还有总的财务风险(商品价值乘以产量)。

13.1 目标不确定度

在开始设计之前,要确定目标不确定度的大小。一般规定计量设备的总不确定度为 $\pm 0.05\%$ 或 $\pm 1.00\%$。目标不确定度确定设计者装配初级、二级和三级设备(CAPEX))。当经营者认识到计量系统的工艺规程、操作人员和维护影响不确定度时,这些因素通过操作费用(OPEX)能够得到控制。

13.2 流体物理性质

相关流体物理性质包括:

(1)气体组成(摩尔百分含量)——最大值、一般值、最小值(C_1—C_{10},CO,CO_2,N_2,O_2,H_2,H_2S)。

(2)流体密度(ρ_{tp},ρ_b)——最大值、一般值、最小值。

(3)绝对黏度(μ)——最大值、一般值、最小值。

(4)超声波流量计声速(SOS)——最大值、一般值、最小值。

(5)孔板流量计的等熵指数(κ)。

(6)热值($Btu/10^3 ft^3$)——最大值、一般值、最小值。

(7)60 ℉下真实相对密度——最大值、一般值、最小值。

(8)一般组成的相界面或者烃露点曲线。

(9)水合物的形成(燃气加工厂管路上游)。

(10)含水量($lb_m/10^3 ft^3$)。

(11)含硫量($grain/100 ft^3$)——最大值、一般值、最小值。

(12)H_2S含量($grain/100 ft^3$)——最大值、一般值、最小值。

测量系统对密闭输送的计量是在14.73psia、60.0 ℉的条件下,用干基上质量、基准体积和基准能值来表示的。

13.3 运行设计数据

计量设备运行时,天然气组成、压力、温度及质量流速并非是恒定的。为了合理的设计及准确运行,应涵盖以下气体和密相相关的相界面物性及加工条件:

(1)基准压力(p_b)。

(2)基准温度(T_b)。

(3)气体组成——最大值、最小值、一般值。

(4)相界面——最大值、最小值、一般值。

(5) 一般组成的气体相对分子质量(MW_{gas})。
(6) 一般组成的理想相对密度(RD_{id})。
(7) 一般组成的真实相对密度(RD)。
(8) 一般组成的基准密度(ρ_b)。
(9) 一般组成的能含量(HHV_b)。
(10) 质量流速(q_m)——最大值、最小值、一般值。
(11) 基准条件下的体积流速(q_{vb})——最大值、最小值、一般值。
(12) 流动压力(p_f)——最大值、最小值、一般值。
(13) 流动温度(T_f)——最大值、最小值、一般值。
(14) p_f、T_f 时所有组成流体的流动密度(ρ_{tp})。
(15) p_f、T_f 时所有组成流体的绝对黏度(μ)。
(16) 适用于 Buckingham 膨胀因子的理想等熵指数。
(17) 适用于 Buckingham 膨胀因子的真实等熵指数。
(18) p_f、T_f 时所有组成下的 SOS 值。
(19) 采用间接流量计的未充分发展流动。
(20) 流量计装置和集管速度——最大值、最小值、一般值。
(21) 取样系统——最大速率、最小速率、一般速率。

13.4 其他操作条件

合理的设计与运行还需考虑的其他因素如下：
(1) 多相流的存在。
(2) 脉动的存在。
(3) 流体的清洁。
(4) 清管频率。
(5) p_f、T_f 时一般组成下水合物的形成。
(6) 自动制冷与压缩加热。
(7) 美国腐蚀工程师协会标准要求（H_2O、CO_2、S 和 H_2S）。
(8) 杀菌剂、杀生剂、除氧剂和缓蚀剂的存在（用以控制细菌和防腐）。
(9) 弹性体兼容性。

13.5 基本设备冗余

全自动的 LACT/ACT 单元实现了对商业天然气进行自动密闭输送。此单元通常为预处理、橇装式的设计，以便确定所输送天然气的数量与质量情况。

在管线入口安装质量监控仪和取样系统进行控制，防止不合格产品进入。根据最大利用率的原则以及对天然气流体的影响情况，如果允许 LACT/ACT 单元继续运行，对于不合格天然气由其进行处理。

测量系统应在基准条件（14.73psia 和 60.0°F）下进行密闭输送，并且符合 FERC 标准、或者当地需求标准。对于计量设备的安装与操作要提供适宜的空间。

密闭输送设备由标准配件组成，这种设计是为了每月一次的测试、检定和校准。

校准与检测应由操作人员或者相互信赖的第三方完成。

清晰明了的审计追踪可使各方很好地完成由现场计量到会计核算的事宜。

13.5.1 设备冗余

设备冗余的存在用以保证设备停工期最短。取决于设备维修情况的停工期应尽量缩短时间，特别是计量设备，以避免输送中断。在该系统的设计与运行上，对于安装的流量计数目应由各方达成一致。如果需要所安装的流量计装置应为全自动以避免输送中断和计量误差。无需安装在线分析仪和取样器。

13.5.2 取样与分析

所有流量计设施均需安装自动比例流量气体取样器。在所有双向流量计装置（即每个流动方向上）上需要单独安装自动比例流量气体取样器。且要保留人工取样点以确保天然气质量达标。同时还需安装在线气相色谱仪，要求其每天的气体流速大于 25MM SCFD，或者说达到天然气质量标准的要求。还需安装在线水分分析仪，以保证含水量达标。

13.5.3 火炬和放空

考虑到成本因素，向火炬和放空系统排放的天然气需经智能型仪器进行计量。或者通过合适的仪器或方法进行估量。

13.5.4 工效设计

按程序进行检测与校准的所有设备是用来在检验、测试、校准及维修各环节之间进行调节。要考虑到这些环节的工效设计以使得对操作人员的影响达到最小。

13.5.5 声频噪声

声频噪声水平必须符合安全与保健法案（OSHA）标准，联邦、地区以及当地的噪声治理要求。这是为了保护操作与维修人员、公共及周围环境。

13.6 场地要求

对于 LACT/ACT 系统，双方认可的场地应根据以下要求进行选择。此外要给出有关噪声水平的相关标准。对于流量计管允许每年进行一次检测、每月进行一次现场校准，还有故障维修。如安装的是 MUSM 流量计，则应停止输出并进行重新非现场校准。对于天然气采用设备、气相色谱仪及校准标准色谱柱在运输与存储中的若干问题要考虑周密。

13.6.1 陆地要求

陆地安装时，LACT/ACT 系统安装应位于公共场所或者全天候通路上，且尽可能的靠近管线，以便利用管线。不过，该系统在建造时不可越过管线。

所选场地要足够大以容纳工作人员进入、操作和维修。在管路控制房与围栏之间要保留 10ft 的空间。场地面积应该足可容纳一辆超大型农用卡车。其周围及地表之上的管道由至少 6ft 高、带有闭锁装置的链状栅栏所包围。在闭锁门上或其附近要张贴设备标志牌，上面列出设备名称、管理者及应急电话。围栏以内的地面不可被植被、砂砾、贝壳等所覆盖。还应设置排水沟以免溢流或积水。

13.6.2 海上要求

海上安装时，LACT/ACT 系统要安装于平台上，且尽可能的靠近刮管器。所选场地要足够大以容纳工作人员进入、操作和维修。在 LACT/ACT 设备上或其附近要张贴设备标志牌，上面列出设备名称、管理者及应急电话。

13.7 结构

为了密闭输送设备的合理设计与正常运行,需要添加一些设施。

13.7.1 监控站

三级设备(流量计算机,SCADA,RTU等)建造时应置于宽敞的建筑内,以便对其进行保护和控制。这种结构需配备具有金属底盘的外壳或者建于混凝土结构的基础上。将该建筑称为监控站。

13.7.2 气体检测站

如果安装了在线分析仪(GC,S 和 H_2S),则需一种能提供合理分类的结构来容纳此设备,称为气体检测站。

13.7.3 其他结构的安全问题

任何连接设施(换热器、锅炉、调节器、控制阀等)必须远离这些仪表和通讯房,距离流量计装置至少10ft远。火力锅炉距离流量计装置至少25ft远。

13.7.4 极端气候条件

因环境需要,流量计装置与双阻双排阀应安置在气候条件可控的地方。安装流量计装置的厂房建造时要进行丈量以便能装下整个流量计装置和双阻双排阀。为了检验、维修或者替换,对于流量计装置及其附属设备的拆卸需作出操作规章。为安全起见,所有火炬与放空设备要通过管线与外界相通。

13.7.5 结构的电子化分类

按照一定标准将计量结构进行电子分类。厂房建造由设备连接方进行检测和认可。

13.8 管线要求

13.8.1 基本要求

在法兰上要垫上绝缘垫片,它指明了这两家公司之间关于所属权的转变。而根据政府要求这必须标出。

管道及配件之间要焊接,外面要刷上涂料。管道应当掩埋以使维修费用最少,同时简化了LACT/ACT系统管理与维修程序。

在选择流量计装置与管道时,如果燃气中含有腐蚀成分,商家或者设计者应考虑使用特殊材料或者进行防腐设计以满足要求。H_2S 与 CO_2 是天然气中最常见且含量较大的酸性组分,需要考虑到它们的影响,尤其是有水分存在的条件下。管道防腐需使用特殊材料且控制钢的硬度,高标准的不锈钢一般都能满足大多数设备对酸度的要求。一般选择低碳不锈钢可满足酸度要求。

为了使设备疲劳热损降至最小,操作规范中要给出螺旋管件的使用说明。

也存在特殊情况。对于仪器与取样阀而言,安装于管路上的阀在管侧是焊接,而在设备一侧则是螺旋连接。按照 ANSI 400 标准或比之低的标准,温度计套管或者取样探针可采用螺纹式设计。螺纹连接焊接式温度计套管或取样探针应焊接于管路之上。按照 ANSI 600 标准或比之高的标准,所有温度计套管或者取样探针采用法兰式设计。

所有容纳气体或液体的阀门、管件、管路与设备应当遵循《联邦燃气管道安全准则》及其他所有现行规范和标准。阀门、管件及管路的设计因子为0.5(最小屈服强度的50%)。按照设计要求,所有管道采用 API 5L B 级管线钢管或者更高标号的无缝钢管。配件则采用 ASTM A105 碳钢锻件或屈服强度更大的材料。

LACT/ACT 系统与接入点之间的管道在设计上应保证燃气最大流速为 50ft/s。流量计管速与调节阀管内流速则不在此标准范围内,二者应安装在恰当的位置。

过多的输出管件、排水装置、放空装置及其他设备会引起天然气不必要的损失,因此要尽可能把设备减到最少。与流量计装置和清管设施有关的所有管道、管件及排出装置,各方要认真复查以确保准确的测量。如果发现有减少或增加的可能性,要尽快启动补救环节(流量计装置的旁路)。

13.8.2 最大允许操作压力连续性

要保证材料压力等级和最大允许操作压力的连贯性。任何能引起最大允许操作压力不连贯的管道设计都需要设置过压保护设备。

13.8.3 静水压试验

整个 LACT/ACT 系统和连接管道都要进行静压试验,使其允许的最小压力达到最大允许操作压力的 1.5 倍,或者是任意管道或管件额定最小屈服强度的 90%。静压试验至少需要 4h,以图表的形式记录试验温度与压力大小。

如果以水作为测试介质,那么测试后需对管道进行清管操作以排出残留水分。若难以进行清管作业,则需吹干或脱水以使其达到运行要求。若需对设备进行现场静压试验,则以氮气作为测试介质。同样,试验时间至少 4h,以图表形式记录试验温度与压力。所有静压试验及其记录均需符合"联邦燃气管道安全准则"和所有其他现行规范与标准。

13.8.4 无损检测

所有对缝焊接都需要进行完整的射线拍照(100% X 光射线)。且必须遵守"联邦燃气管道安全准则"及所有其他现行规范和标准。

所有的焊接管件应采用全熔透式焊缝。非对缝焊接应以磁微粒进行检测或超声波检测。对缝焊接应满足"联邦燃气管道安全准则"的要求及在本书第 3 章中提到的其他所有现行规范与标准。不允许有管道裂缝的存在。

全部流量计部件需经超声波进行检验,且必须符合《联邦燃气管道安全准则》的要求及其他所有现行规范和标准。不允许有管道裂缝的存在。

所有无损检测及其记录必须符合《联邦燃气管道安全准则》及其他所有现行规范与准则。

13.8.5 管道支架

由管道接近接入点的位置下方需要安置足够的管道支架,以防止管道部件与管线上承受过多的压力。

13.9 压力调节与控制

压力调节与流量控制阀应设置在 LACT/ACT 单元的下游。在流量计组件与控制阀之间需设置足够的管路使得对流量计装置的声效应降至最低。设计时应考虑到对于 MUSM 流量计的一些特殊要求。

为满足压力的要求需使用厚壁管,同时用作流量调节阀管道。受腐蚀和机械疲劳的影响,流量控制阀处的管速不会超过 100ft/s。

若控制阀处的噪音水平超出了联邦或当地标准,则需采取一定措施进行减噪使其达到可以接受的水平内。

调节阀上、下游管道直径要与阀的相同或者比其粗。

所有调节器与控制阀的上、下游都需设置隔离球阀。

在控制阀与隔离阀之间则需设置排出阀。而在控制阀上游管轭处也应设置排出阀。

除非是两个以上(含两个)的调节器与控制阀平行安装,否则要在二者周围设置旁路。在旁路上应设分接头,用于压力传感和输送气。所有的旁路阀都需安装关闭设备。

在任何一个孤立的部分都需安设排气阀。

13.10 火炬与放空设备

为了安全与环保,应提供足够的火炬与放空设施。设计时,应考虑到吹除烟气系统时出现的低温。

所有控制阀的旁路应配备使用带有闭锁结构双阀的管路系统,而阀之间则具有放空能力。流量计周围则无旁路。

在可调范围内对流量计装置进行加压和减压操作需满足一定条件,具体如下:

(1)在双阻双排阀的上游应设置一个 2in 大的旁路系统,它是由一个截流阀、一个排出阀和一个二次截流阀所组成。

(2)在流量计装置出口(位于双阻双排阀上游)处应设置一个 2in 大的通风系统,它是由一个一次截流阀、一个排出阀和一个二次截流阀所组成。

(3)2in 大的截流阀应配备密封剂(油脂)密封的二级进样口。

(4)在上游的截流阀与排出阀之间应设置压力标尺和通风口。

13.11 超压保护

在计量设备操作人员和管道工都在的情况下才能开启超压保护设备。它不受一级调节阀控制。监控传感线路与燃气供应互不影响,且在超压保护时发挥作用。根据要求,应急开放阀与应急关闭阀的使用由具体情况来决定。有关热超压保护(过热安全阀)在下一节中讨论。

13.12 过热安全阀

安装过热安全阀是用来防止关井管线与设备热超压的。该系统不能对工业天然气的定量问题产生干扰或引发问题。

13.13 集管

并联式流量计的设计要求在上下游采用集管设计,其尺寸按如下要求设计:任何时候集管的截面积至少是流量计装置截面积总和的两倍。集管直径由下面的方程计算得到,作为下一个更大尺寸的标准管径:

$$D_h = [2 \times (D_1^2 + D_2^2 + \cdots D_n^2)]^{0.5}$$

式中 D_h——集管直径。

$D_1, D_2, \cdots, D_n$——运行的各流量计直径。

n——运行的流量计装置的数目。

必须注意的是计算集管直径时不应包括其他流量计直径。集管系统还应配备排水装置以便排出液相冷凝液、油和水分。从烃露点的角度看,须安装一个自动排水系统。

集管速率不能超过 50ft/s,否则会加快腐蚀速率、产生噪音、以及从非稳态的紊流区产生脉动。当采用多相流量计装置时，正确的进口集管设计就显得尤为重要，它可以确保流量的分布、产生的涡流最小、使非稳态紊流区产生的脉动最小。使用挤压集管即可减小噪音又可降低腐蚀程度。

集管设计可采用 Z 形、C 形或 T 形设计（见图 13.1）。

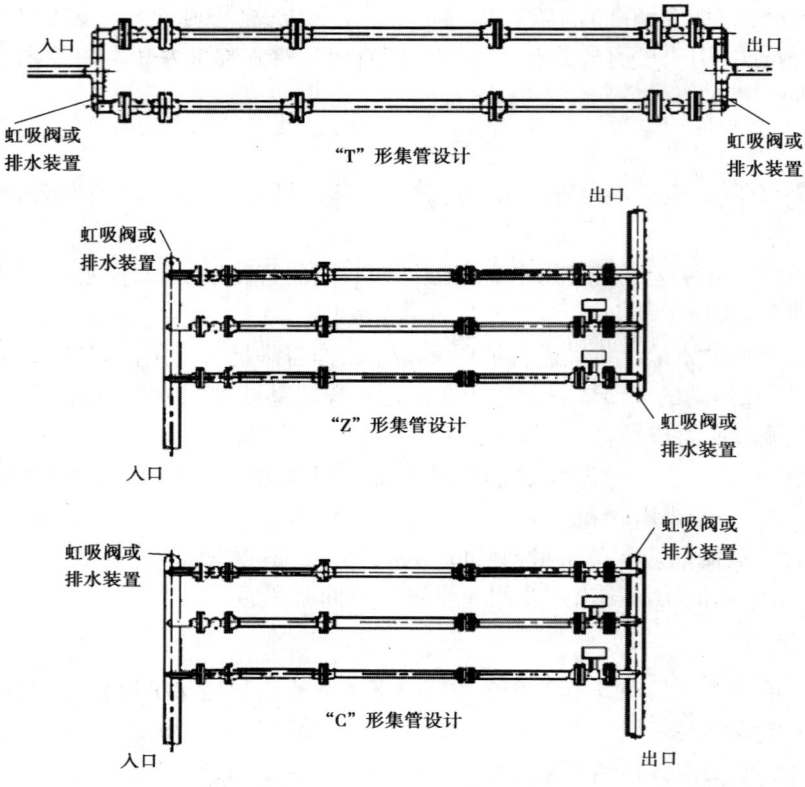

图 13.1 集管结构

13.14 粗滤器

油中所含固体微粒能形成第二相，从而增大了计量的不确定度。所含的固体微粒还会对流量计装置与管道造成磨蚀效应。因此需要粗滤器来除去流体中的过多固体微粒。如果有需要，粗滤器或过滤器应设置在每个流量计装置取样系统的上游，以确保维修时无须关闭设备即可进行。

为使压降最小，一种可取的方法是使粗滤器和过滤器的尺寸至少与流量计的标线尺寸相同。而粗滤器的容量应不小于流量计最大额定流速。

粗滤器大小要与管道相匹配，顶端为入口，且配有一个四眼（0.250in）不锈钢网。同时还要配备差压传感器（要穿过粗滤器的入口和出口），用来指示过量微粒的存在。

13.15 双阻双排阀

每个流量计装置末端应为双阻双排阀的设计形式，为检测与维护提供方便。双阻双排阀要设有两个互相独立的封口，每个封口都能完全阻断流体。

双阻双排阀应为耳轴式的异径孔道设计,球阀作为其阀体,无需使用密封剂。对于双阻双排阀要配设以下装备:

(1)镀镍碳钢球。
(2)配有尼龙衬垫的不锈钢座。
(3)密封剂密封的二级进样口。
(4)NACE 内件。
(5)防火设施。
(6)防脱出阀杆。
(7)整体阀杆切断设施。

如果需要,阀体需配备安全阀以防止过热膨胀。

流量计装置控制阀至少要像流量计与表头连接管一样,使用同尺寸的标准管。

安装的所有双阻双排阀都要进行检漏。

这里未详细描述的其他双阻双排阀需经负责方签署审批许可。

13.16 单向阀

为了确保流量计工作站的计量完整性,需安装单向阀以防止计量流体回流到天然气计量设备中。如需安装单向阀,可按厂家说明书将其安装在每个位于双阻双排阀出口前方的流量计装置的末端。单向阀应为旋转式或双板式设计,且配有一个软座用来进行密封。

13.17 脉动控制

在计量点存在明显脉动时,流量计对流体的测量是不准确的。目前,对用于交接计量的流量计产生脉动的理论研究与可行办法尚不尽如人意。但是研制出了测定脉动的仪器,它可以对脉动的抑制情况进行评估。

为了准确测量,必须抑制脉动。通常,采用两种方法来减小脉动及其对计量的影响:

(1)将流量计装置安置在一个较合适的位置,如调节器的入口侧面,或是离脉动源较远的位置。
(2)在脉动源与流量计装置之间的线路上设置插入容量式储罐、流量控制器或者经特殊设计的粗滤器来减少脉动的振幅。

13.18 初级设备

初级设备即为流量计装置(孔板、超声波、涡轮或转子容积式流量计)。流量计装置由流量计、带有高效流量调节器(如果需要)的上游管段、下游管段、传感与取样连接装置以及辅助设备所组成。其中辅助设备由粗滤器、滤声器、特殊过滤器和用来保护流量计的润滑系统所组成。

13.19 二级设备

与流量计相关的二级设备包括:

(1)差压(dp)变送器。
(2)静压(p_f)变送器。
(3)流体温度(T_f)变送器。
(4)确保传送数量与质量的的附加设备。

13.19.1 压力传感器

LACT/ACT 系统需采用静压传感器和差压传感器（p_f 与 dp）来控制设备运行情况。压力传感器的最大允许操作压力至少要与计量设备的最大允许操作压力相同。安装仪表阀门来控制对压力传感器的校准、检定与替换。

智能型压力（dp 与 p_f）变送器的接线为屏蔽线路设计，且在流量计制动器与三级设备之间是连续的，不能有接线头（"短接"），变送器配有一台显示器以显示其当前压力，以工程制单位表示（60 ℉下的多少英寸水柱高度的压力），同时还配有向三级设备进行传输的模拟和数字输出装置。对于模拟通信而言，4~20mA 的输出信号则需要一个 250Ω 的高准确度电阻器，其阻尼系数应调至最小值。而对于数字通讯而言，传感器的更新间隔时间要不大于 1s；智能型压力传感器需设定 Modbus 通讯协议，同时其阻尼系数调至最低。

13.19.1.1 静压传感器

为了准确起见，静压传感器可以是智能型压力变送器，并位于所选流量计的适当位置上。在周围的运行与校准条件下，智能型静压变送器应准确至 ±1.3psig 之内。

13.19.1.2 差压传感器

差压传感器需设置在每个粗滤器上，以监测固体微粒的多少与恒压降的大小。通过这些传感器可以知道对天然气单元操作而言粗滤器是否需要清洗，而传感器可以是智能型差压变送器也可以是差压压力表。如果配备了 Modbus 通讯协议的话，也可采用多变量变送器，同时其阻尼系数调至最小。

为了准确起见，在安装智能型差压变送器时需横穿孔板流量计的法兰取压孔。在周围运行与校准条件下，该变送器需精确到测量结果的 ±0.15% 之内。为了达到孔板流量计计量的预期准确度，如需要可使用层叠式差压换能器。

粗滤器上的智能型变送器在周围的运行与校准条件下，其准确度应在 ±1.0psig 之内。

粗滤器上的差压压力表最小准确度应为满量程的 1%，并且在量程上可以读取，约增加了 5.0psid 左右。

13.19.2 温度传感器

为准确起见，可通过智能型温度变送器在流量计装置下游来测定流体温度。这种变送器要配设 100Ω 大的四线式 RTD 探针，在周围的运行与校准条件下，其准确度应在 ±0.2 ℉内。该设备不应受外部的噪音所影响。智能型温度变送器检测结果准确度至少达到 ±0.1 ℉或者更高一些。同时这种变送器还要显示传感器工房内的当前温度，以工程单位（γF）表示。

智能型温度（T_f）变送器接线应为屏蔽线路设计，并且在流量计制动器与三级设备间的接线是连续的，不能有接线头（"短接"）。

智能型温度变送器配有向三级设备进行传输的模拟和数字输出装置。对于模拟通讯而言，4~20mA 的输出信号则需要一个 250Ω 的高精电阻器，其阻尼系数应调至最小值。而对于数字通讯而言，变送器的更新间隔时间不大于 1s；智能型压力变送器需设定 Modbus 通讯协议，同时其阻尼系数调至最低。如果配备了 Modbus 通讯协议的话，也可采用多变量变送器，同时其阻尼系数调至最小。

传感器的温度计套管由 316 不锈钢材料制成。智能型变送器温度计套管为垂直形的，这样 RTD 探针被传导热量的流体所包围，从而使温度计套管与探针之间进行热对流传导。温度计套管的顶端应位于管径三分之一中心处。但为了防止过度疲劳,温度计套管没入管内的长度不应超过 12inc。

为了便于对智能型温度变送器进行检定或校准,在每个智能型温度变送器下方 6~12in 长的地方安装一个标准温度计套管。这个标准温度计套管也是垂直的,这样其周围被传导热量的流体所包围,从而被校准的温度计套管与标准温度计套管之间进行了热对流传导。这就需要在上面留出一个 0.375in 或大一些的小孔用来插入一个局浸玻璃温度计。标准温度计套管的顶端应位于管径三分之一中心处。但为了防止标准温度计套管疲劳过度,进入管内部分的温度计套管长度不能超出 12in。标准温度计套管还需配备一个大小合适的链条与一个螺纹管帽。

13.19.3 取样系统

对于密闭输送操作采用的是一个自动步测流量取样系统。该系统必须遵循最新的 API MPMA 标准的要求,此标准在第 14.1 节中。现在,这项标准正在进行大量的修订工作。作为一个典型的天然气采集系统,以下是其中发挥最主要作用的部分。

采集系统有以下部分组成:
(1)流体调节(如果需要)。
(2)取样探针。
(3)自动样品提取器。
(4)试样存储器。
(5)样品加热系统。
(6)取样管。

考虑到样品采集滞后时间最小化问题,因而采集系统采用了这种设计形式。

13.19.3.1 流体调节

由于重组分与液相流体(二醇类、润滑油,产品冷凝液或者逆向冷凝液)的存在,通过对流体的调节保证了在实际条件下原油与天然气混输的均匀性和代表性。从系统设计的评估报告中可以得出进行流体调节是否合适。如果需要的话,使用内嵌静态搅拌器进行流体调节,它是利用流动流体的动能来完成的。

法兰式流体调节单元的位置要恰到好处,这样才能保证自动样品提取器和人工样品提取器获得有代表性的样品。静态搅拌器水平放置要好于垂直放置。按照厂家的建议,法兰式流量调节单元安装时要有适当的倾斜,以使静态搅拌器的性能良好。

13.19.3.2 取样探针

若自动取样或人工取样都使用呈 45°倾斜的导管式探针,则倾角立朝向流动流体的上方。探针内径不应超过 0.250in。取样探针的阀门尽可能接近管道的外径部分,距离不能超过 6in。探针外面有个冲孔标记或是凹槽,用来指出哪边是探针的上端。对于人工取样而言,取样探针发挥了人工样品提取器的作用。

13.19.3.3 自动样品提取器

使用自动流量比例样品提取器以获得具有代表性组成的样品,从而才能进行有意义的分析。所以这种萃取器采用"快回路"式设计理念,以便取样时按流量比例进行。

样品提取器采用坍缩杯式设计,这样每次取样可以释放出至少 1.0cc 大的空间,而在取样时可释放出占试样存储器 80% 的空间。

13.19.3.4 试样存储器

自动取样时需使用一个 500cc 大的便携式活塞储罐。而人工取样则需稍小一点的。但所有的存储器内部都有一个搅拌设备,而外面都有用来显示容器内燃气占多少的一个标记。同时配有一个 0.250in 大的敞开阀、压力计和位于储罐末端的减压阀。

13.19.3.5 样品加热系统

样品压力调节器(如果使用)、样品提取器和试样存储器应当位于一个绝缘加热的耐候箱中。取样探针及相关的阀门与导管同样为绝缘加热的。加热所需的热量根据天然气混合物烃露点而定。该露点温度可通过冷镜法测得或各方认可的状态方程计算出来。系统温度加热至比已知的最大烃露点温度高 20~50 °F,但不能超过 150 °F。从自动样品提取器到试样存储器的导管为不锈钢材质,管径不小于 0.125in 且不大于 0.250in。

13.19.3.6 取样管

取样管应尽量短小,且与气源的斜度为 0.250in/ft。导管为 304SS 或 316SS 无缝不锈钢材质,管径为 0.125in 或 0.250in。由于环境温度的季节性变化,为了获得有代表性的样品(二醇类、润滑油、管路冷凝液),需对取样探针和取样管进行热量追踪。

13.19.4 水分在线监测器

水分在线监测器保证了天然气中水分含量适中。水分在线监测器应该:

(1)在环境、操作和校准条件下,准确度为 ±1.0lb_m/MM SCF。
(2)监测范围是 0.1~20.0lb_m/MM SCF。
(3)提供校准手段(水分发生器和脱水作用)。
(4)装有"快回路"式取样系统(可与在线 GC 共用自动取样系统)。
(5)能与管理方的通讯系统进行通信。
(6)能报警。
(7)当监测器发生故障时能发出故障防护警报。
(8)具有存储备份功能,防止断电时数据丢失。
(9)具有检查功能,允许使用者对固定值与可调值进行检验。

测试仪安装需按厂家说明书进行。控制电路须安装在密封箱内,以防破坏和钝化。水分测试仪的接线应为屏蔽线路设计,且在流量计制动器与三级设备之间的线路是连续的,不能有接线头("短接")。

水分在线监测器还应配备向三级设备发射信号的模拟和数字输出部分。对于模拟通信而言,20mA 大的输出信号意味着一个 250Ω 的高精电阻器,其阻尼系数应调至最低值。而对于数字通信而言,监测器还需配有 Modbus 通讯协议,同样电阻器的阻尼系数调至最低。

13.19.5 气相色谱仪

通过在线气相色谱仪对天然气组成进行定性、定量分析,结果以摩尔百分含量表示。色谱配线应为屏蔽线路设计,且在色谱与三级设备间是连续的,不能有接线头("短接")。

色谱仪向三级设备发出数字信号。对于数字通信而言,色谱仪要附有 Molbus 通讯协议,其阻尼系数调至最低。

色谱分析得出的气处理厂上游产品与下游产品的组成情况,至少要像表 13.1 那样。

为保证能精确进行密闭输送,需要进行长效分析来确定 C_6^+ 含量(HHV_b,相界面预测,浓度计算),以每季度一次为准。

表 13.1 气相色谱组分分析

组成名称	符号
上游产品	
氮气	N_2
二氧化碳	CO_2
甲烷	CH_4
乙烷	C_2H_6
丙烷	C_3H_8
异丁烷	iC_4H_{10}
正丁烷	C_4H_{10}
异戊烷	iC_5H_{12}
正戊烷	C_5H_{12}
正己烷	C_6H_{12}
正庚烷	C_7H_{16}
正辛烷	C_8H_{18}
正壬烷	C_9H_{20}
下游产品	
氮气	N_2
二氧化碳	CO_2
甲烷	CH_4
乙烷	C_2H_6
丙烷	C_3H_8
异丁烷	iC_4H_{10}
正丁烷	C_4H_{10}
异戊烷	iC_5H_{12}
正戊烷	C_5H_{12}
正己烷及更重组分	C_6^+

13.19.5.1 气相色谱法样品提取

取样探针与样品压力调节器均安放在一个绝缘加热的耐候箱中。连接调节器与色谱的导管在耐候箱与色谱喷射阀之间也必须是绝缘加热的。而连接自动样品提取器和试样存储器的导管应为不锈钢材质,管径不小于 0.125in 且不大于 0.250in。加热所需热量由天然气混合物的烃露点温度所决定。而烃露点温度则由冷镜法来确定或是由一个大家认可的状态方程计算得到。利用大小合适的加热毯对系统加热,升至高于已知的最高烃露点温度 20~50℉ 的温度。

13.19.5.2 气相色谱校准方法

利用已知的标准天然气对色谱进行校准,标准天然气由天然气混合公司提供并由管理方认可。

天然气校准标准要与通常所测得的气体相接近。组成标准的天然气混合物按照 GPA 2198 号标准制得。校准用标准气体必须加热一天左右，而且是暴露于外界、在环境最低温度的条件下，升温至高于烃露点 20~50 °F 的温度。在此温度下，标准样必须一直加热来保证色谱校准的准确度。

13.19.5.3　气相色谱校准结果

由色谱分析得出的报告中结果以摩尔百分含量的形式表示，其准确度为校准标准最大值的 ±1.0%。与初始响应因子相比，试验响应因子的变化不能超出其 ±1.0% 的范围。经相关各方一致决议，由操作员来确定绝对响应因子、相对响应因子或是同时确定二者。一般认为，对设备进行适当的调节与维护而言无需色谱柱的试验响应因子。

有关响应因子应每周一次记录，最后做成年终日志，这是为了保证其不超出 GPA 标准允许的公差范围内。在更换标准校准气体前，需要对响应因子进行验证，从而保证色谱性能，及时发现可能存在的错误标准样。

13.20　三级设备（流量计算机）

三级设备为一台电子流量计算设备或是流量计算机。用来接收由初级设备和二级设备发出的信息，并由预先设定好程序的仪器计算出由初级设备输出的燃气流量。对天然气计量设备的每一个流量计都需由操作者或者安装方来安装一台流量计算机。该设备应符合 API MPMS 标准，在第 21.1 节中，"气体的电子计量"。同时为安全起见，还需配备必要软件的密码保护。

可通过以下方法计算天然气密闭输送的量。

(1)孔板流量计，见 API MPMS 标准 14.3 节（A.G.A 第 3 号报告）。
(2)多声道超声波流量计，见 A.G.A 第 9 号报告。
(3)流动流体密度的计算，见 API MPMS 标准 14.2 节（A.G.A 第 8 号报告）。

流量计算机应当满足：
(1)为相同型号的设备。
(2)安装控制面板。
(3)能接收到以摩尔百分含量表示的色谱分析结果。
(4)能接收到从每个孔板流量计智能型差压变送器发出的输入信号。
(5)能接收到从各个孔板、超声波、涡轮或是旋转位移流量计的智能型静压变送器发出的输入信号。
(6)能接收到从各个孔板、超声波、涡轮或是旋转位移流量计的智能型温度变送器发出的输入信号。
(7)计算各个孔板、超声波、涡轮或是旋转位移流量计的总流量。
(8)遵照 API MPMS 标准，见 14.5 节，对气体体积进行修正，因为其中所含水分超过 7ppm/MSCF。

13.21　控制阀

流量控制阀的作用是让所需要的流体流向每个流量计；控制流体流速以满足时间要求，可以是每月、每周、每天或是每小时多少。

对于孔板、涡轮和旋转位移流量计而言,流量控制阀应设置在这些位于双阻双排阀上方的流量计装置中。为了发挥同样的作用,流量控制阀门工作站则应安装在出口集管的下方。对于多声道超声波流量计,与之相同。这样设计的目的是将控制阀对超声波流量计的超声噪音影响降至最低。

控制阀为纠错设计形式。

并且控制阀应设置缓冲件,防止对设备造成损害以及对设备的错误测量。

13.22 接线与接地

13.22.1 接线

所有电路均按照本书 3.4 节中提到的"美国国家电气规范"(最新修订版本)执行。有关电气安装区域分类可参考适当标准。

仪表与控制配线为单对的支架屏蔽电缆。但智能型温度变送器的 RTD 导线除外。仪表与控制线路远离电力电缆(如交流发动机)。流量计制动器与计量控制面板之间的缆绳应连续("短接")。

考虑到外界环境的腐蚀作用,线路中不能有焊接焊缝存在。仪表配线除了在制动器的接线盒上以外的地方不能有接线头或断路存在。流量计制动器与计量控制面板之间的接线盒是接线的唯一穿越点。不允许有断路和接线。

PLC 的控制电路继电器设在计量控制面板内,建议为带有故障灯光显示的 24V 直流继电器。

个别直流电源为安装于计量控制面板内的计量仪器提供电力。所有装于面板上带有金属围栏的仪器用线径为 NO.14 AWG 的绿色绝缘线或粗一些的铜质地线与交流电源系统的接地母线相连。

屏蔽线与接地母线直接相连(无接头),其外层包有绝缘材料,如绿色的特氟隆管。但屏蔽线不能接地于现场设备。

为了设备的正常维修,靠近流量计的位置要安装以下设备:120V、60Hz 的交流电源防爆插座和一个充满空气的气源装置。此外,计量控制面板则需配备以下设备:120V、60Hz 的交流电源插座和 24V 直流电源插座。

13.22.2 接地

关于启动设施,要确定接地式还是浮地式哪个更好(根据示波器分析)。计量控制面板需配备交流电源接地母线和设备接地母线。两线之间距离不小于 3in 且不大于 6in。每根线均为 8.000in × 0.750in × 0.125in 的铜线,其上钻有至少 12 个小孔,可接入 8~32 个用于连接地线终端的螺杆。用线径为 NO.8 AWG(最小型号)的铜质地线将交流电源接地母线与继电器架连接起来。设备接地母线绑在普通直流电源上,利用绝缘的安装硬件使其与继电器架之间绝缘。

13.23 计量控制面板

计量控制面板是由控制与监测密闭输送系统运行情况的自动仪器装置所组成。它包括以下设备:

(1)120V 交流电源插座。

(2) 计量故障报警装置。
(3) 计量下限报警装置。
(4) 可编程逻辑调节器(PLC)。
(5) 脉冲取样调节器。
(6) 自动控制断路开关。
(7) 报警接触器、电路及显示器。
(8) 所有输入控制线与输出控制线的接线条。

设立一个独立的配电箱,包含了所有须由设备连接方进行操作的控制功能。所有控制面板箱需经 UL 认证。控制面板断路密封于"开"位置,防止短路。所有接线应符合"美国国家电器章程"(NEC)标准,并进行 UL 认证识别。计量控制面板内应配备流量测量设备线路图复件。

13.24 电源

除了指定的设备需要 120V 交流电源外,流量计算机与认证的控制面板设备上的计量控制面板电源为 24V 直流电源。如有记忆存储需要,则以后备式不间断电源(UPS)为 24V 直流电源系统供电。其他所有仪器与继电器为 120V 交流电控制电路。

计量控制面板交流电源应设置专门的断路开关。而在控制面板内部则需安装独立的 24V 直流电源装置。其电源由普通的 120V、60Hz 的交流电力线路提供。所有的 24V 直流电源与 120V 的交流电源要进行电源故障监控。

13.25 卫星辅助控制面板

所有卫星辅助控制面板如同"奴隶"似的为计量控制面板服务,并且只接受以下命令:
(1) 正常运行。
(2) 正常停止。
(3) 关闭与停工。
(4) 超压保护(湍振系统)。

卫星辅助控制面板拥有自己的控制线路和关闭设备。操作人员排除故障时不必关闭卫星辅助控制面板。

13.26 管理控制与检漏

对计量与质量控制设备需进行遥感控制、监控与监测(一般称之为监控管理设备)。监控设备应配备 UPS 电源系统,在电源不稳或停电时可启动该系统。

在测量区内应留出空间用于安装和运行监控设备。此空间应适于进行操作,位于管理员或连接方的控制室内。该控制室保障设备安全可靠且空调环境,同时可为通讯设施(碟形卫星天线、微波天线等)提供空间。

管理员有权向由管理员或连接方提供的任何地方指定、获取及发送通讯和电力服务。

下面是监控设备服务的具体项目(管理员可对不同区域的监控设备服务内容进行增减),本书其他处不再重复:
(1) 连接管道的截流阀的控制与状态:转动阀杆—增大开度—全开—通气—关阀。
(2) 流量计算机。

①每台流量计算机的流量,1 脉冲/计量单位(最好为干式接点)。
②每台流量计算机的流速($10^3 ft^3/h$)。
③每个流量计的温度(°F)。
④每个流量计的压力(psig)。
⑤工作站分析仪数据(含水量,GC 等)。
(3)状态与报警。
①仪表运转。
②仪表故障。
③气体不合格。
(4)管道。
①接入点附近的管路压力(psig)。
②发送筒附近的管路温度(°F)。
③位于发送筒或接收筒的刮刀清管测试仪。
在需要对管路系统进行连接时,操作人员需满足对监控管理和线路完整的所有要求。

13.27 安全

安装 LACT/ACT 系统时,需对所有测量组分、阀门、管路配件、调节器、接线插座及配电板进行密封,否则会影响流量计量的准确度。其目的是不破坏对设备的密封即可阻止设置的改变。如果国家法规、地区法规或当地法规对密封的要求高于现行标准的最低要求,则遵循国家法规、地区法规或当地法规对密封的要求标准。以下设备应密封。
(1)取样体积调节设备。
(2)取样管配件。
(3)取样存储器阀与开关。
(4)水分监测器。
(5)气相色谱仪。
(6)流量控制调节器。
(7)计量控制面板。
(8)取样设备的导管外罩或取样设备的电机驱动。
(9)温度及压力传感器。
(10)流量计下游的所有管件和连接部位。
(11)孔板配件隔离阀(滑动阀)。
(12)SPU 单元。

13.28 工厂验收试验

需进行工厂验收试验(FAT)以保证系统(仪器)在设计参数下运行。试验的目的是:在现场安装整个装置前,对管路、仪器、线路、控制系统和已经发现潜在问题并纠正的区域进行评估。

13.29 脱水、清洁与干燥

完成对天然气计量装置的静压试验、验收实验与性能测试之后,所有的管路、阀门及设备要进行彻底地脱水与干燥。其目的是保证系统试运行前阀体、流量计与二级设备能将全部游离态水分排出而不受其污染。

脱水后,天然气计量装置需用氮气或干气干燥,直至达到 0°F 的露点温度。干燥前将关键设备(孔板流量计、超声波换能器等)移走。干燥之后,其内部要涂防腐剂,或采用其他较成熟的手段进行保护,如内部涂防腐剂,压力加至 10psig 的干氮气,以利于运输与储存。

13.30 试车

设备运行前约两星期内,成立试车小组进行如下工作:

(1)对所有电缆、线路与终端做最后检查。

(2)天然气进行密闭输送前对天然气计量装置做现场仿真模拟(现场设备、PLC 软件、报警、关机、设备故障的仿真模拟)。

(3)对计量控制面板与卫星控制面板(或产品控制系统)之间的接口软硬件进行确认。

设备运行前,试车小组需纠正在天然气计量装置中所发现的所有错误(硬件、软件或通讯设施)。最终的软件程序、软件配置和硬件启动要存档记录。

由管理人员指定的代表可以加入试车小组,天然气计量装置运行时必须参加。

14 孔板流量计的设计

为了精确测量陆上炼气厂下游的可销售的天然气,连接方可能选用孔板流量计。多径超声波流量计(MUSM),涡轮流量计或转子流量计。而为了精确测量陆上炼气厂上游的可销售天然气,连接方只能限定使用孔板流量计,其原因是上游地区会出现大量的管锈、冷凝液以及逆向冷凝液。

14.1 概述

应对测量系统加以设计、操作以及维护从而使测量过程总的不确定度保持在 ±0.50% 或 ±1.00% 以内。

根据最新版 API MPMS 14.3 节(A.G.A 第3号报告)的内容,应安装同心方边孔板流量计以及法兰孔板流量计。

孔板流量计应包括一个双室孔板配件,该配件装配有法兰式差压(dp)传感取压孔。

孔板流量计应通过配件完整性测试(dp 接头对易测试),该测试规定于最新版 API MPMS 14.3 节(A.G.A. 第3号报告)。密封环应通过整体性(漏水)测试,该测试同样规定于最新版 API MPMS 14.3 节(A.G.A. 第3号报告)中。

孔板流量计应符合 API MPMS 14.3 节(A.G.A. 第3号报告)最新版中规定的孔板配件和计量管的尺寸公差要求。

如果连接方希望使用一组两套差压测量仪表,那么孔板配件就要在与其相同的一侧内装配两组差压感应端口。

当需要连续输气,不能因仪表故障而停车时,就需要与初装的流量计量装置对称安装一台备用流量计及相应的配件。

在使用并行式流量计的地方,应特别加以注意平衡流动和压力控制。

在安装并行式流量计时,其设计必须与其他流量计相对称并且在型号上也要与其他流量计相似。应安装自动阀序列,从而为流量计的关闭及故障提供精确的测量。对于并行式孔板流量计,考虑到控制阀的维护,应在控制阀管线段安装流量控制阀。或者,在 DB&B 阀的内部安装单独的流量计控制阀。

对于孔板流量计,不允许双向流动的存在。如果确实存在双向流,那么就得以特定的流动方向为主。

当流量计量装置的任意一台流量计或关键的二级、三级设备(dp, p_1, T_f 及流量计算器)出现故障时,所有 LACT/ACT 单元都应该关闭。

14.2 流速与管道保温

根据加速腐蚀速率以及可听见噪音的产生,在通常情况下最大的流量计装置速度(V_{avg})不能超过 50ft/s。如果在 7ft/s 以下操作,那么就需要对流量计装置进行保温,从而保证沿流量计装置径向和轴向流动的流体在热量上是均匀的。是否需要对流量计装置进行保温取决于气候的变化以及流动气体所处的条件。

14.3 过滤器

对于孔板流量计来说,为确保流量计所处的机械条件良好,需要配以过滤器。厂商应考虑过滤器的尺寸要求。

14.4 流量计装置

流量计装置(图14.1)由带有 HPFC 的上游计量表、流量计主体、配有合适的传感取压孔和取样连接装置的下游计量表(dp, p_f, T_f)组成。

高性能流量调节器以及不受阻的上、下游管道的位置的确定可依据 API MPMS 14.3 节(A.G.A. 第3号报告)中的测试步骤(最新版)。严谨的孔板流量计的设计要基于以下准则:

(1)安装时 β 要求为 0.75。

(2)对于标准操作,孔板流量计的尺寸要求 β 比值为 0.20~0.65。

(3)在应用期间,经过受影响方的书面批准,才可以使用较大的 β 比值。

(4)孔板流量计应采用一双室配件从而易于对其进行监测和更换。

(5)在孔板(上游计量表)与流量计装置入口之间需安装长度至少为17倍公称管径的直通管。

(6)上游的直通管应包含一个 HPFC,该 HPFC 位于孔板上游的7倍公称直径处。

(7)高性能流量计调节器应由一个防涡流器件,一个沉降室以及一个仿形器件构成。

(8)在孔板的出口与第一个温度计套管(下游计量表)之间需安装至少6倍公称直径长度的直通管。

(9)在 dp 感应取压孔处应提供隔离阀。

(10)dp 感应取压孔或计量管(dp)不能共享。

(11)根据密封环的极限,在60°F下,穿过任一孔板的最大差压不能超过 250in 水柱高度。

(12)60°F下,任一孔板间的差压的最小值不能低于 20in 水柱高度。

(13)静压(p_f)传感器不能与上游的 dp 感应线相连接。

(14)根据 API MPMS 1.4.3 节(A.G.A. 第3号报告)最新版本,每个流量计装置的孔板上游处应安装至少两个温度计套管(T_f 和基准温度计套管),温度计套管距离孔板的最小距离应接近6倍的公称管径。

(15)取样探针应位于任一温度计套管的下游(初级流量计装置)。

在流量计装置的两端应配有一个 1in 的排放阀,从而保证流量计的大气排放。

对于 RF 法兰的安装,为了易于更换与维护,间隔板应位于流量计的入口处。或者为了易于更换与维护也可以安装一个监测三通。

对于 RTJ 法兰的安装,为了易于更换与维护需安装一监测三通。

流量计量装置的主体和连接管表面(杂质、铁锈、冷凝液等)应易于目测检查或用光学仪器内检。在每个流量计装置的末端应安装法兰或密封环。

14.5 流量计的机械性质

流量计的平均内径的计算要严格符合 API MPMS 14.3 节(A.G.A. 第3号报告)最新版的要求。任意点处流量计装置的粗糙度不能超过 250μin。有关人工校准法恰当应用的机械特

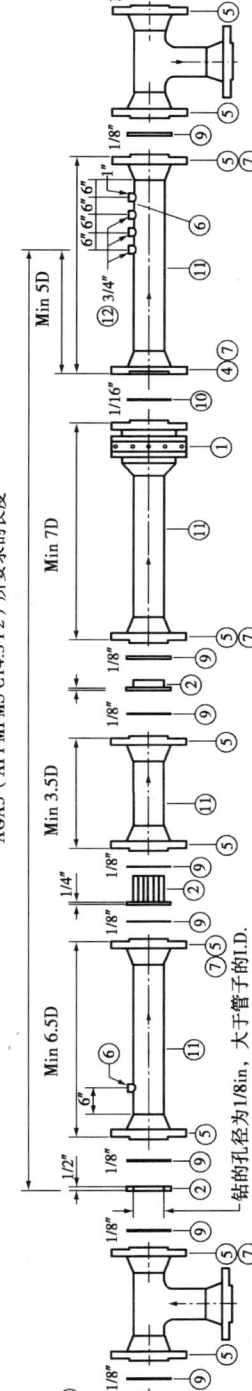

图14.1 孔板流量计装置

AGA3（API MPMS C14.3 P2）所要求的长度

①双室孔板配件"法兰毂部"；②隔离流量调节器，由一个反涡流器件，一个沉降室及一个仿形器件构成；③带有桨柄的同隔板，0.500in厚；④与孔板配件凸面相接的大凹面焊颈（防空/横料接口）；⑤法兰，凸面焊颈（RFWN）；⑥螺纹支管台，1.000in，垂直焊接于管子中心线的顶部；⑦RFWN法兰第3号（A.G.A.第3号报告）最新版本要求的API 5L线管；⑫螺纹支管台，0.75in，垂直焊接于管子中心线的顶部（温度计套管）
⑧孔板配件螺栓；⑨凸面金属缠绕式垫片；⑩非石棉质环状垫片；⑪符合API MPMS 14.3节

性要求文献要严格符合 API MPMS 14.3 节(A.G.A. 第 3 号报告)最新版中大量的详细说明及容差要求。

机械测量与测试(取压孔连通性,密封环检漏以及偏心测试)应利用具有足够精确度的设备进行实施,并且其起源于国家标准局。尺寸测量和计算应由某一证明书所证实,还有厂商名、流量计类型、流量计系列号、因次测量时流量计主体的温度、日期、进行测量的个体的名称以及检查员或现场见证者的姓名。

14.6 绕线管的机械性质

流量计装置应与 API MPMS 14.3 节(A.G.A. 第 3 号报告)最新版中所包括的大量的技术说明规范和容差保持一致。

14.7 二级和三级设备

二级和三级设备要配以流量计算微处理器,它接收以下的输入值:孔板流量计差压值(dp),流动温度(T_f),形成质量流动(q_m)的流动压力(p_f)以及标准体积流量(q_{vb})的计算值。

14.7.1 二级设备:dp,p_f 和 T_f

应使用智能型变送器(静压、差压以及静温传感器)可达到一定的精确度,使用要求如下:

(1)对于孔板流量计,智能型差压变送器(dp)在安装时应横穿法兰取压孔。如果考虑到量程的需要,要安装一辅助的变送器的话,那么 3 个差压变送器的最大者可能会叠加。

(2)对于孔板流量计,智能型静压变送器(p_f)应安装在法兰取压孔的上游,对于所有的计量管来说,不能采用一个通用的静压测量点。

(3)智能型温度变送器应安装在计量管的下游。如果需要辅助的变送器或探针,则需安装两个探针中的最大者。对于所有的计量管来说,不能采用一个通用的温度测量点。

14.7.2 二级设备:取样探针

气体取样探针应该按照下列要求进行安装:

(1)根据 API MPMS 14.1 节的内容,对于连续取样器应安装一个尺寸合适的取样探针,尤其是在初级流量计装置中。

(2)根据 API MPMS 14.1 节的内容,对于人工现场取样器应安装一个尺寸合适的取样探针,尤其是在初级流量计装置中。

(3)根据 API MPMS 14.1 节的内容,对于气相色谱仪或在线温度控制器应安装一个尺寸合适的取样探针,尤其是在初级流量计装置中(如果应用)。

(4)如果预计存在液体(管线冷凝液、游离水、石油、甲醇、乙二醇),那么就要在取样探针的上游安装一个静态混合器,从而保证在取样探针处试样得以精确均匀地混合。

(5)对于此种应用,取样探针应该安装在并行式流量计通用管道的进口或出口处。

(6)如果在计量设备的上游处存在两种或多种气体的混合流,那么就要安装一个静态混合器从而确保气流在穿过测量设备的整个过程中都能保持热量和组成的均匀。

14.7.3 三级设备:流量计算器

流量计算器应编入最新版 A.G.A. 第 8 号报告中的气相区及密相区天然气密度计算中所规定的计算程序。流量计算器应符合最新版 API MPMS 21.1 节,"气体的电子测量"中的要求。

15 超声波流量计的设计

为了精确测量陆上炼气厂下游的可销售的天然气,连接方可能选用孔板流量计、多声道超声波流量计(MUSM)、涡轮流量计或旋转位移流量计。而为了精确测量陆上炼气厂上游的可销售天然气,连接方只能限定使用孔板流量计,其原因是上游地区会出现大量的管锈、冷凝液以及反凝析液。

15.1 概述

应对计量系统加以设计、操作以及维护从而使计量过程总的不确定度在 ±0.50% 或 ±1.00% 以内(注意:为了使不确定度达到 ±0.50%,对于多声道超声波流量计,MF 对 V_{avg} 或 MF 对 q_{av} 必须是线性函数关系)。多声道超声波流量计由三个或多个采用插入式的换能器的声道、一个高性能流量调节器以及相关的上、下游绕线管(流量计仪表)构成。超声波流量计必须符合 A.G..A. 第9号报告(最新版),联邦政府气体管线安全规则以及其他应用规范和标准。所出现的故障或移除对换能器并不会引起流量计丢失所有的测量函数关系。

在冷凝液湿度下以及环境温度在 -13 ℉ 到 -131 ℉ 之间变化时,应对流量计和直接安装式电子器件加以设计。超声波流量计在其成为最终的装配之后,而未运送入动态校准设备之前,应由厂商对其进行渗漏试验。该渗漏试验使用的气体为 N_2,压力为 200psig,时间为至少 15min,溶液为非腐蚀性液体,在上述条件下无渗漏(亦称为皂泡试验)。

超声波流量计的校准分两步:(1)静态(或零流量)校准,在厂家生产的设备中使用纯 N_2 作为校准介质;(2)动态校准,在一个已认证的流动实验中进行,采用天然气作为校准介质,该实验室中的压力要尽可能接近设备的标准操作压力。在有资质的流体实验室,经过一段双方互相一致认可的时间间隔(例如每5年)应该对流量计装置重新进行动态校准。

在传递过程要求连续进行的地方,在流量计出现故障的情况下,关闭流量计变得不太符合实际,这时可安装一备用的流量计,该流量计要与相关的辅助配件保持完整性并对称于第一个流量计装置。

在使用并行式流量计的地方,应特别加以注意平衡流动和压力控制。

在并行式流量计安装时,其设计必须与其他流量计相对称并且在型号上也要与其他流量计相近似。应安装自动阀序列从而为流量计的关闭及故障提供精确的测量。对于并行式 MUSM 流量计,考虑到控制阀的维护,应在控制阀管段安装流量控制阀。压力调节阀和流量控制阀应安装在流量计装置的下游。

对于每个 MUSM 的流动方向,绕线管、HPFCs、综合仪器以及方向计量因子,可以在双向流量计装置上设计配备。

所有的 LACT/ACT 单元必须能够关闭显示出流量计或关键的二级设备(静压变送器,温度变送器以及流量计算机)中存在故障的任何流量计装置。

15.2 流速与管道保温

根据加速腐蚀速率,可听见噪音的产生以及设备疲劳方面的考虑(温度计套管、取样探针),在标准操作条件下,超声波流量计的操作速度不能高于65ft/s。而如果低于7ft/s,那么就要对整个流量计装置进行保温,从而确保流量计的径向及轴向和绕线管中的流体达到热量上的均匀。是否对流量计装置实施保温措施取决于气候的变化以及流动气体所处的条件。

15.3 滤声器

在有超声波噪音产生的过程中,为了确保控制阀不干扰超声波流量计的正常工作,可以在每个流量计装置中安装一个滤声器,这样就可以在不关闭流量计的状态下实现对它的恰当维护。滤声器应安装在每个流量计装置的控制阀与超声波流量计之间,它由一些并行管和一个导流设计器件构成,该导流设计器件是为了减少超声波噪音对 MUSM 技术的影响。如果需要,可以在控制阀与流量计之间安装多重三通管或弯管,以此来减少噪音声源的"视线"放出量。

15.4 流量计装置

流量计装置(见图 15.1)由上游的带有 HPFC 的计量表和流量计主体、下游的带有合适的感应取压孔(p_f,T_f)和取样接口的计量仪表构成。

在一个严谨的流量计设计中要求流量计的尺寸遵循以下规则:

(1)在流量计装置的入口与超声波流量计主体之间,其上游的直通管的长度最小值为 15 倍的公称直径。

(2)上游直通管包括一个 HPFC,其位于超声波流量计入口上游的 10 倍公称直径处。

(3)在超声波流量计主体的出口与第一个温度计套管之间,上游直通管长度的最小值为 5 倍公称直径。

(4)在每套流量计装置中超声波流量计出口的下游接近 5 倍的公称直径处最少应安装两个温度计套管(T_f,标准温度计套管)。如果需要额外的温度计套管,那么最多要安装 4 个。

(5)在每套流量计装置中至少要安装两个静压取压孔(p_f)。静压取压孔位于流量计的壳体上,MUSM 下游近 5 倍公称直径处。

(6)取样探针位于任一温度计套管(初级流量计的装配)的下游。

在流量计装置的两端应安装 1in 的放空阀,从而使其能进行恰当的排空和填入操作。

对于 RF 法兰的安装,为了易于更换与维护,间隔板位于流量计的入口处。或者为了易于更换与维护也可以安装一个监测三通。

对于 RTJ 法兰的安装,为了易于更换与维护需安装一监测三通。

流量计装置应设计得易于对流量计本身、HPFC 及临近绕线管表面进行目视检验和光学内部检验(被检验的对象为外来物质、铁锈、冷凝液等)。

15.5 流量计的机械性质

流量计主体的平均内径值(ID)的计算来自于 28 种内径的测量。7 个 ID 测量的位置为:

(1)流量计主体入口法兰。

(2)流量计的环绕焊缝或对接焊缝,或者对于铸造壳体位于法兰端面与第一个超声波换能器之间的中间位置。

(3)超声波换能器上游附近。

(4)超声波换能器下游附近。

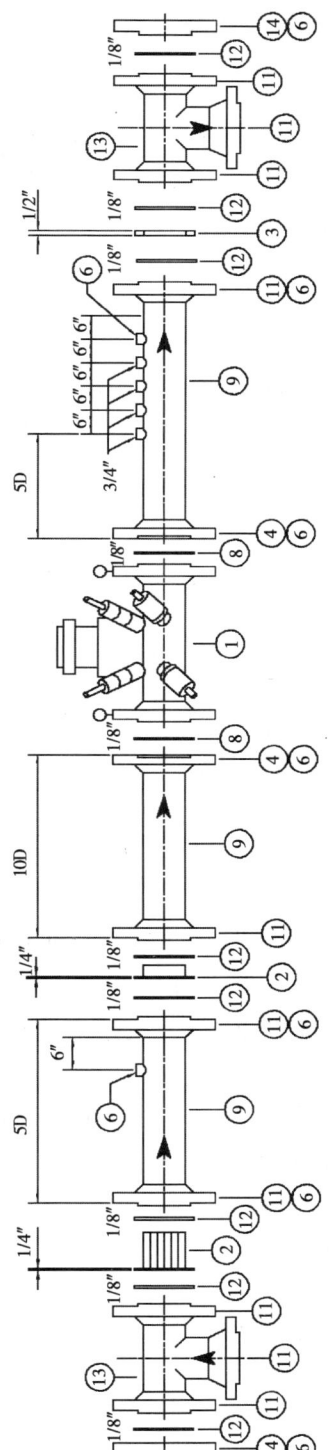

图15.1 超声波涡流量计装置

①多声道超声波流量计；②隔离流量调节器，由一个反向流量器，一个沉降室和一个仿形器件构成；③带有桨柄的间隔板，0.500in厚；④与MUSM凸面法兰相接的大凹面焊颈；⑤螺纹支管台，1.000in，垂直焊接于管子中心线的顶部（放空/填料接口）；⑥RFWN法兰螺栓；⑦MUSM法兰螺栓；⑧非石棉质环状垫片；⑨符合API MPMS 14.3节（A.G.A.第3号报告），最新版的要求的API 5L线管；⑩螺纹管支台，0.75in，垂直焊接于管子中心线的顶部（温度计套管）；⑪RFWN法兰；⑫凸面，金属缠绕式垫片；⑬二通，焊缝；⑭凸面法兰盖

(5) 换能器上、下游之间的中间位置。

(6) 流量计的环绕焊缝或对接焊缝，或者对于铸造壳体位于法兰端面与最后一个超声波换能器之间的位置。

(7) 流量计主体出口法兰。

流量计主体 ID 的测量应沿 4 个轴线方向进行，即所规定的位置的圆周空间内。单个的测量不能超过 68 ℉下所规定的流量计主体值的 ±0.25%。

内径应是所有 ID 测量值的平均值。报导值接近 0.0001in，并且 68 ℉下，与 ±0.10% 以内规定值相一致。

流量计主体任意点处的表面粗糙不能超过 250μin。

如果需要，可进行单独的声道角测量来符合厂商的规定和公差要求。

机械测量要选用具有足够高准确度的设备来实施，并且源于美国国家标准局。

尺寸测量和计算应用某一证明书所证实，同时还应有厂商名、流量计类型、流量计系列号、因次测量时流量计主体的温度、日期、进行测量的个体的名称以及检验员或现场见证者的姓名。

15.6 绕线管的机械性质

相邻绕线管（3 个 5D 长的卷管）必须符合下列规则：

(1) 与所规定的流量计主体的内径相一致，68 ℉下，不超过其值的 ±0.05%。

(2) 绕线管内径的测量应沿着 4 个轴线方向，即圆周空间内的 4 个位置——入口法兰、入口法兰与管子的环绕焊缝处、出口法兰以及出口法兰与管子的环绕焊缝处。单独的测量值不能超过 68 ℉下所规定的流量计主体值的 ±0.05%。

(3) 在 HPFC 出口与下游 5D 长绕线管出口之间的环绕焊缝其内表面应是光滑的。或者，绕线管内部能够钻孔从而确保环绕焊缝的光滑性以及满足公差要求。

(4) 上游或下游垫圈的每部分都不应突出进入管子的内径空间。

(5) 绕线管应对准流量计主体，从而减少任何流动干扰的产生。为了使二者对准，可将特殊的法兰定位管脚安装在 3 个法兰组位置：隔离流量调节器出口，MUSM 的入口以及 MUSM 的出口。

(6) 临近绕线管任意点的表面粗糙度不能超过 250μin。

15.7 流量计：信号处理单元（SPU），电子元件及软件

流量计的信号处理单元（SPU）应直接安装在流量计主体上或安装在壳体附近。流量计 SPU 的操作电流为 12V 或 24V 直流电。SPU 应受到功率过载保护和瞬态（避雷）保护。在交流电供应出现故障的情况下，流量计应存有一定的备用功率。该系统应包括一个监视计时器，从而保证在程序出错或关闭的情况下 SPU 能够重新启动。

电子设备的参数和因子保存在永久性内存中，这样就不会被非授权用户修改了。组态软件和固件应提供给流量计。在流量校准时，需要一个有关结构原始性资料，进而有助于审核工作的开展。另外，还应为流量计提供一个 SonicWare^R 的已经获批准的方案，以此来帮助现场操作技师进行流量计维护和计算 SOS 值。

电缆套、橡胶、塑料以及其他暴露部分对紫外线、火焰、原油以及油脂应该是耐腐蚀的。

15.7.1 流量计输出信号说明

SPU 应配以下列输出量：

(1)序列界面(RS-232,RS-485 或等效量)。

(2)代表平均流速(V_{avg},单位为 ft/s)的频率,或未校准的平均体积流量(q_{av})(注意:频率的幅度范围为 0~5.000Hz,并配以低流量截止功能)。

(3)对于使用综合仪器的双向流的应用,应提供两个单独的流动速率的输出信号以及一个方向输出信号,从而在方向上对体积的累积加以分离。

(4)所有的输出信号应该与地隔离。

15.7.2 流量计警报

故障自保、继电器、固态继电器等,出现以下情况时报警:

(1)输出无效(此时表示管线条件下的流动速率无效)。

(2)局部故障(此时一道或多道结果不可用)。

(3)故障危险(此时一定时间内任意时间调节参数都超出了标准操作所要求的标准值)。

15.8 二级和三级设备

二级和三级设备应配备以微处理器为基础的流量计算机,进而来接收以下输入量:超声波流动速度(V_{avg}),流动温度(T_f),产生质量流动的流动压力(p_f)和标准体积流量计算值。

15.8.1 二级设备:p_f 和 T_f

应使用智能型变送器(静压变送器和静温变送器)以保证一定的准确度,具体要求如下:智能型温度变送器(T_f)应安装在每个下游流量计装置上。如果需要辅助的变送器或探针,最多可安装两个探针。对于所有的流量计装置,采用一个通用的温度测量点是不可以的。智能型静压变送器(p_f)应安装在每个流量计装置上或流量计主体上。同样没有对所有流量计都适用的测温点。

15.8.2 二级设备,取样探针

气体取样探针应该按照下列要求进行安装:

(1)根据 API MPMS 14.1 节的内容,对于连续取样器应安装一个尺寸合适的取样探针,尤其是在初级流量计装置中。

(2)根据 API MPMS 14.1 节的内容,对于人工现场取样器应安装一个尺寸合适的取样探针,尤其是在初级流量计装置中。

(3)根据 API MPMS 14.1 节的内容,对于气相色谱仪或在线温度控制器应安装一个尺寸合适的取样探针,尤其是在初级流量计装置中(如果应用的话)。

(4)如果预计存在液体(管线冷凝液、游离水、石油、甲醇、乙二醇),那么就要在取样探针的上游安装一个静态混合器,从而保证在取样探针处试样得以精确均匀的混合。

(5)对于此种应用,取样探针应该安装在并行式流量计通用管道的进口处或出口处。

(6)如果在计量设备的上游处存在两种或多种气体的混合流,那么就要安装一个静态混合器从而确保气流在穿过测量设备的整个过程中都能保持热量和组成的均匀。

15.8.3 三级设备:流量计算机

流量计算机应编入最新版 A.G.A. 第 8 号报告中的气相区及密相区天然气密度计算中所规定的计算程序。流量计算机应符合最新版 API MPMS 21.1 节,"气体的电子测量"中的要求。

16 涡轮流量计的设计

为了精确计量陆上炼气厂下游的可销售的天然气,连接方可能选取孔板流量计、多声道超声波流量计(MUSM)、涡轮流量计或旋转位移流量计。而为了精确计量陆上炼气厂上游的可销售天然气,连接方只能限定使用孔板流量计,其原因是上游地区会出现大量的管锈、冷凝液以及逆向冷凝液。

16.1 概述

应对计量系统加以设计、操作以及维护从而使计量过程总的不确定度在 ±0.50% 或 ±1.00% 以内(注意:为了使不确定度达到 ±0.50%,对于涡轮流量计,MF 对 q_{av} 或 MF 对实际的 in^3/h[ACFH] 必须是线性函数关系)。

流量计装置必须符合 A.G..A. 第 7 号报告(最新版)"联邦政府气体管线安全规则",以及其他应用规范和标准。该流量计装置由一个涡轮流量计、高性能流量调节器(HPFC)以及相关绕线管构成。

流量计和直接安装的电子元件应能在 -13~131 ℉温度范围及存在冷凝液的条件下能正常使用。

在一个有资质的流体实验室中,以天然气(或空气)为检测介质实施流量计装置的校准工作。进行动态校准时要注意使其压力要尽可能接近设备的标准操作压力。在有资质的流体实验室中经过一段双方互相一致认可的时间间隔(如每 5 年)应对流量计装置进行重新动态校准。

当需要连续输气,不能因仪表故障而停车时,就需要与初装的流量计量装置对称安装一台备用流量计及相应的配件。

在使用并行式流量计的地方,应特别加以注意平衡流动和压力控制。当使用并行流量测量时,应考虑流量的平衡和压力控制。并行安装应与同功能的其他流量计量装置对称且大小一样。为了进行精确的计量,应安装自动阀进行控制。当自动阀关闭时流量计无流量。对并联式流量计,流量控制阀也有备用的,这样可方便控制阀的维修。压力和流量的控制阀装在流量计量装置的下游。

对于涡轮流量计不允许存在双向流动。如果确实存在双向流,那么就得以特定的流动方向为主。

当流量计量装置的任意一台流量计或二级设备(压力变送器、温度变送器、流量计算机)出现故障时,所有 LACT/ACT 单元都应该关闭。

16.2 流速与管道保温

根据加速腐蚀速率、可听见噪音以及设备疲劳方面的思考(温度计套管、取样探针),在标准操作条件下,超声波流量计的操作速度不能高于 50ft/s。而如果低于 7ft/s,那么就要对整个流量计装置进行保温,从而确保流量计的径向及轴向和绕线管中的流体达到热量上的均匀。

是否对流量计装置实施保温措施取决于气候的变化以及流动气体所处的条件。

16.3 过滤器与润滑

对于涡轮流量计,需安装过滤器来保证流量计的机械条件。厂商应考虑到过滤器的需求以及尺寸要求。而对于某些涡轮流量计,则需要配备一润滑系统来保证流量计的机械条件。

厂商应制定恰当的润滑方面的规定。

16.4 流量计装置

流量计装置(见图 16.1)由带有一个 HPFC 的上游计量仪表、流量计主体以及配有合适的感应接头(p_f,T_f)和取样接口的下游的计量仪表构成。HPFC 的位置以及上、下游通管必须与 A.G..A. 第 7 号报告(最新版)保持一致。对所要求的流量计装置的尺寸方面要进行严谨的设计,设计标准如下:

(1)涡轮与流量计装置进口之间的长度至少为上游管道的 10 倍公称直径长,其中包括高性能流量调节器与涡轮流量计入口之间的距离,该距离至少为直通管的 5 倍公称直径长。

(2)从涡轮流量计的出口到第一个温度计套管之间的距离最少为直通管的 3 倍公称直径长。

(3)距离涡轮流量计主体下游的近 3 倍公称管径处,在每个计量仪表上至少要安装两个温度计套管(T_f,标准温度计套管)。如果还需要辅助温度计套管,那么最多能安装 4 个。

(4)距离涡轮流量计下游近 5 倍公称直径处,在每个流量计装置中至少有一个静压取压孔(p_f)。

(5)取样探针位于任一温度计套管的下游(初级流量计装置)。

流量计量装置的每端应有一个带有阀门的 1in 接头,用于放空和进料。

对于凸面(RF)法兰的安装,为了易于更换与维护,间隔板位于流量计的入口处。或者为了易于更换与维护也可以安装一个监测三通。对于环状连接(RTJ)法兰的安装,为了易于更换与维护需安装一监测三通。

流量计装置应设计要易于对流量计本身、HPFC 及临近绕线管表面进行目视检验和光学内检(被检验的对象为外来物质、铁锈、冷凝液等)。

16.5 流量计的机械性质

流量计主体的平均内径(ID)的计算根据入口处 4 个相等空间的 ID 测量值。内径(ID)是所有 ID 测量值的平均值,报道值接近 0.0001in,并且在 68 °F 下,该值与规定的值的偏差不能超过 ±0.10%。机械测量要选用具有足够高的准确度的设备来进行,其源自于美国国家标准局。

尺寸测量和计算应由某一证明书所证实,还有厂商名称、流量计类型、流量计系列号、测量时流量计主体的温度、日期、进行测量的个体的名称以及检查员或现场见证者的姓名。

16.6 绕线管的机械性质

相邻绕线管(3 个 5D 长的卷管)必须符合下列规则:

(1)与所规定的流量计主体的内径相一致,68 °F 下,不超过其值的 ±0.50%。

(2)绕线管内径的测量应沿着 4 个轴线方向,即圆周空间内的 4 个位置——入口法兰、入口法兰与管子环绕焊缝处、法兰出口以及法兰出口与管子的环绕焊缝处。单独的测量值不能

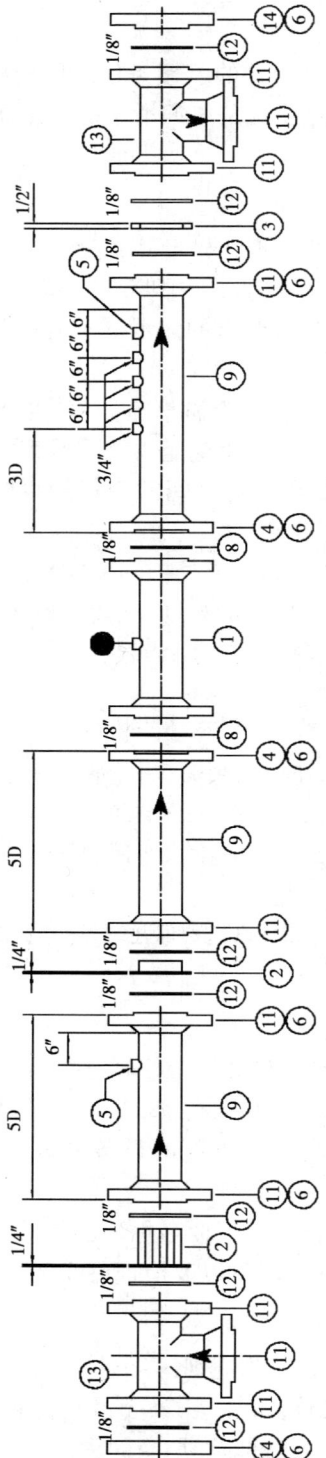

图16.1 涡轮流量计装置

①带有电子测试仪和前置放大器的涡轮流量计；②隔离流量调节器，由一个反涡流器件，一个沉降室和一个仿形器件构成，0.500in厚；③带有桨柄的间隔板，0.500in厚；④与MUSM凸面法兰相接的大凹面焊颈；⑤螺纹支管台，1.000in，垂直焊接于管子中心线的顶部（放空/填料接口）；⑥RFWN法兰螺栓；⑦MUSM法兰螺栓；⑧非石棉质状垫片；⑨符合API MPMS 14.3节（A.G.A.第3号报告），最新版的要求的API 5L线管；⑩螺纹环支台，0.75in，垂直焊接于管子中心线的顶部（温度计套管）；⑪RFWN法兰；⑫凸面，金属缠绕式垫片；⑬三通，焊缝；⑭凹面法兰盖

超过68 ℉下所规定的流量计主体值的 ±0.50%。

(3)在 HPFC 出口与涡轮流量计出口之间的环绕焊缝其内表面应是光滑的。或者绕线管内部能够钻孔从而确保环绕焊缝的光滑性以及满足公差要求。

(4)上游或下游垫圈的每部分都不应突出进入管子的内径空间。

(5)绕线管应对准流量计主体,从而减少任何流动干扰的产生。

(6)临近绕线管任意点的表面粗糙度不能超过 600μin。

16.7 流量计:SPU,电子元件及软件

流量计的测试仪和前置放大器应直接安装在流量计主体上,其操作电流为 12～24V 的直流电,并要受到功率过载保护以及瞬态(避雷)保护。在交流电供应出现故障的情况下,流量计也应存有一定的备用功率。电子设备的参数和因子保存在永久性内存中,这样就不会被非授权用户修改了。

电缆套、橡胶、塑料以及其他暴露部分对紫外线、火焰、原油以及油脂应该是耐腐蚀的。

16.7.1 流量计输出信号说明

频率输出信号需配置测试仪和前置放大器组合,该信号代表了平均流动速度(V_{avg},单位 ft/s)或未校准的平均体积流量(q_{av})。

16.7.2 流量计警报

故障自保、继电器、固态继电器等,出现以上情况时报警:

(1)输出无效(此时表示管线条件下的流动速率无效)。

(2)局部故障(此时结果不可用)。

(3)故障危险(此时一定时间内任意时间调节参数都超出了标准操作所要求的标准值)。

16.8 二级和三级设备

二级和三级设备应配备以微处理器为基础的流量计算机,进而接收以下输入量:涡轮流量计计量速度(V_{avg}),流动温度(T_f),产生质量流动的流动压力(p_f)和标准体积流量计算值。

16.8.1 二级设备:p_f 和 T_f

应使用智能型变送器(静压变送器和静温变送器)以保证一定的准确度,具体要求如下:

(1)智能型温度变送器(T_f)应安装在每个下游流量计装置上。如果需要辅助的变送器或探针,最多可安装两个探针。对于所有的流量计装置,采用一个通用的温度测量点是不可以的。

(2)智能型静压变送器(p_f)应安装在每个流量计装置上或流量计主体上。同样没有对所有流量计都适用的测温点。

16.8.2 二级设备:取样探针

气体取样探针应该按照下列要求进行安装:

(1)根据 API MPMS 14.1 节的内容,对于连续取样器应安装一个尺寸合适的取样探针,尤其是在初级流量计装置中。

(2)根据 API MPMS 14.1 节的内容,对于人工现场取样器应安装一个尺寸合适的取样探针,尤其是在初级流量计装置中。

(3)根据 API MPMS 14.1 节的内容,对于气相色谱仪或在线温度控制器应安装一个尺寸

合适的取样探针,尤其是在初级流量计装置中(如果需要)。

(4)如果预计存在液体(冷凝液、游离水、石油),那么就要在取样探针的上游安装一个静态混合器,从而保证在取样探针处试样得以精确均匀的混合。

(5)对于此种应用,取样探针应该安装在并行式流量计通用管道的进口处或出口处。

(6)如果在计量设备的上游存在两种或多种气体的混合流,那么就要安装一个静态混合器从而确保气流在穿过测量设备的整个过程中都能保持热量和组成的均匀。

16.8.3 三级设备:流量计算机

流量计算机应编入最新版 A.G.A. 第 8 号报告中的气相区及密相区天然气密度计算中所规定的计算程序。流量计算机应符合最新版 API MPMS 21.1 节,"气体的电子测量"中的要求。

17 旋转位移流量计设计

为了精确计量陆上炼气厂下游的可销售的天然气,连接方可能选取孔板、多声道超声波(MUSM)、涡轮或旋转位移流量计。而为了精确计量陆上炼气厂上游的可销售天然气,连接方只能限定使用孔板流量计,其原因是上游地区会出现大量的管锈、冷凝液以及反凝析液。

17.1 概述

流量计量系统的设计、操作和维修应保证计量的总不确定度在 ±0.50% 或 ±1.00% 以内(注:为达到 ±0.50% 的不确定度,旋转位移流量计需线性化,MF 为 V_{avg} 或 ACFH 的函数)。流量计装置应符合最新的 ANSI – B109.3 标准,"联邦输气管安全标准"及其他所有相关的条例和标准。流量计量装置由微粒过滤器、旋转位移流量计和转接管构成。

流量计和直接安装的电子元件应能在 –13~131 ℉温度范围及存在冷凝液的条件下能正常使用。

旋转位移流量计一般在有资质的流体实验室中以天然气(或空气)为测试介质进行校准。动态校准的压力应尽量接近实际生产中设备正常操作的压力。初装后,旋转位移流量计每五年应在有资质的流体实验室重新进行动态校准。或者,也可用流过流量计的差压(dp)随平均流速(V_{avg})的变化作为流量计量装置是否需要重新校准和维护维修的标准。

当需要连续输气,不能因仪表故障而停车时,就需要与初装的流量计量装置对称安装一台备用流量计及相应的配件。

当使用并行流量测量时,应考虑流量的平衡和压力控制。并行安装的流量计装置应与同功能的其他流量计量装置对称且大小一样。为了进行精确的计量,应安装自动阀进行控制。当自动阀关闭时流量计无流量。对并联式流量计,流量控制阀也有备用的,这样可方便控制阀的维修。压力和流量的控制阀装在流量计量装置的上游或下游。如果制造商认可,旋转位移流量计可用于双向流量的计量。

当流量计量装置的任意一台流量计或二级设备(压力变送器、温度变送器、流量计算机)出现故障时,所有 LACT/ACT 单元都应该关闭。

17.2 流速与管道保温

由于速度加快会加速腐蚀,增加噪音,设备更易疲劳,旋转位移流量计装置的流速不应超过 50ft/s。由于气体的流动条件随季节的变化而改变,整个流量计量装置应作保温处理。

17.3 过滤器与润滑

由于转子与流量计主体间隙小,旋转位移流量计应有微粒过滤器。润滑的目的是保证旋转位移流量计的机械性能。制造商应提供合适的过滤器尺寸及润滑条件。

17.4 流量计装置

流量计量装置由微粒过滤器、上游仪表(如使用)、流量计、装有合适传感取压孔(p_f, T_f)的下游仪表和取样接头所组成。传统的流量计量装置设计标准如下:

(1)一个微粒过滤器。
(2)适当的管结构以减小流量计内的气体压缩效应。
(3)涡轮流量计出口与第一个温度计套管之间由一个至少3个标准管径粗的管子连接,保证流体畅通无阻。
(4)每个流量计量装置下游无阻三通附近,最少装两个温度计套管(T_f和主温度计套管),如需附加的温度计套管,最多可装4个。
(5)最少装一个静压取压孔,位置在流量计主体内或流量计下游尽量接近流量计的位置。
(6)如需监测差压(dp)随平均流速(V_{avg})的变化,在流量计主体内或上、下游尽量接近流量计的位置安装差压取压孔。
(7)取样探针安装在任意温度计套管(主流量计量装置)的下游位置。

微粒过滤器和流量计连接管的设定方位最低要求也要严格遵循最新版本的 ANSI B 109.3 标准。

流量计量装置的每端应有一个带有阀门的1in接头,用于放空和进料。

用 RF 式法兰连接时,在流量计量装置端部可加上隔板以便于更换和维护,或用 T 形内检式设计来简化更换和维护。用 RTJ 式法兰连接时,采用的就是这种设计。

流量计量装置的主体和连接管表面(杂质、铁锈、冷凝液等)应易于目测检查或用光学仪器内检。

17.5 流量计的机械性质

机械部分应满足准确度且符合 NIST 标准。流量计的说明书有测量和计算方法的详细说明,同时也包括制造商、仪表模型、序列号、使用温度、生产日期、制造者和质检员姓名等信息。

17.6 连接管的机械性质

连接短管(长度至少是管径5倍的短管)焊接部分内表面应光滑,或采用灌注的方法保证连接管内表面光滑且管径公差在要求范围内。

17.7 流量计:SPU,电子元件及软件

流量计的 SPU 直接安装在流量计主体上或主体附近。流量计的 SPU 有 12V 或 24V 直流电,过载时用于保护设备的正常运转(即使是瞬间过载)。当交流电故障时,流量计能持续正常运转。系统含有监视定时器,当程序出错或锁定时,监视定时器保证 SPU 能自动重启。电子设备的参数和因子保存在永久性内存中,这样就不会被非授权用户修改了。应该为流量计提供了组态软件和固件。

电缆套、橡胶、塑料及其他外露部分应防紫外线辐射、防火、防油。

17.7.1 流量计的输出信号说明

SPU 应具有以下输出:
(1)串行接口输出(RS-232,RS-485或其他类似接口)。
(2)定期输出平均流速(V_{avg},ft/s)或未修正的平均体积流速(q_{av})。
(3)所有输出信号不能接地。

17.7.2 流量计警报

故障自保、继电器、固态继电器等,出现以上情况时报警:

(1)无效输出(当显示操作条件下的流速无效时)。
(2)部分故障(当结果无效时)。
(3)用复杂装置计量双向流量时,给出两个输出流速,另单独给出一个方向的体积累积量。
(4)故障(任意被监测参数超出正常操作的范围且不能被忽视时)。

17.8 二级和三级设备

装置应配有微处理器计算机,能接收以下信号:流量计流速(V_{avg}),流体温度(T_f),流体压力(p_f),并进行相应计算得到质量流速和标准体积流速。

17.8.1 二级设备:T_f 和 p_f

可用智能型静压和温度变送器来保证测量的准确度。

智能型温度变送器(T_f)可装在每个测量管的下游。如果需要增加变送器或探针,最多可增加两个探针。没有对所有流量计都适用的测温点。

智能型静压变送器(p_f)可装在每个流量计装置上。没有对所有流量计都适用的测压点。

17.8.2 二级设备:取样探针

气体取样探针按以下方法安装:

(1)可用合适大小的符合 API MPMS 标准(14.1 节)的取样探针进行连续取样,一般装在主流量计装置。

(2)可用合适大小的应符合 API MPMS 标准(14.1 节)的取样探针进行手工取样,一般装在主流量计装置。

(3)可用合适大小的应符合 API MPMS 标准(14.1 节)的取样探针取样用于气相色谱仪或水分监测仪的分析,一般装在主流量计装置(如果需要)。

17.8.3 三级设备:流量计算机

流量计算机装有 A.G.A. 第 8 号报告的最新版本,可计算天然气的气相和密相区的密度。流量计算机必须符合 API MPMS 标准(21.1 节,"气体的电子测量")。

18 检验、测试、检定、校准和认证

为了使检验、测试、检定、校准和认证与可接受的维修质量具有一致性,应向现场人员提供一些适用的仪器设备。由于现场人员的职责不同以及他们所在责任区内的仪器设备的差异,他们可能不需要一整套的仪器设备。一些仪器设备可以共享,前提是这种共享并不会对测量应用过程中的检验、测试、检定、校准、认证以及维修质量造成不利影响。

检验、测试、检定、校准和认证的目的如下:

(1)依据工业定型步骤,采用合适的仪器设备来确定流体的物性、质量以及数量。

(2)依据 API MPMS,ASTM,A. G. A. 以及联邦政府的国家和地方的规定,在允许的准确度水平内操控设备。

(3)减小由于设备未校准或总体故障而产生的调节不确定度。

(4)计划维修费用以适合于变化的费用预算。

(5)分配人员维修基本的仪器设备。

一些工业标准和高级管理(风险管理)确定了密闭输送计量设备的测试、检定、校准、认证过程以及维修间隔。一些检定、校准、认证及维修的数据记录应该被保存起来从而来确保足够的维修间隔并有助于确定完善区域。

进行以上工作的人员的责任就是保证已发给测量人员的仪器设备是合格的并具有较好的准确度;应利用有资质的实验室或者让设备提供者对设备进行测试。同样也应定期检查设备以确保这些设备正常运转并维持较好的精确度。

经过培训的技能人员应完成设备的测试、检验、检定、校准和认证工作。外部(和内部)的维修者应被定期审核从而确保他们能对影响测量结果的各种变化进行控制,这些操控包括:

(1)GC 实验室。

①试样准备,每 API MPMS(14.1 节)。

②试样分析,使用校准过的 GCs。

③建立溯源链。

④已知伪影估计值或轮询调度试验,从而使偏差最小。

⑤试样储罐的清洁及维修。

⑥经过培训的技能人员对设备进行测试、检验、检定、校准以及认证。

(2)GC 校准标准。

①试样准备。

②建立溯源链。

③循环试验,目的是减少系统误差。

④试样储罐的清洁及维修。

⑤经过培训的技能人员对设备进行测试、检验、检定、校准以及认证。

18.1 检验

检验就是为了恰当操控测量设备和调节测量设备而进行的视觉测量和听觉测量过程,其可能会影响到流量计装置的精确性。检验能确保设备处于正常的工作条件但并不能验证、校准或检定设备。通常,检验包括对管道渗漏物、dp 管线渗漏物、电线、密封物、结构以及基于读出值和结构的现场传感器的性能、计算器性能等的仪器设备的目测过程。检验指看与听的过程,如果需要,对设备进行损坏明显的检测。例如,温度计破损、水银柱分段以及流量计磨损。检验工作要在所有的设备被使用、检定和校准前进行,并且在设备的操作过程中要定期进行。

18.2 测试

测试是确定物性或尺寸测量值(孔板、密封环尺寸测量值)的过程。从定义上看,测试包括流体物性的测量和确定数量和质量过程中用到的机械测量。从现场和组分试样确定出的流体的物性包括湿度(仅限在线分析),组成(在线分析和离线分析),H_2S 含量(在线分析和离线分析)及硫含量(在线分析和离线分析)。

现场进行的尺寸测量和测试检验了孔板和密封环的尺寸、孔板流量计装置(ID_r,HPFC 位置等)、孔板配件取压孔连接、密封环泄露以及孔板和密封环的偏心度。

18.3 检定

检定是在整个设备的制定的操作范围内或在给定操作值下,采用有证参考标准对设备的性能(p_f,dp,T_f,ρ_{tp},检测开关等)进行证实的过程。此外,检定也是设备(孔板,置换装置等)尺寸上目测和触觉测量的结果是否与规定相符的证实过程,如果需要,可采用有证参考标准。检定不能校准设备。检定可以显示出设备的性能是否与所要求的性能相一致。

检定工作实施于下列传感器和变送器上(包括流量计显示装置):

(1)温度(T_f)。

部分浸没式玻璃温度计。

便携式电子温度计。

智能型温度变送器。

(2)压力(p_f,dp)

便携式模拟压力表(或度盘式压力表)。

便携式数字压力表。

智能型压力变送器。

智能型差压变送器。

(3)密度(ρ_{tp}),在线密度计,在线分析器

在线气相色谱仪(MW_{gas},RD_{id},RD,HHV_b)。

在线湿度分析器(H_2O)。

其他在线分析器。

(4)流量计。

孔板流量计。

超声波流量计。

涡轮流量计。

旋转位移流量计。

双阻双排阀(DB&B),用于确保流量计控制阀的零渗漏。

(5)便携式取样罐应该被鉴定评估,以确保它们的清洁度和和处于正常的操作状态。

如果使用认证过的参考标准,设备还是不能符合规定的性能要求,那么就要对其进行校准、维修或更换。

18.4 校准

校准就是利用有证参考标准对设备(一级,二级或三级设备)进行调节的过程,其目的是在整个指定的操作范围内提供精确的数值。它包括调节设备使其满足准确度要求(例如:传感器,读出设备等)或者对于流量计应用修正因子。

现场的校准工作针对于以下设备:

(1)温度(T_f)。

便携式电子温度计。

智能型温度变送器。

(2)压力(p_f, dp)。

便携式模拟(或度盘式)压力表(p_f, dp)。

便携式数字压力表(p_f, dp)。

智能型压力变送器。(p_f)

智能型差压变送器。(dp)

(3)密度(ρ_{tp}),在线密度计。

(4)在线分析器。

在线气相色谱仪(MW_{gas}, RD_{id}, RD, HHV_b)。

在线湿度分析器(H_2O)。

其他在线分析器。

(5)流量计。

孔板流量计。

超声波流量计。

涡轮流量计。

旋转位移流量计。

18.5 认证

认证涉及到采用溯源性标准对基准设备的有证数值(参考标准、现场校准仪器等)进行校准和重新定义。认证可用便携式测试仪器和现场的参考标准实施完成。这些现场的参考标准来源于美国国家标准局(NIST),标准的获取方法如下:一合格的实验室或者一有证服务供应商(他们的标准已被 NIST 鉴定)认证现场的参考标准;或者现场的参考标准直接由 NIST 证实。这个溯源链确保了基准设备的已认证的数值最多不会偏离 NIST 初始标准(或其他合适的国家计量实验室)三个级别。每次认证设备时都会出具一份新的证明书,从而保证使用者的准确度和 NIST 的溯源性。被停用或损坏的标准仪器直到它们被检定、校准或重新认证以后才能被重新使用(API MPMS 21.1 节)。

18.6 仪器

本部分内容涉及到了一系列提到的测试和校准仪器。等价的设备可由现场同样的孔板所替代。仪器的用途列于测试设备的反面,从而有助于确定技师或操作者是否需要一个特定的测试仪器。

所有的测试和校准仪器都应具有良好的维修性。如果合适的话,参照合适的参考标准检查测试仪器的性能。

那些满足或超过 API/ASTM/GPA 标准中所规定的要求和尺寸的仪器设备应该用于密闭输送操作。测量设备在使用之前应加以检验、检定、校准以及认证。仪器在使用前,由现场人员进行的仪器检验工作是保证设备精确性的主要部分。在设备使用的过程中或者由于受到损坏或怀疑其存在故障时对其进行更换的过程中,技师或油矿工应负责对设备进行检验。现场人员则负责使破损程度降至最小。

根据 API MPMS 21.1 节,所有用于现场传感器校准的测试设备应该在购买或从购买时起或使用每 12 个月进行一次认证,最多不能超过 18 个月。一个 NIST 认证过人员的和跟踪服务供应商应该对所有的测试设备进行认证。标准的测试仪器(用于校准设备)应该配有认证标签,该标签给出了最后校准的日期以及进行校准和认证的人员姓名或厂家名称。该认证标签应该是清晰可见的,并且由坚固的材料制成。标签上所有的记录都应使用消不去的墨水书写。

18.6.1 流体质量测量

(1)含水量用湿度校准系统进行校准。

(2)湿度校准系统由一个综合湿度发生器和一个脱水筒或一个矿务局设备构成。

(3)气相色谱仪(GC)用 GC 校准标准(通常也称为校准筒)进行校准。

(4)GC 校正标准用一定质量分数的气体进行认证,并由第三方的 GC 进行检定。

18.6.2 压力设备

(1)校准便携式压力传感器(模拟设备或数字设备)。

(2)通过第三方对自重测试仪器(用于 p_f 设备)进行认证。

(3)带有遮风屏的 PK 测试仪器(用于 p_f 设备)可通过第三方进行认证。

18.6.3 温度设备

(1)为了温度保持稳定,要对固态恒温浴进行检定。

(2)为了进行测试,需对便携式温度传感器(部分浸没式温度计,PETs)进行校准。

(3)用于校准的便携式温度传感器(部分浸没式温度计,PETs)可由第三方进行认证。

(4)十进位箱(用于 RTD 传感器仿真模拟)可由第三方进行认证。

(5)用于检定其他温度计的标准温度计需由第三方进行认证。

18.6.4 电子设备

(1)数字式万用表(DMMS)和数值式伏特表(DVMS)可由第三方进行认证。

(2)数字存储示波器(用于脉冲列,PLC 程序开关)可由第三方进行认证。

(3)mA,mV 或 V 的信号发生器(用于模拟直流信号)可由第三方进行认证。

(4)数字频率发生器(用于模拟脉冲列信号)可由第三方进行认证。

(5)数字计数器或数字计时器(用于脉冲列和开关分析)可由第三方进行认证。

(6)数字协议仿真器(用于数字协议)可由第三方进行认证。

18.6.5 机械设备

(1) 检验视频图像显示器。
(2) 检验节流器量规。
(3) 检验标尺。
(4) 检定、校准数字式内径千分表。
(5) 检定、校准数字游标卡尺。
(6) 检定、校准数字或模拟卡尺。
(7) 通过第三方认证量块。
(8) 通过第三方认证密封环。
(9) 通过第三方认证测隙规。
(10) 通过第三方认证并联式压力计。

18.6.6 孔板流量计

(1) dp 取压孔连接装置由第三方进行认证并在现场进行检定。
(2) 密封环由第三方进行认证并在现场进行检定。
(3) 偏心度由第三方进行认证并在现场进行检定。
(4) 计量管尺寸测量值由第三方进行认证并在现场进行检定。

18.7 仪器信息

下列的说明以及所推荐的设备涵盖了密闭输送中主要的测量仪器设备。

18.7.1 压力设备

现场环境中的压力可用一种方法或两种方法确定,使用何种方法由使用者决定。确定压力的仪器设备可以是便携式压力表(p_f,dp)或者是长效智能型传感器(p_f,dp)。压力设备的检定和校准可用一个便携式计量仪(p_f,dp),一个自重测试仪(p_f)或一个 PK 测试仪(dp)来完成。

18.7.1.1 便携式模拟或数字差压计

便携式差压计用于调控 dp 横向过滤器、在线密度计、DB&B 阀标准装置交换阀以及其他仪器设备。所有的压力表都应配以校准标签,从而给出计量仪最后的测试或校准日期以及校准者的名称。校准标签应是清晰可见的,并且其材质应是坚固的。标签上所有的记录都应用消不去的墨水进行书写。刻度计量仪的外壳应是洁净的并且具有一定的耐磨性。压力表应配有可读的长效的标记信号,同时为了安全起见也应装有一个安全隔膜。压力表上每 5psig 的分度值不能超过 2psig,刻度标注的间隔不能超过 10psig。该刻度范围内每一点的偏差不能超过 ±2psia。差压计最大允许工作压力(MAWP)至少要等于测量设备的 MAWP。

18.7.1.2 便携式模拟静压表

所有的压力表都应配以校准标签,从而给出压力表最后的测试或校准日期以及校准者的名称。校准标签应是清晰可见的,并且其材质应是坚固的。标签上所有的记录都应用消不去的墨水进行书写。压力计量仪应配有可读的长效的标记信号,同时为了安全起见也应装有一个安全隔膜。玻璃外壳应是洁净的并且具有一定的耐磨性。差压计量仪最大允许工作压力(MAWP)至少要等于测量设备的 MAWP。差压计量仪量表上每 5psig 的分度值不能超过 2psig,刻度标注的间隔不能超过 10psig。该刻度范围内(在标准的操作作压力范围内)每一处

的偏差不能超过 ±2psia。

下面的内容给出了标准性能水平,但并不是唯一的:对于范围为 0~60 或 0~150pisa 的情况,精确度应为 ±0.5%。对于操作压力大于 150psia 的情况,数字压力计量仪的准确度要维持在 ±2psia。

18.7.1.3　便携式数字静压传感器(p_f)

对于操作压力大于 150psia 的情况,数字压力计量仪的准确度要维持在 ±2psia。在所有的环境操作条件下,数字压力传感器(在标准的操作压力范围内)任一点处的偏差不能超多 ±2psia。

18.7.1.4　自重测试仪和 PK 测试仪

自重测试仪是通过模拟一个已知的压力输入值进而对静压设备(智能型静压变送器,便携式模拟压力计或数字式压力计)进行校准的设备。气压 PK 测试仪通过模拟一个已知的压力输入值进而对静差压设备(智能型差压变送器,便携式模拟差压计或数字差压计)进行校准。

两种测试仪都能通过将已知重量的砝码置于已知尺寸的活塞上而产生液压或气压信号。通过使用精确的砝码和具有精确面积的活塞,这些设备形成了用于压力测量的另一个标准。

重力常数、海拔高度、温度、振动、空气流动以及其他环境影响应该是重点考虑的。在纬度低于 40°和大于 50°或海拔超过 5000ft 的情况下,如果没有进行恰当的修正,那么自重测试仪造成的偏差会超过 0.05%。厂家应针对当地的重力对砝码进行微调,或者对测试仪进行合理的修正进而计算出精确的压力值。

当地重力可以从以下机构获得:

NOAA(美国国家海洋和大气管理局),美国国家大地测量局(NGS),N/NGS12

对于自重测试仪,NGS 需要已知所在地理区的纬度、经度和海拔。

用下列具有足够高准确度的方程可以计算出取决于当地重力的修正因子:

$$p = p_{dw} \times (g_1/980.665)$$

式中　g_1——当地的重力值,单位为 cm/s^2,来自 NGS(或后续公式);

　　　p_{dw}——在 980.665cm/s^2 下的 PK 压力值(纬度为 45°)。

通过下列方程能够估算出当地的重力值。

对于纬度为 30°~60°,

$$g_1 = \{980.665 + [0.087 \times (L-45)] - (0.000094 \times H)\}$$

对于纬度为 0~90°,

$$g_1 = \{978.01855 - (0.0028247 \times L) + (0.0020299 \times L^2) \\ - (0.000015058 \times L^3) - (0.000094 \times H)\}$$

式中　L——纬度值,单位为(°);

　　　H——高出海平面的海拔,单位为 ft。

温度影响到自重测试仪和 PK 测试仪的活塞面积和气缸面积。下列公式可以修正这一误差：

$$C_t = 1/\{1 + [(A_c + A_p) \times (T - T_{ref})]\}$$

式中　A_c——气缸的线性热膨胀因子；

　　　A_p——活塞的线性热膨胀因子；

　　　C_t——非标准温度下的修正因子；

　　　T——活塞–气缸装置的温度，℉；

　　　T_{ref}——厂商或认证者使用的参考温度（68 ℉）。

为了有助于读数，自重测试仪应配有不锈钢砝码，范围为 5~2000psia，读数的最小精确度为 ±0.10%。自重测试仪还应配有一个三角架和牛眼调平系统。自重测试仪的检定过程最好在使用地区当地进行并且要使用厂商要求的原油。

为了有助于读数，PK 测试仪应配以不锈钢砝码，60 ℉下范围为 5~500in 水柱高度，最小读取准确度为 ±0.05%。

PK 测试仪应配以一个挡风板，三角架和牛眼调平系统。测试仪的检定过程也应在使用地区采用现场常用的气体（空气或 N_2）进行。

18.7.2　温度设备

下列仪器常用于测量温度或检定温度传感器。

18.7.2.1　部分浸没式玻璃温度计和温度计校对调整

部分浸没式玻璃温度计用于流动条件下对智能型温度变送器进行检定和校准。这些温度计通常也称为工作温度计，它们用于日常的现场环境中。工作温度计在提供给现场人员之前要进行准确度检定。检定形式和日期应以文件的形式保存下来以便于审核。

根据本部分的说明，按照 NIST 标准对已认证过的部分浸没式玻璃温度计进行校对调整，主要用于工作温度计准确度的检定工作。NIST 检定应以文件的形式保存下来从而便于检定。浸蚀类型，准确度级别，部分浸没式玻璃温度计应与 ASTM 说明 E1，"ASPM 温度计标准说明"或者 SAMA 智能型的实验室温度计说明保持一致。环境友好型温度计优先是水银温度计。填充的流体应是 N_2 或是其他的惰性气体。液柱应是连续的、无间隙。该玻璃芯棒应该有一个黄色的平面前端和一个黄色的搪瓷背面。所有的刻度线、标记、字母都应是清晰明显的，并且由合适颜色的长效颜料填写而成。刻度线的宽度不能超过刻度间隔的 1/5。温度计的标度应被分为 0.2 ℉，并且每 5°间隔标出一条较长的线，以此来表示 1.0 ℉的间隔。适宜温度的范围为 30~124 ℉（SAMA No. FP40）和 30~214 ℉（SAMA No. FP45）。为了简化读数，应该使用一个放大镜，以便消除视差和保护眼睛。

对于工作温度计，如果在整个刻度范围内每一点处的偏差超过 ±0.20 ℉，那么该温度计就要返厂了。对于基准温度计，返厂的偏差则为 ±0.10 ℉。

完全浸没式温度计不适合置于温度套管中。

18.7.2.2　数字式温度计

数字式温度计用于检定和校准流动条件下的智能型温度变送器。轻便型电子温度计（PETs）利用一个热敏电阻或 RTD（电阻式温度测试仪）探针来测量 RTD 型温度计套管中的温度。应能证实温度计可以用于一级 C 类和 D 类的危险场所。应为温度计连接具有合适涂层的探针缆线,长度至少为6in。数字显示器在直射阳光下应易于读取,并且为了方便夜间操作要配有一个背光源(可选)。显示器的分辨率至少为XX.XX ℉。

在室温下PET应该能与已认证过的部分浸没式温度计进行比较,从而确保其在每个工作日的开始都具有良好的性能。应保存与每个PET相关的日常检定记录,以便为审计追踪提供依据并确保便携式仪器设备的精确性。如果任一点处的偏差超过±0.10 ℉,那么就要对设备进行校准或者将PET返厂。数字式温度计应该能够进行现场校准。

18.7.2.3 固态恒温浴

下面的内容给出了固态恒温浴的性能级别:由于要求使用者使用一个认证过的部分浸没式玻璃温度计来确定、设置恒温浴的温度,所以无需对该温度进行校准。恒温浴的温度范围应该是从室温到392 ℉,热稳定度为±0.10 ℉。

18.7.2.4 十进位箱

十进位箱是通过模拟一个已知的RTD输入(等价于采用国际制温标的流动温度)对智能型温度变送器进行校准的。在32 ℉下RTD探针可设定为100Ω或500Ω的电阻。一个配有10.00~1000.00Ω电阻范围的十进位箱,其准确度为±0.20%,这也是它的性能级别的标准。

18.7.3 电子设备

一些电子设备可用于测量设备的检定、校准和故障查找过程。这些电子设备有:

(1) DMM或DVM。
(2) 模拟仿真器。
(3) 数字频率发生器。
(4) 数字计数器或计时器。
(5) 停表。
(6) 手持式计算器。

这些电子设备的规范说明可有助于管理和现场人员的操作。

18.7.3.1 数字万用表

数字万用表(DMM)是一种读出设备,用于测量与ELM和EGM仪器(智能型变送器,流量计算机等)检定和校准相关的各种电子参数。这些参数包括电压(V_{dc})、电流(mA)、频率和电阻。模拟型或机械型计量仪表是不受欢迎的。所有的DMM最少要有4个主要的数字显示器,以便用于检定或校准ELM及EGM设备。用于ELM和EGM设备的参数和范围的最低性能规范为:电压(V或mV)为读数的±0.05%,电流(mA)为读数的±0.075%,频率(Hz)为读数的±0.0005%。推荐$4^{1/2}$位数字万用表作为最低性能级别的标准。

18.7.3.2 模拟仿真器

模拟仿真器是帮助电子仪器设备和直流电(mA,V_{dc})路检查故障的仪器。模拟信号发生器(或仿真器)可以由一个包含信号源和读出设备的混合设备构成,或者由相互联系能提供信号源的独立设备以及独立的读出设备构成。产生模拟信号的装置应满足如下要求:

- 在150%倍的测量周期内,电压源和电流源的波动幅度不能超过±0.1%。
- 信号组成要求最大允许最大波动范围为±0.1%。
- 测量这些信号的设备应是被校准和被模拟设备的两倍。

建议把用于模拟mA,mV及V_{dc}信号的数字式校准器作为性能级别的参考标准,但并不是唯一的标准。
18.7.3.3 数字频率发生器
数字频率发生器是从一个设备向另外一个设备模拟发出脉冲输出的设备：涡轮流量计前置放大器向流量计算器的输出，密度计向流量计算器的输出等。该设备由合格的技师设计，并能对操作过程中存在的故障进行查找。数字频率发生器应该能产生一个与模拟设备输出的±5%以内的量相符的脉冲强度（电流或电压）。给定间隔内精确的脉冲公差应至少是被模拟设备不确定度的两倍。如果需要，数字频率发生器和数字计数器（计时器）可以组合成一个单独的设备。

18.7.3.4 数字计数器（计时器）
数字计数器（计时器）是帮助测量一个设备到另外一个设备频率的输出量及频率输出时间的设备。该设备由合格的技师设计进而对操作过程中存在的故障进行查找。注意：如果需要，数字频率发生器可以与数字计数器（计时器）组合成一个单独的设备。

18.7.3.5 数字存储示波器
数字存储示波器是测量现场设备的频率波形输出的装置（这些现场设备为：前置放大器，密度计，黏度计，在线水监测器）。该数字存储示波器由合格的技师设计进而对操作过程中存在的故障进行查找。

18.7.3.6 停表
停表用于测试现场设备的时间和运转周期，如自动取样器的频率，校准阀的密合时间或更换阀的工作时间。一个高质量的停表或配有停表功能的数字式手表是受到欢迎的。

18.7.3.7 手持式计算器
计算器对于人工计算以及在各种仪器设备和操作过程中的故障查找方面是非常有用的。具有科学计算功能的10进制手持式计算器比较受欢迎。

18.7.4 机械设备
一些机械设备是用来定义、检定和建立某种尺寸测量和机械条件的。

18.7.4.1 视频图像显示器
视频图像显示器是一种用于观测设备内部情况的工具，这些设备包括：
(1) DB&B 阀。
(2) 流量计，为确定其机械状况（弯叶片，孔板等）。
(3) 流量计管线，为确定颗粒堆积、阻塞、液体、流动状况等。
(4) 泵。
(5) 压缩机。
(6) 电动机
(7) 热交换器。
(8) 其他设备。

18.7.4.2 数字式内径千分尺
数字式内径千分尺是用来测定机械物件（大的孔板）内径的。为了检定数字式内径千分尺，在受控的环境中通常使用一个已认证过的调整环作为检定标准。

18.7.4.3 数字式游标卡尺
数字式游标卡尺是用来测定机械物件（小到中型孔板）的内径和外径的。为了检定游标卡尺,在可控的环境下通常使用认证过的量块作为检定标准。

18.7.4.4 数字式或模拟卡尺

数字式或模拟卡尺是用来测定机械物件(孔板,球形阀等)外径的。为了检定卡尺,在可控的环境下通常使用认证过的量块作为检定标准。也可以使用一个卷尺来进行粗略鉴定。

18.7.4.5 量块

已认证过的量块常用于检定和校准千分尺、数字式游标卡尺、数字式卡尺以及模拟卡尺。认证过的量块并不适用于外部环境。

18.7.4.6 测隙规

已认证过的测隙规通常配合并行式压力计一起用于检定孔板的平整度。

18.7.4.7 并行式压力计

已认证过的并行式压力计通常配合测隙规一起,用于检定孔板的平整度。

18.7.4.8 固定环

已认证过的固定环通常用于检定内径千分尺的精确度。

18.7.4.9 量规

量规用于确定孔板上游边缘是否是陡边。目前,很难寻求到该仪器的供应商。也可以采用指甲触压试验法对边缘的陡度进行触觉预测。

18.7.4.10 卷尺

卷尺是用于确定总尺寸测量值的,进而确保管线长度符合 API MPMS 的要求。卷尺无需进行检定或校准。

18.7.5 孔板流量计

孔板流量计的校准采用人工校准法。这要求与 API MPMS 14.3 节,第 2 部分"技术规范和安装要求"中所提到的各种机械和尺寸公差相一致。为了满足要求,在进行完水压试验以后,厂商要实施一些其他测试,测试对象有:

(1) dp 取压孔连通。

(2) 密封环。

(3) 偏心度。

(4) 计量管尺寸测量值。

这些测试的说明应与详细的规范说明相一致,不在本手册的范围。测试的证明文件和结果(校准文件)是审计追踪孔板流量计依据的一部分,在设备的使用寿命以内要加以保存。

18.7.4.1 dp 取压孔连通试验

dp 取压孔连通试验的目的是确保在高差压取压孔和低差压取压孔之间不存在连通现象,这种连通现象发生的原因是因为单室或双室壳体的浇铸和机械加工。

18.7.4.2 密封环测试

密封环测试是为了确保没有流体从密封环和载体(对于单室及双室配件)的周围流过。该测试同样保证了与密封环相关的间隙及凸出公差是满足要求的。

18.7.4.3 偏心度试验

偏心度试验的目的是为确保孔板、密封环及载体(对于单室和双室配件)在忽略机械加工的情况下与标准的偏心度公差相一致。

18.7.4.4 计量管尺寸测量

计量管尺寸测量的目的是为了确保计量管符合标准的规范说明和公差要求（合适的直径、环形、表面粗糙度、直线长度、与管道轴线同心的孔板夹持器、温度计套管位置等）。

18.7.4.5 孔板与密封环

为了确保遵从人工校准法，孔板和密封环的现场检验和校准工作在执行时要根据以下标准进行：

(1) 板孔直径（合适的直径、环形）。
(2) 板孔直径对外部板直径的偏心度。
(3) 边缘锐度——无缺口、无毛刺、无纯边。
(4) 孔板的表面粗糙度，无沉积，无腐蚀。
(5) 孔板的平整度，无弯板。
(6) 板孔厚度。
(7) 斜边（如果合适的话）、角度和长度。
(8) 正向板，非反向板。
(9) 与密封环相关的凸出物和间隙。
(10) 密封环的整体性（切口、膨胀等）。

这些试验的证明文件和结果（校准文件）可作为孔板流量计审计追踪的部分依据，因此在设备的使用寿命内要加以保存。

18.8 记录

根据使用的测量标准、政府规法规以及公司政策，应该对恰当的记录（测试、检验、检定、校准、认证结果）加以准备、分类以及保留。

附 录

A 标准、出版物及条例

该附录列出了一个详细清单,包括标准、出版物、条例以及关于密闭输送计量设备的科技文献。标准与出版物的来源是:

(1)美国航运局(ABS)。
(2)美国天然气协会(A. G. A.)。
(3)美国国家标准学会(ANSI)。
(4)美国石油学会(API)。
(5)美国测试和材料学会(ASTM)。
(6)美国机械工程师学会(ASME)。
(7)天然气工业标准化委员会(GISB)。
(8)美国天然气加工商协会(GPA)。
(9)美国天然气处理设备供应商协会(GPSA)
(10)国际标准组织(ISO)。
(11)美国全国防腐工程师协会(NACE)。
(12)美国国家消防协会(NFPA)。
(13)美国得克萨斯大学油田扩展服务公司(PETEX)。

列出的各类标准及文献已经组织出版。

A.1 机械标准与出版物

API 标准 1104,"现场管道及相关设备的焊接标准"。
API 标准 2610,"终端及储罐设施的设计、施工、运行、维修与检验"。
API 标准 598,"阀门的检验与测试"。
API 操作规程建议 14E,"生产平台管道系统的设计和安装"。
API 操作规程建议 14J,"生产设备的设计和危害分析"。
API 操作规程建议 1104,"管路及相关设备的焊接"。
API 操作规程建议 1107,"管道维修焊接操作"。
API 操作规程建议 1111,"管路设计、建造、操作与维护"。
ASME B16.5,"管道法兰与法兰式配件"。
ASME B16.10,"阀门的结构长度"。
ASME B16.34,"阀门:法兰式端面、螺纹管口及焊接端"。
ASME B31.2,"燃气管道"。
ASME B31.3,"石油炼制压力管道条例"(ANSI B31.3)。
ASME B31.4,"液体石油运输管道系统"(ANSI B31.4)。

ASME B31.8,"燃气输配系统"(ANSI B31.8)。

ASME 第9节,"锅炉与压力容器条例"。

ANSI Z380,GPTC 燃气输配管道系统指南,第一、二卷。该出版物由 A. G. A. 出版,包含了《USA DOT 管道安全条例》标题 49,191 和 192 部分,还包括由 ANSI 燃气管道技术委员会(GPTC)提供的标准指导材料。

A.1.1　腐蚀

NACE MR0175,"用于油田设备的抗硫化物应力腐蚀开裂金属材料"。

NACE RP0176,"海上平台石油生产用钢材的腐蚀控制"。

A.1.2　地下存储

API RP1114,"地下水溶存储库的设计"。

API RP1115,"地下水溶存储库的操作"。

A.1.3　生产过程用仪表

API RP551,"生产过程用检测仪表"。

A.2　电气标准与出版物

API RP500,"1级1类和2类,石油设施电气安装区域划分的操作规程建议"。

API RP 505,"1级0区、1区和2区石油设施电气安装区域划分的操作规程建议"。

NFPA70,"国家电气规程"(NEC)。

A.2.1　海上设施

ABS 出版物 63,"海上施工设备安装与分类指南"。

API RP14F,"海上生产平台电气系统的设计与安装"。

API RP14J,"海上生产设施设计与安全分析"。

A.2.2　生活区

A. G. A. XF0277 – IN1,"用天然气的生活区电气安装分类"。

A.3　计量标准与出版物

A.3.1　术语

API MPMS 第1章,"术语"。

GPA 出版物 1167,"天然气加工工业相关概念和术语"。

ISO 7504,"天然气分析术语"。

ISO 14532,"天然气术语"。

A.3.2　参考条件

ISO 5024,"石油与天然气:计量标准参考条件"。

ISO 13443,"天然气——标准参考条件"。

天然气工业标准化委员会(GISB),商业惯用标准。

A.3.3　调配测量

API MPMS 第20.1节,"调配测量"。

A.3.4　流量计技术

A.3.4.1　孔板流量计

A. G. A. 气体测量手册,第3部分,"孔板流量计"。

API MPMS 第 14.3 节,"同心、直角边缘、法兰取压孔板流量计"(A.G.A. 第 3 号报告),第 1、2、3、4 部分。

ISO 5167 第 2 部分,"孔板流量计圆形管道中的流量计量"。

A.3.4.2 超声波流量计

A.G.A. 第 9 号报告,"多声道超声波流量计的天然气流量计量"。

A.3.4.3 涡轮流量计

A.G.A. 第 7 号报告,"涡轮流量计的天然气流量计量"。

A.G.A. 气体测量手册,第 4 部分,"气体涡轮流量计"。

ISO 9951,"涡轮流量计—密封管道中的气体流量计量"。

A.3.4.4 容积式流量计

A.G.A. 第 6 号报告,"大型容积式流量计的测试方法"。

A.G.A. 气体测量手册,第 2 部分,"容积式流量计"。

ANSI B109.1,"膜片式气体位移流量计(<500 SCFH 容积)"。

ANSI B109.2,"膜片式气体位移流量计(≥500 SCFH 容积)"。

ANSI B109.3,"回转式气体位移流量计"。

A.3.5 校准器

A.G.A. 气体测量手册,第 12 部分,"流量计标定"。

A.3.6 温度测定

API MPMS 第 7 章,"温度测定"。

ASTM E1,"ASTM 温度计的标准规格"。

A.3.7 取样

API MPMS 第 14.1 节,"天然气密闭输送样品的采集与处理"。

GPA 2166,"天然气气相色谱进样的采集"。

ISO 10715,"天然气—取样指南"。

A.3.8 流量计装置

A.G.A. 气体测量手册,第 1 部分,"概述"。

A.G.A. 气体测量手册,第 6 部分,"辅助设备"。

A.G.A. 气体测量手册,第 9 部分,"计量计与配气站的设计"。

A.G.A. 气体测量手册,第 10 部分,"压力与体积的调节"。

A.G.A. 第 5 号报告,"燃气能量测量"。

A.3.9 可压缩性、密度与声速

A.G.A. 第 5 号报告,"燃气计量"。

A.G.A. 第 8 号报告(API MPMS 第 14.2 节),"天然气及其他相关烃类气体(ρ_b,ρ_{tp})的压缩因子"。

A.G.A. 第 10 号报告,"天然气和其他有关气体中的声速"。

A.G.A. 气体测量手册,第 11 部分,"气体性质的测量"。

GPA 2145,"天然气工业中烃类及其他物质的物性表"。

GPA 2172,"用组成计算天然气混合物的总热值、比重和可压缩性"(API MPMS 第 14.5

节)。

  ISO 6976,"用组成计算天然气的热值、密度、相对密度和 Wobbe 指数"。
  ISO 12213 – 1,"天然气—可压缩因子的计算",第 1 部分,"介绍和指南"。
  ISO 12213 – 2,"天然气—可压缩因子的计算",第 2 部分,"利用克分子组成分析计算"。
  ISO 12213 – 3,"天然气—可压缩因子的计算",第 3 部分,"利用物理特性计算"。

A.3.10 统计
  ISO 5168,"流体流量计量:不确定度的评估程序"。

A.3.11 电子测量
  API MPMS 第 21.1 节,"气体的电子测量"。
  A.G.A. 气体测量手册,第 15 部分,"电子校正因子"。

A.3.12 测试与分析

A.3.12.1 密度
  ASTMd 1070,"燃气相对密度的测定"。

A.3.12.2 含水量
  ASTMd 1142,"通过测定露点温度分析燃气中水蒸气含量"。
  ISO 6327,"气体分析—天然气水露点的测定—冷却镜面凝析湿度计法"。
  ISO 10101 – 1,"天然气 Karl Fischer 法测定水含量",第 1 部分"前言"。
  ISO 10101 – 2,"天然气 Karl Fischer 法测定水含量",第 2 部分"滴定法"。
  ISO 10101 – 3,"天然气 Karl Fischer 法测定水含量",第 3 部分"库仑滴定法"。
  ISO 11541,"天然气 – 高压下水含量的测定"。

A.3.12.3 组成与能值
  ASTM D 1945,"天然气分析的气相色谱法"。
  ASTM D 2650,"气体化学组成的质谱分析"。
  ASTM D 1826,"用连续记录量热器测定天然气范围中煤气热值"。
  GPA 2261,"天然气组分分析的气相色谱法"。
  GPA 2286,"程序升温式气相色谱法对天然气的延伸分析"。
  ISO 6568,"天然气气相色谱法简易分析"。
  ISO 6974 – 1,"用气相色谱法测定天然气具有规定的不确定度的组分",第 1 部分"简明分析导则"。
  ISO 6974 – 2,"用气相色谱法测定天然气具有规定的不确定度的组分",第 2 部分"测量系统特性和数据处理的统计"。
  ISO 6974 – 3,"用气相色谱法测定天然气具有规定的不确定度的组分",第 3 部分"用两填充柱测定氢、氦、氧、氮、二氧化碳和 $C_1 \sim C_8$ 的烃类"。
  ISO 6974 – 4,"用气相色谱法测定天然气具有规定的不确定度的组分",第 4 部分"用两柱测定实验室和在线测量系统用的氮、二氧化碳、$C_1 \sim C_5$ 和 C_6^+ 的烃类"。
  ISO 6974 – 5,"用气相色谱法测定天然气具有规定的不确定度的组分",第 5 部分,"用三柱测定实验室和在线处理用的氮、二氧化碳和 $C_1 \sim C_5$ 及 C_6^+ 的烃类"。
  ISO 6974 – 6,"用气相色谱法测定天然气具有规定的不确定度的组分",第 6 部分,"用三个毛细管柱测定氢、氦、氧、氮、二氧化碳和 $C_1 \sim C_8$ 的烃类"。

ISO 6975,"天然气扩展分析—气相色谱法"。

A.3.12.4　H_2S、CO_2、S 及 Hg 含量的测定

ASTM D 2725,"天然气中 H_2S 的测定"。

ASTM D 3031,"加氢法测定天然气中总硫含量"。

GPA 2199,"用毛细管气相色谱与硫化学发光测试仪测定天然气中特异硫化物的含量"。

GPA 2265,"天然气中硫化氢与硫醇硫含量测定的 GPA 标准"。

GPA 2377,"染色管长度法测定天然气中 H_2S 与 CO_2 的含量"。

ISO 4260,"石油产品和烃类的含硫量测定—Wickbold 燃烧法"。

ISO 6326-1,"气体分析—天然气中硫化物的测定",第 1 部分"总则"。

ISO 6326-2,"气体分析—天然气中硫化物的测定",第 2 部分"用电化学测试仪的气相色谱法对有气味硫化物的测定"。

ISO 6326-3,"气体分析—天然气中硫化物的测定",第 3 部分"用电势测定法对硫化氢、硫醇硫和硫化羰基硫的测定"。

ISO 6326-4,"气体分析—天然气中硫化物的测定",第 4 部分"用火焰光度测试仪的气相色谱法测定硫化氢、硫醇硫、硫化羰以及含添味剂的硫的含量"。

ISO 6326-5,"气体分析—天然气中硫化物的测定",第 5 部分"Lingener 燃烧法"。

ISO 13734,"天然气中有机硫化物用作添味剂的要求和试验方法"。

ISO 6978,"天然气—汞的测定"。

A.3.12.5　烃液含量

ISO 6570-1,"天然气—潜在烃液含量的测定",第 1 部分"原理和一般要求"。

ISO 6570-2,"天然气—潜在烃液含量的测定",第 2 部分"称量法"。

ISO 6570-3,"天然气—潜在烃液含量的测定",第 3 部分"容积法"。

ISO 6570/CD,"天然气—潜在烃液含量的测定—重力法"。

A.3.12.6　认证、校准气体和性能

GPA 2198,"天然气与液化天然气的筛选、制备、验证、保护和储存参考标准"。

ISO 6141,"气体分析—校准用气体和混合气体的合格证书要求"。

ISO 6142,"气体分析—校准用气体混合物制备的称量法"。

ISO 6143,"气体分析—测定并检查校准用混合气体组成的比较方法"。

ISO 10723,"天然气—在线分析系统的性能评定"。

ISO/DIS 13275,"天然气—校准用气体混合物制备的重力法"。

ISO 14111,"天然气—分析溯源性准则"。

A.3.13　数值计算

API MPMS 第 14.3 节(A.G.A. 第 3 号报告),第 3 部分,"天然气应用"。

API MPMS 第 14.3 节(A.G.A. 第 3 号报告),第 4 部分,"背景、开发、执行程序和子程序文件"。

API MPMS 第 14.4 节,"天然气液体和蒸汽到同等容积液体的质量转换"(GPA 8173)。

API MPMS 第 14.5 节,"用组成分析法计算天然气混合物总热值、相对密度和可压缩因

子"(GPA 2172)。

API MPMS 第 15 章,"石油及相关工业 SI 单位使用指南"。

API MPMS 第 21.1 节,"气体的电子测量"。

A. G. A. 气体测量手册,第 15 部分","电子校正因子"。

A. G. A. 第 5 号报告,"燃气能量测量"。

GPA 参考公告 181,"作为天然气密闭输送标准的热值"。

GPA 标准 2145,"天然气工业烃类及其他化合物物性表"。

GPA 标准 8173,"天然气液体和蒸汽到同等容积液体的质量转换方法"(API MPMS 第 14.4 节)。

GPA 标准 8195,"蒸汽向同等容积液体转换的暂行标准"。

ISO 1000,"SI 单位及其倍数的使用和其他特定单位的推荐规范"。

ISO 6976,"天然气的热值、密度和相对密度及化合物 Wobbe 指数的计算"(GPA 2145)。

A.3.14 天然气规范

A. G. A. 第 4A 号报告,"天然气合同与品质条款"。

ISO 13686,"天然气的质量指标"。

A.3.15 其他出版物

API 技术数据手册。

A. G. A. 吹扫原理与实践。

A. G. A. 燃气工程与操作实践系列:

地下存储,第 1 卷,第一册。

管道规划与经济,第 2 卷,第一册。

系统设计,第 3 卷,第一册。

输电与配电测量,第 4 卷,第一册。

燃气利用,第 5 卷,第一册。

腐蚀控制、保护系统,第 6 卷,第一册。

补充气源—调峰、基本负荷,第 1 卷,第二册。

压气站的操作,第 2 卷,第二册。

干线及其维修操作注意事项,第 3 卷,第二册。

自动化及通信,第 2 卷,第三册。

燃气控制,第 2 卷,第四册。

美国天然气处理设备供应商协会(GPSA),技术数据手册。

得克萨斯大学油田扩展服务公司(PETEX),燃气项目开发。

得克萨斯大学油田扩展服务公司(PETEX),天然气现场处理。

得克萨斯大学油田扩展服务公司(PETEX),加工厂及设备。

得克萨斯大学油田扩展服务公司(PETEX),天然气加工。

A.4 美国政府条例

美国以下政府机构对计量设备的设计和操作制定了相关条例与标准:

运输部(DOT)。

内政部(DOI)。
矿产管理服务局(MMS)。
土地管理局(BLM)。
环境保护局(EPA)。
职业安全与保健管理局(OSHA)。
美国海岸警卫队(USCG)。
国家机关(TRCC、自然资源部(DNR)等)。
地方机构(县,市等)。

B 符号意义和单位换算

B.1 符号意义

A——RG 流出系数方程中的一项

A_m——流量计的横截面面积

A_p——管子的横截面面积

AS——自动取样器

AT——分析变送器(湿度分析器,气相色谱仪)

B——RG 流出系数方程中的一项

Btu——英制热量单位

Btu_{IT}——国际英制热量单位

C——RG 流出系数方程中的一项

C_d——流出系数

$C_d(CT)$——在雷诺数为 Re_D 情况下角接取压孔的流出系数

$C_d(FT)$——在雷诺数为 Re_D 情况下法兰取压孔的流出系数

$C_i(CT)$——角接取压孔的无穷大流出系数

$C_i(FT)$——法兰取压孔的无穷大流出系数

CPS——流量计主体或管道上的压力校正

CTS——流量计主体或管道上的温度校正

d——在 T_f 下的孔板孔直径

d_m——在 T_{mf} 下的孔板孔直径

d_r——在 T_r 下的孔板孔直径

dp——压差

D——在 p_f 和 T_f 下的内径

D_m——在 T_m 下测量的内径

D_r——在 T_r 下的内径

e——纳皮尔(Naperian)常数,2.71828

e——孔板孔厚度

E——孔板厚度

E_m——管道或流量计主体的弹性模量

E_v——渐近速度因数

FT——流量变送器(即,前置放大器,差压变送器)

FQ——流量计算器

g_c——尺寸换算因子

G——比重(等价于真实相对密度)

G_{id}——理想重力(等价于理想相对密度)

GC——气相色谱仪

Gross HVid——在 14.696psia 和 60 ℉下的总热值

H——能值

HHV_b——"干"基上每个基准体积的的高热值

J——焦[耳]

KF——分配给流量计的 K—因子

L_1——孔板流量计上游取压孔位置

L_2——孔板流量计下游取压孔位置

L_i——超声波流量计的声道长度

LHV——低热值

$MAOP$——最大允许操作压力

$M1$——RG 流出系数方程中的一项

$M2$——RG 流出系数方程中的一项

MF——流量计因子

MS——手动取样器

MW——相对分子质量

MW_{air}——空气的相对分子质量

MW_{gas}——气体的相对分子质量

n——超声波流量计的声道数

n_m——不确定度的并联式流量计装置数

N——流量计脉冲数

N_1——单位转换系数(孔板流量方程)

N_2——单位转换系数(雷诺数方程)

N_3——单位转换系数(膨胀因子方程)

N_4——单位转换系数(RG 取压孔项)

NKF——分配给流量计的标称 K—因子

NHV——净热值

p——压力

p_b——标准压力

p_c——临界压力

p_f——流动条件下的压力

p_{f1}——在上游传感取压孔的绝对静压

p_{f2}——在下游传感取压孔的绝对静压

$PDROP$——永久压损

PT——压力变送器

q_H——基准条件下的能量流速

q_m——质量流速

q_{av}——实际体积流速

q_{vb}——基准条件下的体积流量

Q_H——基准条件下的能量值

Q_m——质量值

Q_{vb}——基准条件下的体积数量

R——通用气体常数

RD——真实相对密度

RD_{id}——理想相对密度

Re_D——管道雷诺数

S_{Cd}——C_d 的灵敏度系数

S_d——d 的灵敏度系数

S_D——D 的灵敏度系数

S_{dP}——dP 的灵敏度系数

S_{MF}——MF 的灵敏度系数

S_P——P_f 的灵敏度系数

S_{RD}——RD_{id} 的灵敏度系数

S_T——T_f 的灵敏度系数

S_Y——Y 的灵敏度系数

S_Z——Z_{tp} 的灵敏度系数

$S_{\rho_{rp}}$——ρ_{tp} 的灵敏度系数

SOS——声速

SOS_b——基准条件下液体的声速

SOS_i——沿声道的液体声速

SOS_{tp}——流动条件下液体的声速

t_u——声道向上游的传播时间

t_d——声道向下游的传播时间

T——温度

T_b——基准温度

T_c——临界温度

T_f——流动条件下液体的温度

T_m——直径测量(D_m)下的温度

T_r——直径(D_r)所对应的基准温度(68 ℉或20℃)

TT——温度变送器

TW——温度计套管

U——不确定度

U_r——随机不确定度

U_b——系统的(或偏移)不确定度

U^{95} 或 U_{95}——置信区间为95%时的不确定度

V——速度

V_{avg}——流量计或管道的平均流速

V_i——利用声道测得的平均流速

W_i——单个超声波声道的加权因子

W_s——已知组成的 Wobbe 指数

x——压差与绝对静压的比值

x_j——j 组分的摩尔分数

Y——膨胀因子

Z——可压缩因子

Z_b——p_b 和 T_b 条件下的气体可压缩因子

$Z_{b\,of\,air}$——p_b 和 T_b 条件下的空气可压缩因子

Z_{tp}——p_f 和 T_f 条件下的空气可压缩因子

α——热膨胀的线性系数

α_{plate}——孔板热膨胀的线性系数

α_{pipe}——管线或流量计热膨胀的线性系数

β——T_f 条件下的孔径比 (d/D)

β_r——T_r 条件下的孔径比 (d_r/D_r)

κ——等熵指数

κ_{id}——理想等熵指数

κ_r——真实等熵指数

ρ——流体质量密度

ρ——p_b 和 T_b 条件下的流体质量密度

ρ_{tp}——p_f 和 T_f 条件下的流体质量密度

τ——时间周期

θ——超声波换能器角度或孔板斜面角度

μ——流动流体的绝对黏度

B.2 测量单位

USC——美国常用单位制

SI——国际单位制

ft——英尺

in——英寸

m——米

mm——毫米

°F——华氏度

℃——摄氏度

°R——兰氏度

°K——开氏度

H_2O@60——在 60 °F 时的水柱高度

Psi——每平方英寸的磅数
bar——巴
mbar——毫巴
Pa——帕
kPa——千帕
MPa——兆帕
fps——英尺/秒
mps——米/秒
lbm——磅质量
kgm——千克质量
SCF——标准立方英尺
MSCF——千标准立方英尺
MMSCF——百万标准立方英尺
Nm^3——标准立方米
Btu——英制热量单位
D_{th}——十色姆(Dekatherm),相当于 MMBtu
MM Btu——百万英制热量单位,相当于 D_{th}
J——焦[耳]
MJ——兆焦[耳]

B.3 下标

a——大气的或绝对的
b——标准条件
d——差
g——规格
i——超声波流量计的 i 声道
j——混合气体中的 j 组分
r——参考条件
1——上游
2——下游

B.4 国际单位制词头表

表示的因次	前缀	符号	中文名称
10^{12}	tera	T	太[拉]
10^9	giga	G	吉[咖]
10^6	mega	M	兆
10^3	kilo	k	千

续表

表示的因次	前缀	符号	中文名称
10^2	hecto	h	百
10^1	deka	da	十
10^{-1}	deci	d	分
10^{-2}	centi	c	厘
10^{-3}	milli	m	毫
10^{-6}	micro	μ	微
10^{-9}	nano	n	纳[诺]
10^{-12}	pico	p	皮[可]

B.5 单位换算

对于测量工程师、技术人员和操作人员来说,下列单位换算是非常有用的:

长度

m = ft × 0.3048

mm = in × 25.4

mm = m × 10^{-3}

流动温度(T_f)

℃ = (℉ - 32) × (5/9)

℉ = [(9/5) × ℃] + 32

°K = ℃ + 273.15

°R = ℉ + 459.67

流动压力(p_f)

MPa = psi × 6.894 757 × 10^{-3}

kPa = psi × 6.894 757

bar = psi × 6.894 757 × 10^{-2}

mbar = bar × 10^{-3}

KPa = Pa × 10^3

MPa = Pa × 10^6

绝对压力(p_f)

psia = psig + p_{atm}

bara = barg + p_{atm}

kPaa = kPag + p_{atm}

MPaa = psig + p_{atm}

压差(dp)

psid = 60 ℉的水柱高度/27.707271

psid = 68 ℉的水柱高度/27.729760
mbard = 60 ℉的水柱高度 × 2.488429
kPad = 60 ℉的水柱高度 × 0.2488429
Pad = 60 ℉的水柱高度 × 248.8429

质量(m)

$kg_m = lb_m \times 4.535924 \times 10^{-1}$

grain(格令) = $lb_m / 7.0 \times 10^3$

质量密度(ρ)

$kg_m/m^3 = /ft^3 \times 1.601846 \times 10$

体积(ρ)

$m^3 = /ft^3 \times 2.831685 \times 10^{-2}$

热含量(H)

$J = Btu_{IT} \times 1.055056 \times 10^3$

Calorie = $Btu_{IT} / 3.9683 \times 10^3$

Calorie = Joule/4.1869

C 术 语

测量组织是一个科学团体,并且拥有自己的专业术语,这需要学习和推广。

Absolute pressure 绝对压力　相对于大气压所测得的压力,通常用 psia 或 bara 表示。

Accuracy(或 uncertainty)准确度(或不确定度)　指每次显示真值能力的测量。受重复性、再现性及测量偏差的影响。因此,高准确度(或低不确定度)要求具有重复性、重现性和对已知标准进行质量校准,以使系统误差最小。准确度也可定义为测量结果与真值的接近程度。

Acoustic filter 滤声器　用来削弱控制阀和旋转设备产生的超声噪音,以确保超声流量计正常运行。

Acid gas 酸性气体　指能降低水体 pH 值的气体,如 CO_2 与 H_2S。

ADC　模—数变换器的英文首字母缩写。

A. G. A.　美国燃气协会的英文首字母缩写。

Ambient conditions 环境条件　指设备周围的大气条件(温度、压力、湿度、降雨、降雪、雨夹雪,冰雹)。

Analog 模拟　用来描述以 1~5V 直流电或 4~20mA 电流作为输出信号的数据传输设备的输出过程。

ANSI　美国国家标准协会的英文首字母缩写。

API　美国石油协会的英文首字母缩写。

API MPMS　美国石油协会《石油手工法测量标准》的英文首字母缩写。

ASME　美国机械工程师协会的英文首字母缩写。

Assay 化验　指对含所需组分的样品及各组分浓度进行分析的结果。

ASTM　美国材料实验协会的英文首字母缩写。

Atmospheric pressure(p_{atm})大气压　置于大气条件下的压力,通常以 psia 或 bar 表示。尽管该压力随海拔高度、气压及湿度而变化,但它可按密闭输送条例、由国家当局或联邦政府规定。

Audit trail 审计追踪　对 EGM 系统的记录,该记录包括对所有三级与二级设备的检验与校准测量;初级设备操作的实际规范;任何能影响报告中的体积值的常数、时间与日期变化;审计与报告要求下的所有文件;以及可能会包括引起变化因素的鉴定。

Automatic custody transfer(ACT)密闭式自动输送　(ACT)是指将设备设计为无人看守自动传输天然气(成品)的形式。

Automatic line sampling 自动线路取样　由设备收回流体(固相或气相)样品以便从流体中获得具有代表性的样品。自动线路取样由如下设备组成:取样探针,样品提取器,样品调节器,在线混合系统(如果允许)以及试样存储器。

Automatic sampler 自动取样器　是一台安装于流动管内并由自动装置驱动以从流体中获得代表性样品的设备。

Auxiliary equipment 辅助设备　是指粗滤器、滤声器、微粒过滤器以及用来保护流量计的润滑系统。

Average velocity 平均速率(V_{avg}) 流动流体的平均流速。

Bacteria 细菌 指按下列几项中之一或多个分类的有机生长：耗氧型、厌氧型、特殊型与浮游型。

Base condition 基准条件(p_b, T_b) 将质量换算成基准体积或能值时的温度与压力条件。

Base pressure 基准压力(p_b) 将质量换算成基准体积或能值时的压力条件。

Base temperature 基准温度(T_b) 将质量换算成基准体积或能值时的温度条件。

Bias error 偏移误差 即系统误差。

Biocide 杀菌剂 用来杀死细菌的化学试剂。

Booster station 转油站 用来接收从管线中流出的流体，通过液压的形式附加能量将其输送至下一站或终端。

British thermal unit, international(Btu_{IT}) 国际英制热量单位(Btu_{IT}) GISB 与 A.G.A. 均采用该单位。它是指将 1lb 质量的水在环境条件为 60 °F 和 14.73psia 下升高 1 °F 时所需的热量。因此，1Btu = 1lb$_m$ °F。GISB 和 A.G.A. 组织中 1Btu_{IT} = 1055.056J。全球燃气工业中有关 Btu 的定义存在差异且比较混乱。Btu 定义存在差异是由于将 1lb 质量的水升高 1 °F 所需热量受水的起始温度影响而略有变化。

Bubble point curve 泡点曲线 是指将液相从两相区内分离出来的曲线。该曲线从临界点开始向下延伸至大气压处一点。

Calibration 校准 对 EGM 系统组分进行试验与调试的过程，使其符合参考标准，从而在 EGM 规定操作条件下提供准确值(静压/差压及温度传感器，在线水分析仪，在线密度计，ADC 和 DAC 等等)。校准的最后一步是确定二级设备、三级设备及其数据传输方法在三个极限操作条件下是否能满足允许误差。校准包括对设备的调试以满足准确度要求(如传感器，读出装置等等)，如果是流量计则利用校正因子调整。

Calibration repeatability 校准重复性 指流量计和校准系统在相同的操作条件下(p_f, T_f, ρ_{tp}, q_m)进行系列操作时对流量计性能的重复能力。

Calorie 卡 作为热量单位是这样定义的：1g 水在环境条件为 15℃ 和 101.325Pa 时升高 1℃ 所需热量。因此，1cal = 1gm$_m$ ℃。1cal = 4.1868J = 0.0039683Btu。

Calorific content 卡值 即能值。

Calorimeter 热量计 测量燃气热值的设备。

CAPEX 指用于设备设计、建造及试车的基建费用。

Certification 认证 按相关标准对参考设备标准值(参考标准、现场标准设备等)的校准及重新定义。该过程通过便携式测试设备及现场参考标准来完成。

CFR 美国联邦法规的首字母缩写，即联邦法规。

Chemical corrosion inhibitor 化学缓蚀剂 用来控制内部腐蚀的化学物质。

Closing data 终了数据 测量周期结束时流量计的测量信息(静态或动态)。

Coefficient of discharge 流出系数(C_d) 针对于压头类流量计(孔板、文丘里、亚音速喷嘴流量计)而言，表示对流量计的经验修正。它近似于线性流量计的仪表因子(MF)，即校正因子。

Commingled 混合 指源于多方气源、组成相近可以结合成一股流体以用于输送、存储和处理的天然气混合(波斯湾,阿曼等)。
Common carrier 承运商　由大众雇用用来运送物质的传输系统(管线,铁路,货车等)。
Composition 组成　即天然气样品中的组分及其浓度。
Compressibility, gas 气体可压缩性　(Z, Z_b 和 Z_{tp})修正了与理想气体定律的偏差。气体可压缩性需要计算气相或固相流体的质量密度(ρ, ρ_b, ρ_{tp})。
Condensate 冷凝液　即管道凝析油,逆向冷凝油和注入凝析液。
Confidence interval 置信区间　对未知变量给出的上、下限。置信区间内变量具有相应的置信度。测量时,常指定置信度为95%(U_{95} 或 U^{95})。换句话说,100 次测量中有 95 次应落在估计的不确定度内,而有 5 次在不确定度之外。U^{95} 置信区间可用两种标准方程表示:被测量按正态分布或高斯分布。
Contaminants 污染物　使流体不可用或出售的外来物质。
Continuous sample 连续取样　从管线中周期性地取出一定质量(或体积)的样品。
Contract 合同　双方或多方之间的法律协议。
Coriolis effect 克里奥效应　因流体流过振荡管而产生的扭转力。
Coriolis flowmeter 克里奥流量计　基于克里奥效应原理来测量质量流速并可推断流体质量密度的流量计。
Corrosion 腐蚀　指材料的退化,一般是金属材料,因为与其外界环境的化学反应。
Counter 计算器　一台用来记录流过流量计流体体积的电子或机械计算设备。
Cricondenbar 临界凝结压力　气液共存平衡时的最大压力。
Cricondentherm 临界凝结温度　气液共存平衡时的最大温度。
Critical point 临界点　气液两相物性变为理想情况时的压力(p_c)和温度(T_c)。临界点也定义为泡点曲线与烃露点曲线的交点。
Custody transfer 密闭输送　流体所有权或职责的转换。
Custody transfer measurement 交接计量　(CTM)按流体流过的量来计量流体质量和数量的测量过程。
DAC　数—模转换器的英文首字母缩写。
Dead leg 盲管段　正常操作时流体不流经的管线区域。
Deadweight tester 静重测试仪　用于检验和校准静压传感器的压力参考标准。
Decade box 十进位箱　能够给出精确电阻值的精密电阻设备。认证过的十进位箱可用于检验与校准温度传感器的输入(模拟一台电阻温度设备传感器)。
Dehydration 干燥　气固相流体中消除水蒸气的过程。该过程通常是利用干燥剂来完成的,常用干燥剂有:乙二醇,硅胶,分子筛,氧化铝或氯化钙。
Dekatherm(D_{th})　十色姆,能值为 1000000Btu(10^6 Btu)。
Delivery 输送　由管道系统向连接方输送的量。
Delivery point 输送点　不在通向连接方的管道系统的测量设备。
Dense phase region(或 supercritical region) 密相区　(或超临界区)无固定体积或形态。密相流体会完全充满其所占据的容器内。密相区只存在单相流体,并具有较高的流体可压缩性与质量密度。它们是流体压力与温度的函数。密相区定义为其压力超出临界值(p_c)的区域。

Densitometer 密度仪 用来测量流体在流动条件下(p_f, T_f)的质量密度的仪器。操作人员有时称之为密度计。

Depleted reservoir 衰竭产层 相当于天然气地下存储设备。

Deviation 偏差 与真值的偏离程度。

Dew point 露点 在给定压力和组成条件下,液相由气相或密相流体冷凝时的温度。

Dew point curve, hydrocarbon 烃露点曲线 将气固相从两相区分离的曲线。烃露点曲线始于临界点并延伸至大气压一点。

Dew point curve, water 水露点曲线 描绘气相或密相流体中最大水蒸气含量的曲线。如果操作温度(T_f)与压力(p_f)在水露点线左侧(或下方),则流体中析出液态水;如果在水露点线右侧,则流体中没有液态水析出。

Diameter ratio 直径比(β) 狭区(孔板)直径与管内径之比。一般称之为β比。

Diaphragm flowmeter 薄膜流量计 属于能量消耗型的微分流量计,它是利用膜片固定容积,类似于"铲斗"。

Differential pressure 差压(dp) 是指两传感点(穿越过滤器、穿越孔板流量计)之间的压力差。

Digital 数字 用来描述使用通讯协议进行数据传输设备的输出过程。

Diluents 稀释剂 指没有热值的天然气组成,如氮、氧、二氧化碳、氦及氩。

Discrete flowmeter 微分流量计 通过将其容积充满或滞空的方式来测定流速的流量计,类似于"铲斗"(如旋转位移流量计,薄膜流量计)。

Discrimination(或 resolution)辨别力(或分辨率) 描述仪表测量的灵敏程度。我们一般称之为分辨率。分辨率可以告诉你读数读到多少小数位,但却不能告诉你多少小数位是准确而可以信赖的。被校准的流量计准确度不会超过标准流量计,流量计的分辨率也一样。按国际标准,分辨率定义为描述仪器(智能传感器,流量计等)测量一个参数所能达到的灵敏程度。

Displacement flowmeter 计容型流量计 属于能量消耗型的微分流量计,它是将流体机械分离成已知或固定体积数量的流体以进行测量。当元件旋转时,该流量计的存储器将所流过的流体体积累加起来。

DOT 美国交通部的英文首字母缩写,联邦机构授权的对管道行业进行管制以保护公众的一个部门。

Drift 漂移 超出公差外的缓慢移动。

Dynamic measurement 动态测量 对流动的流体进行的测量(流量计)。

Electromechanical 机电 由机械元件和电力元件组成的设备。

End user 终端用户 即天然气用户。分为工业、商业及家用三类。

Energy content(or calorific content)能值(或热值) 在参考压力和温度下,一定体积的天然气在过量的空气中完全燃烧所释放的热量。14.73psia 和 60 ℉条件下,以干基体积表示的能值更高(HHV_b),仅在美国商业贸易中使用。

Environmental Protection Agency(EPA)环境保护局 主管环境的政府工作部门。EPA致力于减少和控制污染。

Equation of state(EOS)状态方程 用来进行流体动力学(质量密度、黏度、等熵指数、声速)

与热力学(相界面、焓、熵)性质计算的数学方程。纯净流体,如聚合级乙烯,其状态方程为压力和温度的函数。但由于流体是由多组分组成,如天然气,因此其状态方程是组成、压力和温度的函数。

Event log 事件日志　配置日志记录影响 QTR 的流动参数异常及变化情况的电子文件。

Expansion factor(Y) 膨胀因子(Y)　对差压传感流量计(孔板、文丘里、皮托管等)流体密度变化的修正。

Extractor 提取器　利用取样探针从流动流体中采集代表性样品的设备,也称为取样器。

Federal Energy Regulatory Commission(FERC) 联邦能源监管委员会(FERC)　隶属美国能源部,与前联邦能源局、能源研究开发署、联邦动力委员会及部分州际商务委员会的作用(固定油气管道速率)一样。

Federal regulations 联邦法规　由美国政府强制执行。

Filter, particulate 微粒过滤器　用来消除流体中的细颗粒以保证流量计及相关设备性能良好的设备。

Finished product 成品　完全加工作为工业及商业应用的流体(传输质量级天然气)。

Flow computer 流量计算机　符合 API EGM 标准进行计算与处理由流量计得出的电子数据的三级设备。它属于运行处理单元,并作为辅助存储设备接收从气体测量系统发出的表示输入参数的电子信号(模拟或数字信号),同时可计算出流速与总的数值。

Flowing conditions 流动条件　指流动流体的温度(T_f)、压力(p_f)及质量密度(ρ_{tp})。

Flowmeter 流量计　用来测量流速的设备。流量计主要分为能量附加型与能量消耗型,其次可分为微分流量计与间接流量计。

Flowmeter assembly 流量计装置　由流量计、带有高效流量调节器(如果需要)的上游管段、下游管段及辅助设备组成。

Flowmeter capacity(q_{max}) 流量计负载(q_{max})　即厂家规定的最大流速。

Flowmeter linearity 流量计线性度　在规定流速范围内校准曲线与最佳直线之间的差异。

Flowmeter range 流量计量程　指流量计在满足规定线性度、重复性及准确度条件下所能达到的流速范围。在一定范围内最大流速(q_{max})与最小流速(q_{min})之比即称为量程比。

Flow proportional sample 按流量比例取样　利用自动取样器从管道中按正比于管内流体流速的速度进行取样。

Flow rate 流速(q_m, q_{av}, q_{vb}, q_b)　单位时间内的流体质量、体积(实际或标准的)或能值。

Fluids 流体　流动中的物质,技术上可分为 4 种:液相、气相、固相和两相流体。

Frequency 频率　周期性信号的循环数,如脉冲、交变电流或电压,每秒钟发生一次,单位是 Hertz(1 脉冲/秒)。

Fungible 代称　代指天然气或伴生气产地名称,如波斯湾、阿曼等。

Gas chromatograph(GC) 气相色谱仪(GC)　确定气相流体组成的设备。准确移取的少量多组分气体注入到色谱柱中。利用惰性气体将其从色谱柱中吹扫干净。在柱中分离剂内产生吸收,使得样品中各组分缓慢带出,从而于不同时间在色谱柱中显现出来。分离出的组分流经测试仪给出电信号,该信号与其在载气中的浓度成正比。

Gas distribution pipeline 配气管网　不同于气集输管道或是输气管道的气管道。

Gas gathering pipeline 集气管道　由生产设备向气体加工厂或输气管道进行输送的管线。
Gas phase region(或 vapor phase region)气相区(汽相区)　没有固定体积或形状。气体完全充满容器内。气相区内具有高流体可压缩性和低质量密度。
Gas transmission pipeline 输气管道　不同于燃气集输管道或是燃气管网的燃气管道。输气管道将燃气由集输管道、燃气加工厂或存储设备向另一个输气管道、存储设备、工业终端用户、商业终端用户或是燃气管网进行输送。
Gate valve 闸板阀　利用不锈钢滑板来截流管内流体的设备。
Gauge pressure 表压　相对于大气压为零时测得的压力,通常用 psig 或 barg 表示。
GERG　欧洲燃气研究小组的英文首字母缩写。
GISB　美国气体工业标准管理委员会的英文首字母缩写。
Glass thermometer 玻璃温度计　刻蚀玻璃管内装有流体柱的温度传感器。
GPA　天然气加工商协会的英文首字母缩写,属于从事天然气加工的操作生产公司的贸易协会。
GPSA　天然气处理设备供应商协会的英文首字母缩写,为燃气加工工业提供供给与服务的组织。
Gross heating value(gross HV)总热值(总 HV)　一标准立方英尺天然气燃烧所释放的热量。测得的热量以 Btu 表示时,则包括压缩水形成燃烧产物而释放的热量。如总热值(总 HV_b)以基准体积单位表示,则应注明基准条件(p_b,T_b)。
Head class 压头类流量计　流量计的一种,通过压差得出流速,流动密度(ρ_{tp})为一方根函数(孔板、文丘里、气流喷嘴流量计)。
Higher heating value(HHV_b)高热值(HHV_b)　14.73psia 和 60 ℉条件下以干基基准体积表示,仅用于美国商业贸易中。
High-performance flow conditioner 高效流量调节器(HPFC)　为间接流量计产生未充分发展流的设备。
Homogeneous 均相　意味着管内或储存容器内各处流体具有恒定组成和质量密度。
Hydrate 水合物　气态碳氢化合物与水结合形成的晶体化合物。它是类似于雪花、雪水或冰的准固态或固态烃—水混合物。
Hydrocarbon 碳氢化合物,烃由氢与碳原子组成的一类流体。碳氢化合物又可划分为脂肪烃、芳香烃及醇。
Hydrogen sulfide 硫化氢(H_2S)　可能存在于天然气中的高毒酸性气体。如存在 H_2S,当吸入或是接触到人体的湿润部位,皮肤、眼睛及类似部位时,天然气则是有毒的。
Ideal relative density 理想相对密度(RD_{id})　对气体而言是流体的相对分子质量与干燥空气的相对分子质量之比。
Impellers 叶轮　转子轴上的叶片或桨叶。
Indicated mass of flowmeter 流量计显示的质量(IM_m)　校准或输送时流量计显示的质量读数变化情况。

$$IM_m = [(MR_c) - (MR_o)]$$

Indicated volume of flowmeter 流量计显示的体积(IV_m)　校准或输送时流量计显示的体积读数变化情况。

$$IV_m = [(MR_c) - (MR_o)]$$

Indicating instrument 指示仪表　用来显示而非记录测量值(被测量)的传感设备。

Industry correlation 经验关联　用经验关联式来计算流体传递性质(质量密度、粘度、等熵指数、声速)的数学算法。

Inferential flowmeter 间接流量计　通过测定流体参数来推断流速的流量计(涡轮、孔板、超声、文丘里流量计)。

Injected condensate 注入冷凝液　为改进集气系统的生产性能而注入的液态烃。参见管道凝析液与逆向冷凝液。

Input variable 输入变量　为了进行 EGM，进入流量计算机作为计算部分气体的相关数据。它可以是由变送器或传感器测出的变量或是人工输入固定值。压力、温度及相对密度均属于输入变量。

Inspection 检验　对影响准确计量流量设施准确度的测量设备的正常运行与操作条件进行监测的过程。该过程保证了设备在正常工作条件下运行，但它不同于检定、校准或是认证过程。总的来说，检验是根据数据显示对仪器仪表油管是否泄露、dP 管线是否泄露、导线连接、密封情况、配置及现场传感器的性能等等进行观察。它指的是看与听的过程，如果合适的话需要对设备进行损坏明显的检测，例如破损的温度计、分段的水银柱以及磨损的流量计。所有设备在每次使用前，每次检定、校准及运行时的正常路线前都需要进行检验。

Interchangeability 可互换性　是指天然气各种性质间的复杂关系，包括：相对密度、总热值、Wobbe 指数与火焰速度，但不止这些。

Intermediate container 中间容器　接受来自初级容器或接收器中样品的全部或部分以用于输送、存储或简单处理的容器。

Intermediate product 中间产品　未完全加工的工业或商业流体。

Internal diameter 内径(D 或 ID)　测定或计算出的密封容器(管道、超声流量计主体、孔板流量计或气罐)内径。为准确起见，像孔板及超声波这样的流量计，其测量内径(D_m)是在一定温度(T_m)下通过多量测所测得的。按照测量标准，测量内径随即作为在参考温度(T_r)下的标准直径(D_r)。当准确程度要求不高时，内径(ID)可由下面的公式计算得到：

$$ID = OD - (2 \times wt)$$

International temperature scale 国际温标(ITS)　国际上定义的参考与已知物理量(水的凝固点、水的沸点等)的一个相对温标。

Inventory 库存　指管内、管段或存储设备内的流体量(标准体积，能值)。

Isentropic exponent 等熵指数(k)　即定压比热与定容比热之比。

ISO　国际标准化组织的英文首字母缩写。

Isothermal 恒温过程　指流体在恒定或近似恒定温度下的流动。

Joule 焦耳(J)　IS 制能量单位，$1J = 1N \cdot m$。为导出 Btu 与焦耳单位之间的关系，GISB 与 A. G. A. 组织用符号 Btu_{IT} 表示。$1Btu_{IT} = 1055.056J$。

K factor K 因子(*KF*)　通过对流量计进行校准得出的单位体积内的脉冲数。

Kinetic energy 动能(*KE*)　物体因运动而产生的能量。

LACT　井区自动转输站的英文首字母缩写。

Laminar flow 层流　黏滞力大于惯性力的流体流动。根据雷诺数及管壁粗糙度,圆管流可以是层流、过渡流或湍流。

Lean gas 贫气　具有相对较低热值(HHV_b)的干基天然气。

Line fill 线路占用率　描述管线或特殊管段部分中流体流量情况。根据流速划分,线路占用率表示的是流体输送至出口所需的时间。

Line integrity(或 leak detection)线路完整性(检漏)　确定管道是否漏液的方法。

Linear class 线性流量计　流量计的一种,这类流量计流动密度(ρ_{tp})不是方根函数(超声波、涡轮、旋转位移流量计、薄膜流量计)。

Linearity 线性度　对仪表偏离以前性能能力的衡量。

Liquid phase region 液相区　具有一定体积但无一定形状。液相区内液体会占据容器形状但不一定充满容器。液相区具有低流体可压缩性和高质量密度的性质。

Low flow cutoff 低流量断流　低于此流量时无法计算出体积值。

LPG　液化石油气的英文首字母缩写,如正丁烷与丙烷都属于液化石油气。

Mach number 马赫数　流体平均流速与流动压力及温度条件下的声速(SOS_{tp})之比。

Manual line sampling 人工线性取样　从管道取样活栓或阀门中抽取流体样的过程。

Mass 质量　对物质的量的科学表述。它与空气浮力及当地重力无关,因此世界各国将其作为测量用的基本单位。任何物质不论是在路易斯安那州、科罗拉多州、墨西哥、喀麦隆还是苏格兰,其质量都是一样的。美国习惯制单位(USC)中,最初是采用磅作为质量单位,它是国际单位千克的前身。在 SI 制中,最初以千克为单位,其初级标准是一块铂—铱金属(保存于巴黎)的质量,国际千克原器。将其准确的复制后作为世界其他地方的二级标准,例如位于马里兰州盖瑟斯堡的美国国家标准与测试研究院(NIST)设备。

Mass density 质量密度(ρ, ρ_b, ρ_{tp})　单位体积内的流体质量。其单位为 lb_m/ft^3 或 kg_m/m^3。

Mass flow 质量流速(q_m)　以质量单位表示的流速(lb_m/h 或 kg_m/h)。

Mass measurement 质量测量　测量流体质量的过程与技术。

Mass of calibration system 质量校准系统(M_p)　流体的真实质量或由校准系统测定的质量。

Master flowmeter(或 master meter)主流量计(或主表)　用于校准(验证)其他流量计的流量计,并按相应标准选用、维护和操作。

Master thermometer 主温度计　符合 NIST 标准,用于现场温度计的检定和校准以确保测量的准确度。

MAOP 最大允许操作压力(Maximum allowable operating gauge pressure)的缩写,即管线或工段符合 ANSI B 31.2~ANSI B 31.8 和 DOT 标准。

Measurand 被测量　直接测量的参数(如 p_f、T_f、dp、流速、气体组成等)及由其他传感器预测(间接测量)的参数(如 ρ_{tp}、ρ_b、SOS_{tp} 等)。

Measuring chamber 测量室　位移式流量计的一部分,有一定的"斗容"。

Measuring element 测量元件　位移式流量计的一部分,能在测量室中移动以便将流过流量计的流体分割成不连续的段。

Measurement ticket 测量标签　包括现场数据用于转移支付的文件,可为纸印稿,也可是电子文件。测量标签上的术语流量记录(Quantity transaction records, QTRs)可参照 API MPMS 第 21.1 节《气体的电子测量》中关于流量记录的内容。

Mercaptan 硫醇　含有—SH 基团的烃,常加入到配气系统使气体带有臭味。

Meter calibration 仪表校准　校准流量计的过程。

Meter case 仪表盒　位移式流量计的外壳部分,用于封装测量室及其他运动部分。

Meter factor 仪表因子(MF)　用于流量误差的较正,由校准系统(M_p)测得的流体的真实质量流速除以仪表的显示值(IM_m)得到,即:

$$MF = (M_p)/(IM_m)$$

Meter factor curve, linearity based 仪表因子曲线,线性度　将流量计性能表示为流速的函数的图。流量计的线性度即在测量范围(厂家推荐的最小、最大量程)内,准确度曲线相对直线的整体偏差。

Meter performance 仪表性能　常用于描述流量计指示体积和通过流量计的实际流体体积间的关系,仪表性能包括流量计误差、MF 及其他标准。

Meter proof 仪表验证　用于确定仪表因子的一系列校准操作。

Meter readings 仪表读数　直接从流量计读取的流量的瞬间值(不累计)。

Meter registration 仪表记录　指一段时间内流过流量计的体积,密闭传输中即仪表最终的读数减去起始读数(IV_m)。

Meter run 仪表导管　上游(常包括高效流量调节器)和下游连接流量计的直管。上、下游直管的长度、圆形度、内表面光滑程度应符合相关标准,且无阻塞,不会扰乱主设备中流体的流动,具体参见流量计安装。

Meter slippage 计量损失　流体在给定流速下流经容积式流量计漏过的未经计量的流体量。

Micrometer 测微计　用于精确测量直径或长度的仪器。已有各种类型,配有模拟量或数字读数系统,如游标卡尺、内测微计、三点测微计等。

Molecular weight 摩尔质量(MW)　一摩尔物质中所有原子的质量之和。

NACE　国家腐蚀工程师协会的英文首字母缩写。

Natural gas 天然气　由烷烃、芳烃和非烃类组成的多组分混合流体。

NEC　国家电器规程的英文首字母缩写,ANSI/NFPA 70。

NEMA　国家电器制造商协会的英文首字母缩写。

Newtonian 牛顿型流体　剪应力与黏度成正比的流体。

NFPA　国家防火协会的英文首字母缩写。

NGL　液化天然气的英文首字母缩写。

NIST　美国国家标准与测试研究院的英文首字母缩写,前身为美国联邦标准局。

NIST certified standard NIST 认证标准　由 NIST 认证,达到指定性能和准确度要求的现场标准。

NIST traceable standard NIST 源标准　由第三方认证的标准,但可由支撑文件溯源到 NIST

标准。

Nominal K factor 标称 K 因子(NKF)　制造商给出的流量计 K 因子，即单位实际体积流量的脉冲数。工程上 NKF 是一个估算值或由流量计制造商给出。

Occupational Safety and Health Administration 职业安全与保健管理局(OSHA)　美国政府中负责关于职业安全、卫生的标准、条例的制定、发布，并对是否符合安全、卫生的标准、条例进行监管的部门。

Off-site 非现场　离主测量设备(流量计)较远处。

Off-spec 非标准流体　流体不符合指定的质量参数，因此，可能需要进行特殊处理。

OILM 国际法制计量组织(International Organization of Legal Metrology)。

On-site 现场　主测量设备(流量计)附近。

On-spec 标准流体　符合指定的质量参数的流体

Opening data 初始数据　流量计计量周期开始时的有关测量信息(静态的和动态的)。

OPEX　装置运行和维护过程中的资金和原材料支出。

Orifice flowmeter 孔板流量计　一种通过在流体流动途径中安装孔板，通过测量孔板上下游压差来测量流量的流量计。在密闭输送中，法兰式同心直角边缘孔板流量计的规格和误差要求见 A. G. A. 第 3 号报告(API MPMS 第 14.3 节)。

Orifice plate, concentric 同心孔板　一块中心开孔的圆板，可插入到流体流动途径中形成局部阻力(压力降)。孔板两侧的压差可用于指示流量。

Outside diameter 外径(OD)　管的外径，对 API 5L 直管，外径符合标称线性尺寸的指定要求。

Overranging 超量程　指流速超过制造商给出的流量计允许的最大流速。

Oxygen scavenger 脱氧剂　用于脱除水中过量氧以减缓内腐蚀的试剂。

Pacing 取样频率　自动取样过程中取样控制器隔多久控制取样器从流体中取样。

Partial immersion thermometer 部分浸没式温度计　部分浸没在浸没线内的温度计，刻度部分在表面外以便读数。

Permanent pressure drop 永久性压力降(PDROP)　管线永久性压力降流动阻力引起的压力降，PDROP 常称为永久性压头损失。

Phase envelope 相界面　流体单相区和两相区的边界线。两相区内汽、液相同时存在。以临界点为区分点，相界面由两条线组成：泡点线和露点线。

Physical properties 物理性质　物质非化学性的特征。包括颜色、气味、形状、尺寸、相态(气体、液体、超临界流体、两相等)、摩尔质量、密度、相对密度、黏度、绝热指数、凝固点、沸点、露点、热容、蒸气压等。

Pipeline condensate 管线冷凝液　包括逆向冷凝的冷凝物和注入的冷凝物，参照"逆向冷凝液和注入冷凝液"。

Portable electronic thermometer 便携式电子温度计(PET)　带有数字显示的温度传感器。按传感器技术、性能和应用领域(容器温度的测量，校定、校准用精密温度传感器)便携电子温度计可分为多类。

Potential energy 势能(PE)　物质由于位置而具有的能量(与流体所处的高度有关)。

Pressure 压力(p)　单位面积上的作用力,有绝对压力、大气压、压差、表压、压力降、静压等。
Pressure drop 压力降　管线内流体压力由于阻力永久或临时的下降。
Pressure sensor 压力传感器　感应压力(p_f,dp)的设备。压力传感器是压力变送器的一部分,后者又是压力仪表的一部分。
Pressure tap,static 静压取压孔　管线或容器上的取压孔,用于感应内部的压力。
Pressure taps,differential 差压取压孔　感应流量计和滤网等上、下游差压的取压孔。
Pressure transmitter 压力变送器　传感压力信号(p_f,dp)并将其输送到记录仪表或流量计算机的电子设备。根据电子元件准确度的不同可分为"粗略"型和"精密"型。精密变送器较粗略变送器准确度高得多。
Pressure vessel 压力罐　内部压力可大于15psig的钢容器,一般按API标准2510或ASME锅炉和压力容器标准设计制造。
Pressure－enthalpy chart 压—焓图　描述压力、温度、体积、熵及焓之间热力学关系的图。
Primary container 主容器　样品最先收集的容器。主容器装有固定的取样器或便携取样器。
Primary device 主设备　流量计。
Product specifications 产品规格　描述流体的标准规格。
Production facility 生产装置　生产中的管线和设备,如抽出、回收、输送、稳定、分离、管输前的油气预处理等设备及相应的贮罐和测量设备。
pTZ method pTZ方法　用状态方程或关联式计算流体密度(ρ_{tp})、基准密度(ρ_b)及其他物理性质的简称。该方法需用到压力(p_f,p_b)、温度(T_f,T_b)及可压缩因子(Z_{tp},Z_b)。
Pulsating flow 脉动流　流速或静压周期性大幅度变化的流动形式,参照稳态流动。
Pulsation dampener 脉动缓冲器　用于减缓流动过程中压力波动的设备。
Pulse generator 脉冲发生器　用于产生脉冲电流的设备。其数量与被测量的数量成正比,脉冲频率与流速成正比。
Quality 质量　反应流体是否符合规格的特性。
Quantity 数量　流入密度容器的流量,由静态或动态测量方法在某点处测得的流体流量(质量、体积、能量)。
Quantity transaction record 输送量记录(QTR)　历史数据、计算值及其他按预定格式填写的信息等用于确定给定计量期内流量的数据的集合。QTRs记录的现场数据用于财务核算。或为纸印稿,也可为电子文件,参照测量标签。
Random error 随机误差　数据(传感器输出)按概率法则在均值附近离散分布(高斯分布)。随机误差无偏差地分布在中值两边,测量的均值近似等于实际均值。
Rangeability 可调量程　仪器的可调量程指性能说明书给出的量程以外的量程。由制造商给出的流量计可调量程受线性度、可重复性及仪器的机械损坏程度上限的限制。
Real relative density 真实相对密度(RD)　气体与同温同压下空气的密度比值。无特殊说明,工业上RD为基准条件下的值(p_b,T_b)。真实相对密度也作相对密度。
Receipt 流入量　流入的量或由转接部分流入系统的量。
Receipt point 流入点　管线系统入口的测量装置。
Recording instrument 记录设备　在图表、纸、磁带或其他记录材料上记录被测量的设备。

Reference temperatur 参考温度(T_f) 按一定标准给出的用于重新给出温度值的量,与测量内径(D_m)和参考内径(D_r)相似。参考温度为 68 °F(20℃)。

Register,meter 记录仪表 累计并显示通过流量计流体的量的设备。

Relative density 相对密度 参照理想相对密度和真实相对密度。

Repeatability 重复性(r) 在测量同一个量时成功给出相同结果的能力。重复性常与准确度混淆。如果仪器的重复性不好,准确度一定不高;但好的重复性并不意味准确度一定高(当然可能高),因为可能每次的测量值都有相同的偏差。

Representative sample 典型样品 从流动流体(或储罐)中取出的少量样品,其组成与其他各处的相同,能反映流体的整体性质。

Reproducibility 再现性(R) 仪器长时间或在不同条件下,不同操作员使用时保持相同性能的能力。再现性常与准确度混淆。如果仪器的再现性不好,准确度一定不高;但好的再现性并不意味准确度一定高(当然可能高),因为可能每次的测量值都有相同的偏差。简单地说,再现性是仪器长时间在不同的操作条件(温度、压力、流速、密度、黏度等)下保持相同的性能。

Resistance temperature device 热电阻温度计(RTD) 在不同温度下表现不同电阻值的温度传感器,常用的 32 °F 下电阻有 100Ω 和 500Ω 的两种。

Restricted access 操作限制 操作限制保证测量和收集流体的设备不接受未经授权的人员操作。操作限制通过安全措施和自保措施排除未授权的操作。

Retrograde condensate 逆向冷凝液 由液态烃从气相中析出形成。参照:管线冷凝液和注入冷凝液。

Retrograde region 逆向冷凝区 形成两相,产生液体的区域。液相(逆向冷凝液)的形成是由于降低压力或升高温度。增大压力或降低温度时液体转化为气体是逆向蒸发。

Reynolds number 雷诺数(Re_D) 流体惯性力与黏性力的比值。

Rich gas 富气 具有相对高热值的天然气。

Rotary displacement flowmeter 旋转位移流量计 一种通过安放在流体中的转子的速度(或转速)来推测流速的流量计。

Rotor 转子 安装在流量计内轴上的设备,流体流过时转子转动(转子流量计)。

RTU 远程终端设备的英文首字母缩写。

Sample 样品 从流体主体中取出的一小部分,具有或不具有流体整体的代表性。取样方法应保证取出的少量样品能代表流体整体的特征。

Sample container 试样存储器 存放和转移流体样品的容器。常为能加压的压力容器。对取样容器加压能保证其中的流体为单一相,得到典型的样品。

Sample extractor 样品提取器 接在取样探针上能收集典型样品的装置。参照取样器。

Sample grab 取样 样品提取器运动一次从管线中取出的一定体积的流体。

Sample handling 样品处理 典型样品在分析、保存前的抽出、混合、转移过程。

Sample receiver 样品接收器 自动取样系统中收集典型样品的容器。

Sampler probe 取样探针 取样系统的一部分,探入管线以取得典型样品。

Sampling frequency 取样频率 为监测、累加或计算,单位时间内对重新获取变量值的次数。

Sampling period 取样周期 再次获取变量值的时间间隔。

Sampling point 取样点　获取样品的位置(一般为三分之一管径处)。
SCADA　监控与数据采集的英文首字母缩写。
Scraper trap 刮屑收集器　投放或收集刮屑、颗粒的压力容器。
Seamless(SMLS) process 无缝(SMLS)处理过程　高温下生产无缝钢管的过程。
Secondary device 二级设备　包括但不限于压力(dp, p_f)、温度(T_f)、组成及其他参数的测量设备。
Security seal 安全措施　用网、线等将设备(管线、罐、取样设备、测量设备等)围起来或包裹起来以便阻止或提示不可篡改。
Sensing element 传感元件　见传感器。
Sensitivity coefficient 灵敏系数(S)　与测量参数受不确定因数影响有关的下一个参数。
Sensor 传感器　能对物理刺激,如光、温度、压力、化学反应、运动等作出响应,并提供有效的输出信号用于指示、记录或变送的仪器。
Sensing line 传感导管　连接压力传感器(dp, p_f)和压力容器(管线、罐、分相器、流量计装置等)的管线。
Separator 分相器　分离流体的气、液相的设备。
Slippage, flowmeter 滑流量　流体从测量元件与流量计壳体之间漏过的未经计量的流体量。它与流速、黏度、温度及压力引起的流量计内空间变化有关。
Solid-state temperature bath 固态恒温浴　为测试、检定或校准温度传感器或温度变送器而设计的一种恒温装置。
Sonic flow 音速流动　操作条件下流体流速(V_{avg})达到音速,此时马赫数为1(1.00)。
Sour gas(或 acid gas)酸气　含有H_2S(硫化氢)的气体。
Source document 原始资料　密闭输送中手写或打印的第一手资料。
Specific gravity 重度(SG_{id}, SG, G_{id}, G)　已用相对密度(RD, RD_{id})替代,参见理想相对密度和真实相对密度。
Speed of sound 声速(SOS, SOS_b, SOS_{tp})　声音在介质(流体)中的传播速度。
Spot sample 点式样器　手工从流体中采出的样品。
Standard condition 标准条件　参见基准条件。
Static measurement 静态测量　参见静态流体的测量(流体不运动)。
Static mixer 静态混合器　一种在线的混合器,通过形成阻力(压力降)使流体均一。静态混合器的设计以流体的流速、黏度、密度为基础。
Static pressure 静压　外部流体作用于流体内部点而产生的压力。流动流体的静压在流动方向的合适角度测量(p_f)。测静压需要一个压力取压孔。静压表示为绝压和表压。
Stator 定子　一个具有固定叶片的装置,将流体导向另一组旋转叶片使其旋转,且转速与流速成正比(涡轮流量计)。
Steady-state flow 稳态流动　短时间内流速无大的变化。
Strainer 过滤器　将固态杂质从流体中除去的设备,以保证流量计、压缩机、控制阀、取样器及其他二级仪表的正常运转。
Stream conditioning 流体调节　形成均一流体以便取样的过程。

Storage caverns 地下储库　建在地下的用于贮藏原油、天然气、液化天然气及化学品的仓库。体积常达 1×10^6 bbl 以上。从地下贮库调出的天然气通常需要脱水以使水含量达标。

Subsonic flow 亚音速流动　操作条件下 (p_f, T_f) 流速 (V_{avg}) 小于音速。对流量计来说，亚音速流动时流速 (V_{avg}) 限制在 0.25 倍音速以下（马赫数为 0.25）。

Subsonic flow nozzle 亚音速喷嘴　一种流体流过喷嘴后形成的等压线上的压差来测定流速的装置。

Systematic（或 bias）error 系统误差（或偏移误差）　测量值与真值的偏差，不同于在中值附近的分布（随机误差）。

Sweet gas 脱硫气体　H_2S（硫化氢）和元素硫含量低至不可测的天然气。

Tap 接头　容器（管线、罐）上的孔或开口，可插入或连接温度计套管、阀、取样探针等。

Tariff 关税　进出口时运输方同发货方或政府间有关税收的合同。

Temperature 温度　国际温度（ITS）对热和冷的精确定义方式，参照国际温度。

Temperature sensor 温度传感器　感应温度的设备。是温度变送器或测温仪表的一部分。玻璃温度计、热电阻、热电偶等都是温度传感器。

Temperature transmitter 温度变送器（TT）　感应温度并将温度信号 (T_f) 传送到记录仪表或流量计算机的设备。根据电子元件准确度的不同可分为"粗略"型和"精密"型。精密变送器较粗略变送器准确度高得多。

Tertiary device 三级设备　从一级和二级设备（流量计算机）接收数据和信息，并在指定条件下编程计算流量的电子设备。

Testing 测试　确定物理性质或测定尺寸（孔板与密封环）的过程。

Thermistor 电热调节器　由金属氧化物制造的半导体，其电阻是温度的函数。

Thermometer 温度计　感应并指示温度的设备。

Thermowell 温度计套管（TW）　保护温度计的套管，管中可放感温元件。

Ticket 标签　参见测量标签。

Time-proportional sample 时均样品　按规定时间间隔从管线中取出的样品。

Transitional flow 过渡流　层流和湍流间的流动状态。通常，雷诺数为 2000～10000 时为过渡流。

Transmitter 变送器　将传感器的信号变送并传送到三级设备（流量计算机）的设备。

Turbine flowmeter 涡轮流量计　通过安放在流体中的转子的转速（频率）来测量流量的流量计。

Turbulent flow 湍流　惯性力远大于黏性力的流动方式。随着旋涡的形成和破碎，流体微团混乱、随机地运动。

Two-phase region 两相区　无固定的体积和形状。两相流体充满其存放的容器。两相区内同时存在气、液两相。

Ultrasonic flowmeter 超声波流量计　一种通过高频声波来测量流量的流量计。

Uncertainty 不确定度　表征真值出现概率的区间（置信区间）。常用 95% 置信度的区间（U^{95} 或 U_{95}）。要获得低的不确定度（高准确度），测量应具有较好的重复性、再现性、线性度及小的偏差。

Uncorrected quantity 未修正量 流动条件未修正为标准条件(实际立方尺,实际立方米)的流动期内的累积量。

U. S. Customs 美国海关 美国政府征收进出口税的部门。

Valves 阀 截断、控制、调节流量的设备。有多种不同形式的阀。

Block valve 截流阀 关阀时将管线段或贮罐与其他部分隔开。

Check valve 单向阀 只允许一个方向流动的阀。通常有一个压在底座上的舌片。正方向的流动顶开舌片,反方向的流动将舌片与底座压紧密封。

Control valve 调节阀 控制流量计、压缩机或管线中流体的流速或压力的阀门。

Double block and bleed(DB&B) valve 双阻双排(DB 和 B):在阀入口和出口都有密封的阀,装有排气阀以隔离阀腔(阀的泄漏量为0)。

Plug valve 塞阀 用楔形塞阻断流体的阀。塞上有一个孔,当孔与阀的方向相同时流体流过,旋转塞子使孔与阀的方向垂直时阀关闭,流体不能流过。

Velocity 速度 流体流动的速度。

Venturi flowmeter 文丘里管流量计 通过文氏里管内等压线间的压差来测量流量的流量计。

Verification 认证 在给定操作范围或操作条件下,通过与标准仪表比较来确认、证实所使用的仪表(p_f, dp, T_f, ρtp, 开关等)符合性能要求的过程。比外,也包括仪器仪表(孔板、内管径等)的尺寸、外观、手感等与说明书一致,如有必要还应符合相应的标准。

Virgin hydrocarbons 原始烃 未经气体处理装置或精炼装置精馏分离的烃。

Viscosity 黏度 表征流体流动阻力(剪应力)的物理性质和传递性质。常用单位为厘泊(cP)或厘泡(cSt)。

Volatility 挥发性 液体变为气体的趋势。换个说法为挥发性流体在环境温度或操作温度下平衡蒸气压大于大气压,可参见泡点线。

Volume 体积 指定温度、压力下流体所占空间的大小。

Volume averaged sample 体积平均样品 参见流量比例样品。

Vortex flowmeter 涡流流量计 通过障碍体后的旋涡来测量流量的流量计。

Wall thickness 壁厚(wt) 容器(管、罐)壁的厚度。

Water vapor content 水蒸汽含量 气体或密相流体中水蒸汽的含量。流体的最大水蒸汽含量取决于流体的温度和压力。

Wet gas 湿气 含有较高水蒸汽量的气体和密相流体,或有水析出的气体和密相流体。

Witness 鉴证人 见证测量活动的人。

Witness waiver 鉴证弃权书 密闭输送中记录当事人放弃输送(测量标签)、仪器仪表的检定、校准等见证权力,并有当事人签名的文件。

Wobbe index 沃泊指数(W_s) 也作可交换性因子,由天然气的 HHV_b 除以相对密度 RD_{id} 的平方根得到。

国外油气勘探开发新进展丛书（一）

书号：3592
定价：56.00元

书号：3663
定价：120.00元

书号：3700
定价：110.00元

书号：3718
定价：145.00元

书号：3722
定价：90.00元

国外油气勘探开发新进展丛书（二）

书号：4217
定价：96.00元

书号：4226
定价：60.00元

书号：4352
定价：32.00元

书号：4334
定价：115.00元

书号：4297
定价：28.00元

国外油气勘探开发新进展丛书（三）

书号：4539
定价：120.00元

书号：4725
定价：88.00元

书号：4707
定价：60.00元

书号：4681
定价：48.00元

书号：4689
定价：50.00元

书号：4764
定价：78.00元

国外油气勘探开发新进展丛书（四）

书号：5554
定价：78.00元

书号：5429
定价：35.00元

书号：5599
定价：98.00元

书号：5702
定价：120.00元

书号：5676
定价：48.00元

书号：5750
定价：68.00元

国外油气勘探开发新进展丛书（五）

书号：6449
定价：52.00元

书号：5929
定价：70.00元

书号：6471
定价：128.00元

书号：6402
定价：96.00 元

书号：6309
定价：185.00 元

书号：6718
定价：150.00 元

国外油气勘探开发新进展丛书（六）

书号：7055
定价：290.00 元

书号：7000
定价：50.00 元

书号：7035
定价：32.00 元

书号：7075
定价：128.00 元

书号：6966
定价：42.00 元

书号：6967
定价：32.00 元